KOSMOS *naturführer*

Storm Dunlop
Wil Tirion

Der Kosmos Sternführer

Zur Jugendweihe alles

von Deiner Oma

Schritt für Schritt den Sternenhimmel entdecken

10. 4. 2010

Umschlaggestaltung von eStudio Calamar unter Verwendung einer Aufnahme der Spiralgalaxie NGC 300 (Europäische Südsternwarte ESO) und einer Aufnahme des Pferdekopf-Nebels (NOAO).

Mit 51 Farb- und Schwarzweißfotos (Bildnachweis siehe unten) sowie 62 Farbgrafiken, 157 Sternkarten und vier Mondkarten von Wil Tirion

Die Originalausgabe ist in englischer Sprache erschienen bei Collis, einem Imprint von HarperCollins Publishers Ltd., unter dem Titel:

HOW TO IDENTIFY NIGHT SKY

ISBN der Originalausgabe: 0 00 710361 1

Bildnachweis (o = oben, u = unten, M = Mitte, ul = unten links, uM = unten Mitte, ur = unten rechts): Albers, Steve: 121u; Albrecht, Bill: 115M; Bone, Neil: 1, 22, 113; Buczynski, Denis: 75, 104; Observatorien der Carnegie Institution of Washington: 79o, 79u, 80o ; Denyer, Graham: 111M; Dunlop, Storm: 15, 29, 46; Edberg, Steve: 43, 47, 145o, 145M, 147, 149, 151, 153, 155, 157, 159, 161, 163, 165, 167, 169, 171, 173, 175, 177, 179, 181, 183, 187, 189, 191, 193, 195, 197, 199, 201, 203, 205, 209, 211, 213, 215, 219, 221, 223, 225, 227, 229, 231, 237, 239, 241, 243, 245, 247; Fuji, Akira: 72–73o, 76M, 76–77u, 90ul, 90uM, 90ur, 91u; Gavine, Dave: 111u, 112; Gill, Peter: 123; Grafton, Ed: 27M, 126, 127, 136, 137, 143o; UC Regents/Lick Observatorium: 80u, 81, 82, 84, 86, 88; Massey, Steve: 19, 27M, 139, 140, 143M, 143u; McNaught, Robert: 121o; Mobberley, Martin: 122; Nye, Paul: 114; Pitt, Stephen: 8, 9, 73, 117, 124, 141, 142; Royal Astronomical Society: 20; Robin Scagell/Galaxy: 207, 235; Sewell, Dave: 115o; Tezel, Tunc: 28, 91o, 92; Toone, John: 129, 132
Foto auf Seite 1: Rot leuchtende Polarlichter über Chichester am 24. April 1991.

Aus dem Englischen übersetzt von Christoph Arndt

Bibliografische Information der Deutschen Bibliothek:
Die Deutsche Bibliothek verzeichnet diese Publikation in der Deutschen Nationalbibliografie; detaillierte bibliografische Daten sind im Internet über http://dnb.ddb.de abrufbar.

KOSMOS Postfach 106011
D-70049 Stuttgart
TELEFON +49 (0)711-2191-0
FAX +49 (0)711-2191-422
WEB www.kosmos.de
E-MAIL info@kosmos.de

Gedruckt auf chlorfrei gebleichtem Papier

Für die deutschsprachige Ausgabe:

ISBN 3-440-09785-4
Redaktion: Sven Melchert
Produktion: Siegfried Fischer
Printed in Singapore / Imprimé en Singapore

INHALT

DER KOSMOS STERNFÜHRER

Dieses Buch ist für alle neugierigen Menschen gedacht, die die Sternbildern kennen lernen möchten oder auch selber einfache Beobachtungen des Nachthimmels mit dem bloßen Auge, einem Fernglas oder kleinen Teleskop machen wollen.

Im ersten Kapitel findet der Leser zunächst einige allgemeine Ratschläge zur Beobachtung (S. 6 – 9). Hierauf folgen Informationen zum Auffinden von Objekten am Himmel sowie zum besseren Verständnis der Tabellen, Diagramme und Positionslisten, wie man ihnen sowohl in diesem Buch als auch anderswo begegnet (S. 10 – 27). Dieser Abschnitt enthält außerdem Erläuterungen zu den Namen von Sternen und anderen Himmelsobjekten (S. 24 – 27) und erklärt die Gründe für ihre unterschiedliche Helligkeit und Farbe. Das Kapitel beschließen einige Hinweise zum einfachen Fotografieren.

Das nächste Kapitel wird Anfängern helfen, sich am Himmel zurechtzufinden. Das ist gar nicht so schwer, wie es zunächst scheinen mag. Als Erstes lernen wir die fünf wichtigsten zirkumpolaren Sternbilder kennen, die bei klarem Himmel in jeder Nacht zu sehen sind (S. 30 – 35). Auf den nachfolgenden Seiten werden Position und Aussehen jener Sternbilder beschrieben, die zu verschiedenen Zeiten des Jahres am besten zu sehen sind sowie die bemerkenswertesten Objekte in jenem Himmelsabschnitt. Obwohl das Buch mit dem Winter beginnt, mag der Leser auch jede andere Jahreszeit für den Beobachtungsbeginn wählen. Das Gleiche gilt auch für den darauf folgenden Abschnitt (S. 46 – 71), der das Aussehen des Nachthimmels für jeden Monat des Jahres zeigt, jeweils mit Blickrichtung nach Norden und Süden.

Weiter geht es mit spezifischen Angaben zu Einzelobjekten, beginnend mit dem Mond (S. 72 – 89) und den Planeten einschließlich detaillierter Tabellen mit ihren Positionen für einen Fünfjahreszeitraum (S. 94 – 103). Hierauf folgen Tabellen, zu welchen Perioden manche der helleren Kleinplaneten (Planetoiden) schon mit kleinen Fernrohren zu beobachten sind.

Das nächste Kapitel (S. 110 – 143) beschreibt ausführlicher einzelne Phänomene oder Objekte, angefangen bei Wolken in ungewöhnlich großer Höhe, die in der Dämmerung oder gegen Mitternacht zu sehen sind bis hin zu fernen Galaxien.

Das letzte Kapitel (S. 144 – 247) darf jederzeit aufgeschlagen werden; seinen wahren Nutzen offenbart es jedoch erst, sobald der Leser einigermaßen mit der Orientierung am Himmel vertraut ist. Hier finden Sie Karten und Fotos sämtlicher Sternbilder, die auf der Nordhalbkugel in mittleren Breiten zu sehen sind sowie Beschreibungen interessanter Objekte in diesen Sternbildern. Angegeben sind ferner die Positionen von Meteorradianten sowie Aufsuchkarten und Vergleichssterne für eine Reihe interessanter veränderlicher Sterne. Angaben zu Literaturempfehlungen finden sich auf S. 248, ein Glossar folgt ab S. 252.

AUSRÜSTUNG

Wenn Sie erst einmal begonnen haben, sich für die Astronomie zu interessieren, widerstehen Sie der Versuchung, gleich loszurennen und ein Teleskop zu kaufen. Die meisten der in vielen Geschäften und Zeitschriften angebotenen Billigteleskope sind oft ihr Geld nicht wert. Sie benötigen nämlich gar keine Ausrüstung, um sich am Himmel zu orientieren, die hellsten Objekte zu bestimmen und mit dem Beobachten anzufangen.

Sobald Sie sich dann einigermaßen auskennen, können Sie den Einsatz von optischen Geräten in der einen oder anderen Form erwägen. Altmodische Operngläser sind übrigens dank ihrer geringen Vergrößerung ganz praktisch – so können Sie sich nicht verirren. Am sinnvollsten investiert man zu Anfang in ein gutes Fernglas. Hier finden sich stets zwei Zahlenangaben wie etwa 8 × 40 oder 7 × 50, wobei der erste Wert für die Vergrößerung (8- bzw. 7fach) und der zweite für die Öffnung – den Durchmesser der Hauptlinse (Objektiv) in Millimetern steht, durch die das Licht in das Gerät eintritt. Als Grundregel gilt in der Astronomie: je größer die Öffnung, desto besser, weil so mehr Licht gesammelt wird.

Ferngläser haben einen Nachteil: wenn sie zu groß oder zu schwer sind, kann man sie nur mit Mühe ruhig halten. Zwar kann man geeignete Fernglashalterungen kaufen oder basteln, man benötigt dann aber auch ein Stativ. Vermeiden Sie starke Vergrößerungen, da diese das Gesichtsfeld beschränken und jede kleine Bewegung verstärken. Moderne Ferngläser mit Bildstabilisation sind wunderbar, allerdings ziemlich teuer. Im Allgemeinen eignen sich Vergrößerungen von 7×, 8× und 10× am besten, während 12× bereits schwierig zu halten ist. Hier noch ein paar simple, aber hilfreiche Tipps für das Problem mit dem Ruhighalten: beispielsweise kann man sich in einen Gartenstuhl mit Armlehnen zum Aufstützen der Ellbogen setzen; das Fernglas auf einem Besen, einer Mauer oder etwas Ähnlichem auflegen; eine Schnur oder dünne Kette an das Fernglas binden und auf das eine Ende treten, während man das Glas sanft nach oben drückt, bis die Schnur oder Kette straff gespannt ist. Zur Beobachtung von Objekten, die senkrecht über dem Betrachter stehen, legt man sich am besten auf einer Isomatte flach auf den Boden.

Auch eine zu geringe Vergrößerung sollten Sie meiden. In der Dunkelheit öffnet sich die Augenpupille bis zu 7 mm weit, bei älteren Menschen etwas weniger. Licht, das ein optisches Instrument verlässt, tut dies in Form eines kreisrunden Strahls, dessen Durchmesser der Öffnung des Instruments, geteilt durch seine Vergrößerung entspricht. Einfach ausgedrückt: der Durchmesser der Austrittspupille sollte nicht größer sein als der maximale Pupillendurchmesser im Auge des Beobachters. Bei einem 7 × 50-Fernglas misst die Austrittspupille zirka 7 mm, was in etwa die Obergrenze für ein sinnvolles Arbeiten darstellt.

Gut geeignet sind auch Monokulare, die im Grunde oft nicht mehr sind als ein halbiertes Fernglas. Die Modelle, wie sie Vogelbeobachter einsetzen, werden oft auf einem Stativ befestigt, doch kann sich die Betrachtung von Objekten hoch am Himmel dann als schwierig erweisen. Zudem ist oft die Vergrößerung bei vielen dieser Monokulare für die meisten astronomischen Zwecke zu hoch.

Wird Ihr Interesse an der Astronomie irgendwann so groß, dass Sie auch lichtschwächere Objekte beobachten wollen, so gibt es eine Fülle unterschiedlicher Teleskope zu kaufen (oder sogar zum Selbstbauen). Entscheidungshilfen zu den jeweiligen Typen finden sich in einigen der unter „Literaturtipps“ genannten Publikationen. Gute Beratung in einem Fachgeschäft ist gerade beim Teleskopkauf zu empfehlen, denn der Markt bietet viele Produkte, die mehr versprechen als sie schließlich leisten. Obgleich manche Amateure über eine hochmoderne Ausrüstung einschließlich computergesteuerter Teleskope und Digitalkameras verfügen, sollte man nicht vergessen, dass viele Beobachter, mit nicht mehr als einem 7 × 50-Fernglas bewaffnet, ernsthafte wissenschaftliche Arbeit leisten.

Messen Sie die runde Austrittspupille, indem Sie das Fernglas vor eine gleichmäßig helle Fläche (wie den blauen Himmel) halten. Falls die Austrittspupille abgeflachte Seiten hat, dann schneiden die Prismen im Fernglas einen Teil des Lichts ab.

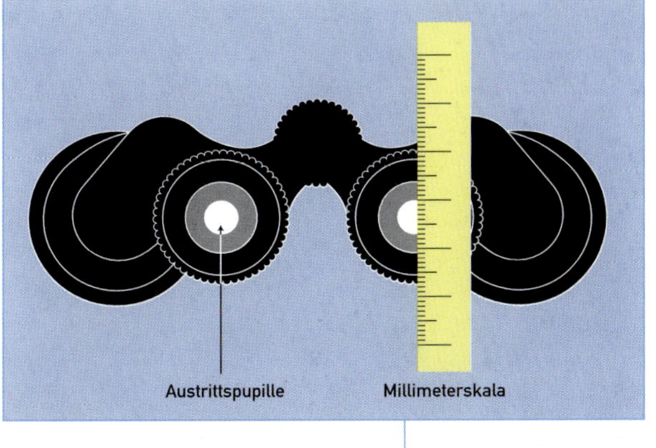

Betrachten Sie eine waagerechte Linie an einem fernen Objekt. Bewegen Sie nun das Fernglas vom Gesicht weg, bis Sie zwei einzelne Bilder sehen. Diese sollten perfekt ausgerichtet sein (oben). Eine leichte Höhendifferenz (Mitte) können Ihre Augen vielleicht ausgleichen, wogegen eine Schrägneigung (unten) zu einer Überanstrengung der Augen führt.

DIE ERSTEN SCHRITTE

Einige Tipps für Einsteiger: Suchen Sie sich einen Platz in Ihrer Umgebung, wo es dunkel ist und von wo aus man einen ungehinderten Blick zum Himmel hat. Wer schon erfahrener ist, der nimmt auch mal gern eine beträchtliche Anreise zu geeigneten Beobachtungsplätzen in Kauf; anfangs sollten diese jedoch bequem erreichbar sein. Infolge der zunehmenden Lichtverschmutzung kann es schwierig werden, Orte ohne Streulicht zu finden; wählen Sie wenigstens einen Platz, der abseits jeglicher Direktbeleuchtung liegt. Eventuell sind mehrere Standorte erforderlich, um den gesamten Himmel zu übersehen. Idealerweise sollte der Platz zudem windgeschützt liegen.

Wählen Sie einen möglichst dunklen Ort, denn so können sich Ihre Augen am schnellsten an die Dunkelheit gewöhnen. Im Unterschied zur Pupillenerweiterung, die beim Betreten einer dunklen Zone fast sofort erfolgt, hängt die Dunkelanpassung des Auges von der Konzentration eines bestimmten Pigments in der Netzhaut ab. Dieses sammelt sich nach einer gewissen Aufenthaltsdauer im Dunkeln, was 15 – 20 Minuten (bei Müdigkeit sogar noch länger) dauern kann, und ermöglicht das Sehen lichtschwacher Objekte. Obwohl dies individuell verschieden ist, können die meisten von uns sogar nur bei Sternenlicht ganz gut sehen – jedenfalls ausreichend, um sich unfallfrei bewegen zu können. Es ist äußerst hilf-

Der Mond, der von West nach Ost (rechts nach links) wandert, tritt gerade aus dem Kernschatten nach einer totalen Finsternis.

reich, wenn Gartenwege oder ähnliche Bereiche in hellen Farbtönen gehalten sind, vor allem, weil das Dunkelsehen farblos erfolgt und alles grau in grau erscheint.

Leider macht helles Licht die Dunkelanpassung zunichte, weshalb Astronomen ihre Sternkarten, Bücher und Notizhefte mit gedämpftem rotem Licht beleuchten, da diese Farbe die geringste Blendwirkung hat. Falls Sie keine solche Lampe besitzen, streifen Sie einfach ein Stück rote Plastikfolie über eine Taschenlampe. Für manche Formen der Beobachtung muss man seine Aufzeichnungen nicht unbedingt lesen können – sofern es sich um Ziffern, Buchstaben, Wörter oder vielleicht Uhrzeiten statt Zeichnungen handelt. Manche Astronomen gewöhnen sich daher an, mit einem schwarzen Stift im Dunkeln zu schreiben und unter jede Beobachtung einen dicken Strich zu ziehen. Später werden diese Notizen exakt – aber ohne irgendwelche Änderungen – in das Beobachtungsbuch übertragen.

Zwei Leoniden-Meteore umrahmen Orion. Das helle, überbelichtete Objekt in den Zwillingen ist Jupiter. Bei dem winzigen roten Fleck in der Mitte handelt es sich um den Rosetten-Nebel im Einhorn.

Wichtig ist auch, dass man sich warm und trocken hält. Je nach Aufenthaltsort kann es sogar im Sommer nachts empfindlich kühl werden; warme Kleidung ist also stets ein Muss. Rund ein Viertel der Körperwärme wird über den Kopf abgestrahlt, tragen Sie daher eine geeignete Kopfbedeckung. Achten Sie auch auf solides Schuhwerk, ziehen Sie zwei Paar Socken übereinander und packen Sie Handschuhe oder Fäustlinge ein. Zudem sollte man es tunlichst vermeiden, auf nassem Gras zu stehen, und wenn man sich doch einmal für Beobachtungen im Zenit hinlegen muss, dann am besten mit einer Bodenplane und einer dicken Isomatte. Sehr nützlich ist auch ein verstellbarer Gartenstuhl mit Armlehnen; vermeiden Sie es jedoch auch hier, über nassem Gras zu sitzen. In manchen Gegenden können die Nächte wärmer sein, aber dann empfiehlt sich vielleicht eine Kleidung, die vor Insektenstichen schützt oder die Verwendung eines Insektensprays.

Ein Rat zum Schluss: halten Sie Ihre Beobachtungen schriftlich fest. Nehmen Sie hierzu lieber ein Notizbuch mit festen Seiten statt einen Abreißblock. Ein Tagebuch zu führen, ist gar nicht so schwer. Anfangs haben Sie vielleicht nicht viel aufzuschreiben, doch selbst eine simple Notiz zu Ihren Beobachtungssitzungen kann sich als überaus hilfreich erweisen. Machen Sie es sich zur Regel, von jeder Beobachtung Datum und Uhrzeit schriftlich festzuhalten. Dies ist besonders wichtig, wenn Sie etwas Ungewöhnliches sehen – beispielsweise ein Polarlicht oder eine sehr helle Sternschnuppe.

DEN HIMMEL ERKUNDEN

Der Einstieg in die Himmelsorientierung ist gar nicht schwierig; trotzdem müssen vorab einige Details und Fachausdrücke geklärt werden. Für den Anfang ist es nützlich, sich eine ungefähre Vorstellung davon zu machen, in welcher Richtung von Ihrer Beobachtungsposition aus gesehen Norden liegt. Wir werden bald sehen, wie sich dies anhand der Sterne präzise bestimmen lässt.

Alles am Firmament scheint auf einer gewaltigen Kuppel (dem Himmelsgewölbe) fixiert zu sein, in deren Zentrum der Beobachter steht. Von unserer Position auf der Erde können wir natürlich immer nur eine Hälfte davon sehen, weil sich die andere Hälfte ja unter unserem Horizont befindet. Obwohl in der Praxis der eigentliche Horizont unregelmäßig verläuft und mitunter große Abschnitte des Himmels durch Berge, Hügel, Bäume, Gebäude oder andere Objekte verdeckt sein können, denkt man sich den astronomischen Horizont als eine vollkommen ebene Grenzlinie, wie den Horizont auf offener See. Dieser bildet die Grundlage für eine Art der Erfassung von Himmelspositionen mit Hilfe von „Höhe“ und „Azimut“ genannten Koordinaten.

Unter Höhe versteht man die Elevation eines Objekts in Winkelgraden über dem Horizont. Sie reicht von 0° (Objekt am Horizont) bis zu 90° (Objekt senkrecht im Zenit). Beachten Sie, dass Objekte auch negative Höhenwerte aufweisen, d. h. unterhalb des Horizonts liegen können. Die zweite Koordinate, der Azimut, wird in Winkelgrad von

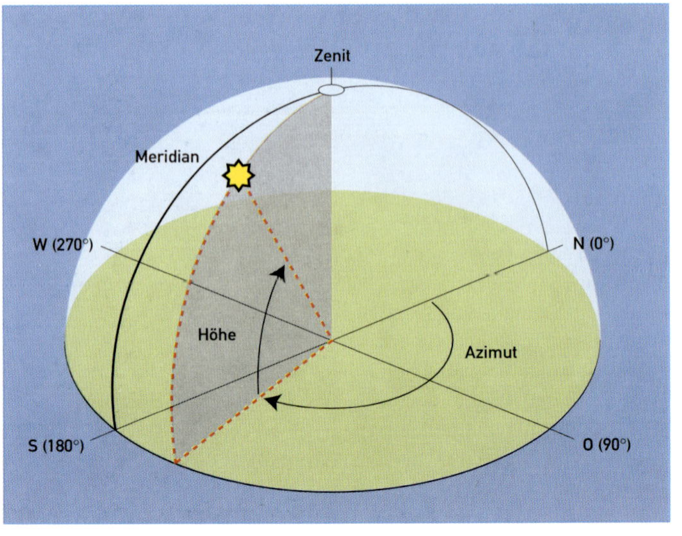

Die wichtigsten Begriffe für Himmelspositionen, relativ zum Betrachter in der Mitte.

0 – 360° gemessen, beginnend im Uhrzeigersinn ab dem Nordpunkt des Horizonts. Folglich entspricht Norden 0° (und 360°), Osten 90°, Süden 180° und Westen 270°. In manchen älteren Büchern findet sich noch eine abweichende Definition des Azimuts, jedoch wird die hier beschriebene heute allgemein verwendet.

Der Punkt direkt über dem Kopf des Betrachters ist der Zenit (Höhe 90°) und stellt in der Astronomie einen wesentlichen Bezugspunkt dar. Sein Gegenstück, nämlich den Punkt direkt unter den Füßen des Beobachters, nennt man Nadir.

Eine wichtige Himmelslinie ist der Meridian, welcher vom Nordpunkt über den Zenit, den Südpunkt und weiter zum Nadir bis zurück zum Nordpunkt verläuft. Von der Erdoberfläche aus ist der Meridian natürlich immer nur halb zu sehen. Astronomen gebrauchen den Begriff „Kulmination“, wenn ein Objekt den Meridian im Süden kreuzt und gleichzeitig „kulminiert“ (seine größte Höhe erreicht).

Infolge der Erdrotation von West nach Ost scheint sich das Himmelsgewölbe innerhalb eines Tages einmal von Ost nach West zu drehen. Jeder ist daran gewöhnt, die Sonne (und den Mond) im Osten auf- und im Westen untergehen zu sehen; dennoch zeigen sich manche Leute überrascht, dass die Sterne und Planeten exakt das Gleiche tun.

Das Himmelsgewölbe rotiert scheinbar um eine unsichtbare Achse, die vom Himmelsnordpol durch den Erdmittelpunkt zum Himmelssüdpol verläuft. Die Lage der Himmelspole in Relation zu einem Betrachter ist abhängig von dessen Standort auf der Erde, genauer gesagt vom Breitengrad. Am Nordpol befindet sich der Himmelsnordpol direkt im Zenit; am Äquator liegen beide Himmelspole (theoretisch) auf dem Horizont, und am Südpol steht der Himmelssüdpol im Zenit, wogegen der Himmelsnordpol den Nadir bildet. Die Höhe des Himmelspols entspricht also genau der geografischen Breite des Beobachters. Bei 50° Nord etwa hat der Himmelsnordpol eine Höhe von 50° und einen Azimut von 0°. Ähnliche Betrachtungen gelten für die Südhalbkugel.

Die Höhe des Polarsterns über dem Nordhorizont entspricht dem Breitengrad des Beobachters.

Dies wirkt sich in einer bedeutsamen Weise aus: Ein kreisrunder Bereich um den Himmelspol herum (mit einem Radius, der dem Breitengrad des Beobachters entspricht) liegt stets über dem Horizont. Sterne in dieser Region nennt man „zirkumpolar“: sie sind immer sichtbar, sobald es dunkel ist. Das Bestimmen der Sternbilder in dieser Region ist daher leicht und bietet einen idealen Einstieg in die Orientierung am Himmel.

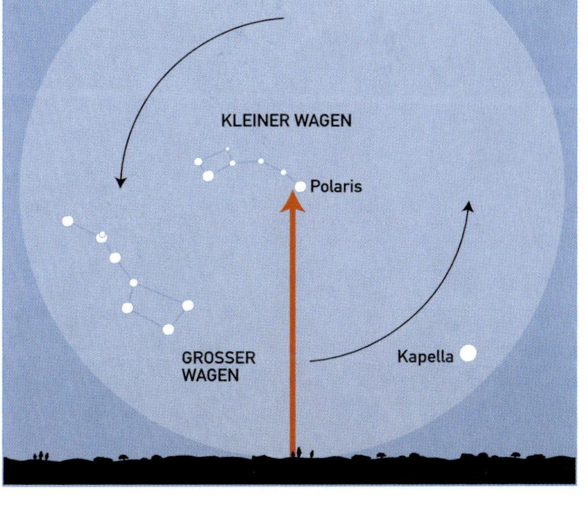

DAS HIMMELSGEWÖLBE

Natürlich könnte man jedes beliebige Himmelsobjekt anhand von dessen Höhen- und Azimutdaten lokalisieren, allerdings ist dies für die meisten Beobachtungen recht unpraktisch. Denn im Laufe der Nacht ändern sich beide Koordinaten, während ein Objekt über den Himmel wandert, und außerdem sind sie ja für jeden Beobachtungsort verschieden. Computergesteuerte Teleskope (darunter auch die größten der Welt) arbeiten zwar auch mit Höhe und Azimut, jedoch werden die Positionsdaten von Himmelsobjekten in Tabellen, Atlanten und Sternkatalogen immer mit einem anderen Koordinatenpaar angegeben.

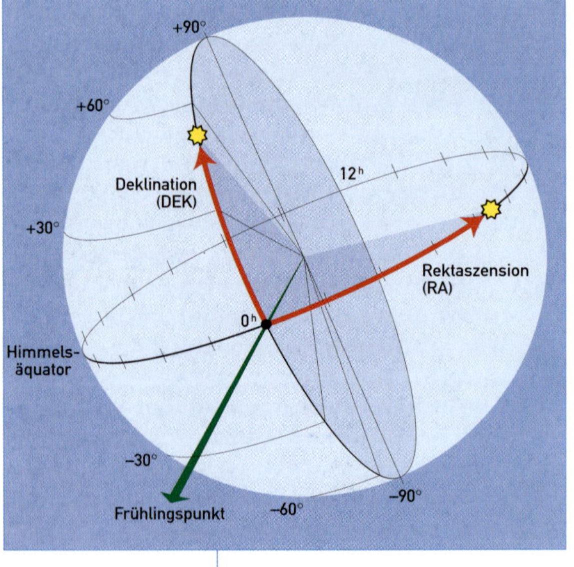

Die Himmelskoordinaten Rektaszension und Deklination

Diese Koordinaten heißen „Rektaszension" und „Deklination", und sie entsprechen dem Längen- bzw. Breitengrad, mit deren Hilfe Positionsangaben auf der Erde gemacht werden. Wenden wir uns zuerst der Deklination zu. Wie wir bereits gesehen haben, weist die Erdachse in Verlängerung in Richtung zum Himmelsnord- und -südpol, welche direkt mit dem irdischen Nord- und Südpol korrespondieren. Ebenso liegt der Himmelsäquator auf derselben Ebene wie der irdische Äquator und teilt den Himmel in eine nördliche und eine südliche Hemisphäre. Die Deklination wird als nördliche und südliche Breite vom Himmelsäquator gemessen (dessen Deklination 0° beträgt), und zwar nach Norden als positive Werte und nach Süden als negative. So hat z. B. der Himmelsnordpol eine Deklination von +90°.

Die Rektaszension unterscheidet sich etwas von der geografischen Längenskala, denn statt in Winkelgrad wird sie in Stunden, Minuten und Sekunden gemessen. Eine Stunde entspricht hierbei 15°, weshalb die Rektaszension von 0^h bis 24^h läuft (0 – 360°). Doch so wie die Deklination einen Nullpunkt (den Himmelsäquator) besitzt, ist auch für die Rektaszension einer erforderlich. Auf der Erde beziehen sich sämtliche Längenangaben auf den Längengrad 0° (Nullmeridian) in Greenwich. Der Nullpunkt für die Rektaszension ist jener Punkt, an dem die Sonne auf ihrer scheinbaren Umlaufbahn (der Ekliptik) den Himmelsäquator von Süd nach Nord schneidet. Diesen Punkt bezeichnet man als Frühlingspunkt, auch Widderpunkt genannt.

Von diesem Punkt (0^h) ausgehend, wird die Rektaszension in östlicher Richtung entlang des Himmelsäquators gemessen (vom Nordpol aus gesehen gegen den Uhrzeigersinn). Infolge der Erddrehung nimmt der Rektaszensionswert des Meridians (oder in jeder anderen fixen Richtung) stetig zu. Wie wir jedoch in Kürze sehen werden, ist die Rektaszension des Meridians nach 24 Stunden unserer Zeit nicht exakt gleich wie am Vortag, sondern ist bis dahin um ungefähr 3^m56^s vorgerückt. Die durch ein Objekt verlaufende Rektaszensionslinie bezeichnet man als Stundenkreis.

Aufgrund verschiedener Ursachen steht die Erdachse nicht unverrückbar fest im Weltall, sondern unterliegt einer Reihe von Bewegungen. Die wichtigste ist die so genannte Präzession, die dafür verantwortlich ist, dass die Erdachse „eiert" und mit einer Periodendauer von rund 25 800 Jahren eine Kreiselbewegung beschreibt. Dadurch verlagern sich mit der Zeit die Himmelspole, der Himmelsäquator und folglich auch die Position des Frühlingspunktes. Es ist aus naheliegenden Gründen unpraktisch, wenn sich definierte Himmelskoordinaten fortlaufend ändern. Deshalb geben Kataloge und Tabellen die Positionen zu einem bestimmten Zeitpunkt an – man spricht hier von Epochen –, die üblicherweise alle 50 Jahre aktualisiert werden. Die zurzeit verwendete Epoche ist 2000.0, demnach würde die vollständige Positionsangabe für den Stern Beteigeuze (α Orionis, der helle rote Stern im Orion) so lauten: RA = $05^h55^m14^s$, DEK = +07°24′2″ (2000.0). Sämtliche Tabellen in diesem Buch sowie in den meisten anderen der in den letzten Jahren veröffentlichten Bücher gelten für die Epoche 2000.0. Vielleicht begegnen Sie mal einigen älteren Tabellen für die Epoche 1950.0 oder sogar noch früheren Daten. Für Beobachtungen mit bloßem Auge, dem Feldstecher und Kleinteleskopen sind die Unterschiede zwischen zwei Epochen weitgehend unbedeutend, sie werden allerdings wichtig beim Ausrichten und im Einsatz von mittelgroßen Teleskopen und computergesteuerten Geräten. Ebenso wird bei den hier angegebenen Positionsdaten auf Zeit- und Bogensekunden verzichtet, denn eine solche Präzision ist für einfache Beobachtungen unnötig.

Aufgrund der Präzession ist der Frühlingspunkt vom Widder ins Sternbild Fische gewandert und bewegt sich nun weiter in Richtung Wassermann.

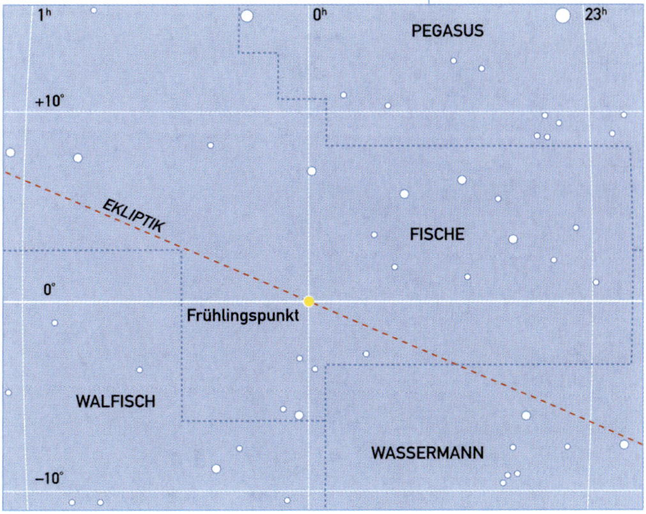

POSITIONEN AM HIMMEL

Der Gebrauch von Kompassrichtungen zur Angabe von Himmelspositionen wird in zirkumpolaren Regionen problematisch, weshalb man stattdessen die Begriffe „voreilend" und „nacheilend" verwendet.

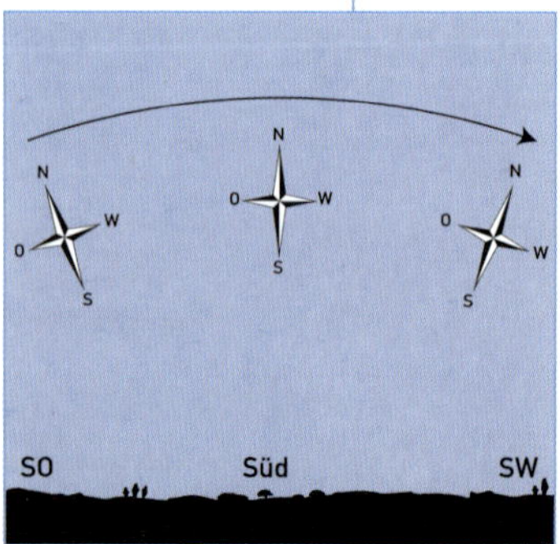

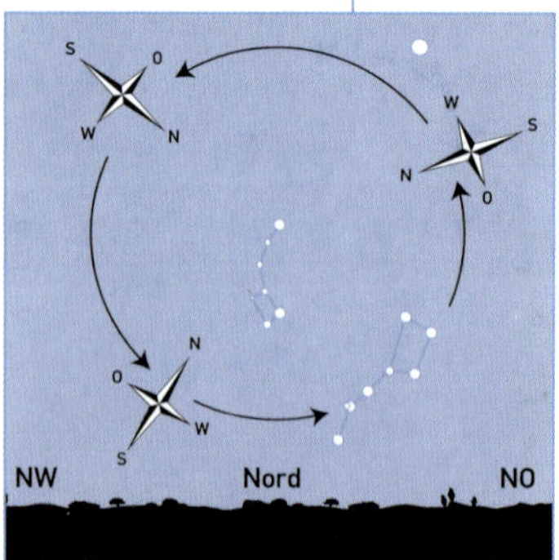

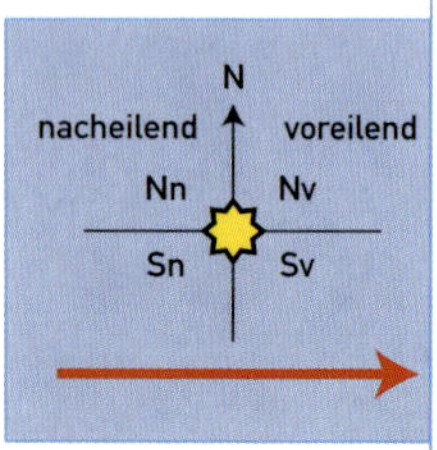

Die Richtung von Himmelsobjekten zu beschreiben, kann recht schnell für Verwirrung sorgen. Wir müssen sicher sein, ob von der Position eines Objekts relativ zum Horizont und zur normalen Kompass-Skala die Rede ist, oder ob wir uns auf seine Position am Firmament beziehen. Allgemein gilt: Wenn man z. B. von einem Himmelsobjekt sagt, es läge nordwestlich von einem bestimmten Stern, so darf man davon ausgehen, dass jene Richtungen gemeint sind, die am Himmel gelten.

Blickt man auf der Nordhalbkugel in südlicher Richtung, so liegt Westen immer rechts (und Osten links). Beim Blick zum Nordhimmel in Richtung des Polarsterns müssen wir allerdings etwas vorsichtiger sein. Der Richtungsbegriff „Westen" ändert sich, je nachdem, wo die Objekte relativ zum Himmelsnordpol liegen. Die Sterne bewegen sich um den Himmelspol entgegen dem Uhrzeigersinn; oberhalb davon ist also Westen links, unterhalb aber rechts!

Nicht zuletzt um dieser Verwirrung vorzubeugen, verwenden Astronomen bei der Beschreibung der relativen Position von Objekten auch die eindeutigen Begriffe „voreilend" und „nacheilend". Diese beziehen sich auf die Rektaszension eines Objekts. Haben zwei Sterne die gleiche Deklination, eilt derjenige Stern, der als Erster auf- und untergeht, dem anderen voraus. Außer vielleicht im Bereich von 0^h (24^h) RA hat er im Allgemeinen einen niedrigeren Rektaszensionswert. Mit Blickrichtung Süd in der Nordhemisphäre liegt er rechter Hand. Für „nacheilend" gelten natürlich die gegensätzlichen Kriterien. Die zwei Begriffe werden fast immer mit den Richtungsangaben Nord und Süd kombiniert, um den Himmel um das Referenzobjekt herum in vier Quadranten aufzuteilen: Nord voreilend, Nord nacheilend, Süd nacheilend und Süd voreilend, die in der Regel mit ‚Nv', ‚Nn', Sn' bzw. ‚Sv' abgekürzt werden.

Gelegentlich stoßen Sie vielleicht auf den Begriff des „Positionswinkels", der eine präzise Methode darstellt, um die Position eines Objektes in Relation zu einem anderen zu beschreiben. Er findet insbesondere bei Doppelsternen Anwendung und wird in diesem Buch auf S. 127 näher beschrieben.

VON STERN ZU STERN

Den einfachsten Weg, Objekte am Himmel aufzufinden, stellt das „starhopping" („von Stern zu Stern hüpfen") dar. Dabei stützt man sich auf bekannte Sterne oder Sternbilder, um weniger vertraute aufzuspüren. Mit Hilfe dieser Methode lernt jeder die Sternbilder kennen, und sie lässt sich ebenso erfolgreich für lichtschwächere Objekte nutzen, ob mit bloßem Auge, Feldstecher oder Teleskop.

Wie diese Fotografie von Perseus zeigt, neigt das Auge dazu, von den helleren Sternen nach außen zu wandern, sobald Linien und bestimmte Sternmuster erkannt werden.

Am besten arbeitet man sich von hellen, bekannten Sternen oder Sternbildern zu den lichtschwächeren vor. Wollen Sie ein unbekanntes Objekt mit einer Sternkarte finden, lokalisieren Sie zunächst einige Sterne, die Sie am Himmel leicht auffinden können. Mit deren Hilfe können Sie nun eine Linie quer über den Himmel ziehen, die Grundseite eines Dreiecks legen, oder irgendein ähnliches Muster, mit dem Sie zu einem weiteren Stern, oder einer Gruppe von Sternen gelangen, die Sie näher an Ihr Ziel führen. Diesen nächsten Referenzpunkt benützen Sie als Ausgangspunkt, um den Vorgang zu wiederholen. Das hört sich alles schwieriger an, als es in der Praxis ist, denn die Erkennung von Mustern ist so in uns verwurzelt, dass es Ihnen bald in Fleisch und Blut übergeht.

DATUM UND UHRZEIT

Ein wichtiger Aspekt der Astronomie ist die Frage der Uhrzeit. Da die Beobachter über den gesamten Erdball verteilt sind, befinden sie sich in verschiedenen Zeitzonen. Deshalb kann ein Ereignis (wie z. B. die Verfinsterung eines Jupitermondes) für den einen Beobachter bei Tag und für einen anderen bei Dunkelheit stattfinden. Hinzu kommen noch die Probleme durch die in bestimmten Ländern praktizierte Umstellung auf die Sommerzeit.

Die Zeitzonen der Erde

Die Lösung für dieses Dilemma besteht nun darin, alle astronomischen Ereignisse und Beobachtungen in Weltzeit anzugeben, die überall auf der Welt und für jedermann gleich ist. Die Weltzeit (Universal Time, UT) ist die Zeit des Greenwich-Meridians, die ursprünglich als Greenwich Mean Time (GMT) bezeichnet wurde. Sie läuft von 00:00 bis 24:00 Uhr, beginnend um Mitternacht, und wird für sämtliche astronomische Phänomene herangezogen, die in den astronomischen Jahrbüchern und Nachschlagewerken aufgelistet sind (siehe Service-Teil „Literaturtipps"). So werden z. B. in Tabellen die Koordinaten Rektaszension und Deklination von Planeten normalerweise für 00:00 UT angegeben (d. h. für Mitternacht am Nullmeridian von Greenwich). Auch für die Aufzeichnung eigener Beobachtungen ist die Verwendung der Weltzeit Pflicht, um sie später mit anderen international vergleichen zu können.

ORTSZEIT

Da die individuell erlebte Dauer der Tag- und Nachtphasen von Ihrem Aufenthaltsort auf der Erde abhängig ist, müssen Sie die Ortszeit mit einbeziehen in die Berechnung, ob ein Ereignis zu beobachten sein wird (es sei denn, Sie wohnen in der Nähe des Nullmeridians von Greenwich).

Die Karte links zeigt die einzelnen Zeitzonen der Welt sowie den Betrag in Stunden, um den jede Zone gegenüber der Weltzeit vor- bzw. nachgeht. Beachten Sie, dass die Grenzen der Zeitzonen in der Regel so festgelegt sind, dass sie mit politischen Grenzen zusammenfallen, was ihren mitunter sehr unregelmäßigen Verlauf erklärt. Für exakte Berechnungen müssen pro 15° östlich bzw. westlich des Nullmeridians 1 h und pro Winkelgrad 4 min hinzuaddiert bzw. abgezogen werden.

SOMMERZEIT

Leider muss bei der Planung von Beobachtungen auch die Sommerzeit berücksichtigt werden. Da die meisten Sterngucker ihr Hobby in der ersten Nachthälfte betreiben, sind die Monatssternkarten in diesem Buch für 22:00 MEZ gezeichnet, was 23:00 MESZ entspricht. Dies stellt einen Kompromiss dar, weil im hohen Norden die Dämmerung während des Sommers die ganze Nacht dauert, und es selbst um 23:00 Sommerzeit noch nicht richtig dunkel ist.

In Europa gilt die Sommerzeit vom letzten Sonntag im März bis zum letzten Sonntag im Oktober. Die Umstellung (im Frühjahr 1 h vor, im Herbst 1 h zurück) findet zu den genannten Terminen um 02:00 MEZ bzw. 03:00 MESZ statt. In den Vereinigten Staaten und Kanada beginnt die Sommerzeit am ersten Sonntag im April und endet (wie in Europa) am letzten Sonntag im Oktober.

HINWEIS
Zum Zeitpunkt der Drucklegung beteiligen sich Arizona, Hawaii, Indiana und Saskatchewan nicht an der Sommerzeit.

JAHR	BEGINN DER SOMMERZEIT	ENDE DER SOMMERZEIT
2004	28. März	31. Oktober
2005	27. März	30. Oktober
2006	26. März	29. Oktober
2007	25. März	27. Oktober
2008	30. März	26. Oktober

Europa

JAHR	BEGINN DER SOMMERZEIT	ENDE DER SOMMERZEIT
2004	4. April	31. Oktober
2005	3. April	30. Oktober
2006	2. April	29. Oktober
2007	1. April	27. Oktober
2008	6. April	26. Oktober

USA und Kanada

DAS DATUM

Der andere wichtige Punkt, den es zu beachten gilt, ist das Datum. Für Astronomen auf der ganzen Welt findet dieser Wechsel um Mitternacht (24:00 UT) statt. Dies mag verwirrend sein, weil dann Beobachter in einer Zeitzone östlich von Greenwich ihr bürgerliches Datum bereits umgestellt haben, während für Beobachter westlich davon der Datumswechsel erst noch folgt. Die einfachste Lösung ist, dass man stets eine Uhr dabei hat, die permanent Weltzeit anzeigt, vorzugsweise eine Digitaluhr mit Datumsanzeige. Jeder ernsthafte Astronom in der Zeitzone von Greenwich macht das genauso, denn nur so wird jeder möglichen Verwirrung im Zusammenhang mit der Sommerzeit vorgebeugt.

Wie sollte man Datum und Uhrzeit notieren? Am besten bedient man sich der wissenschaftlichen Standardmethode, bei der die Angaben in absteigender Größenordnung festgehalten werden: Jahr, Monat, Tag, Stunde, Minute und Sekunde (in sehr präzisen Fällen auch Zehntelsekunden). Um Verwirrungen zu vermeiden, empfiehlt es sich auch hier wieder, den Monat nicht als Ziffer, sondern abgekürzt zu notieren. So könnte also eine vollständige Angabe von Datum und Uhrzeit wie folgt aussehen: 2001 Okt. 05, 01:35:07 UT. Das ist eindeutig und in vielen Ländern eine gesetzlich anerkannte Form der Zeit- und Datumsangabe.

Sollten Sie zufällig Augenzeuge eines wichtigen Ereignisses werden – vielleicht eines grellen Feuerballs bei Tag – und Sie haben nicht sofort eine Uhr mit der Weltzeit zur Hand, dann halten Sie die Beobachtung unter Angabe der Uhrzeit schriftlich fest und merken diesen Umstand an. Eine Korrektur zur UT kann später erfolgen. Versuchen Sie nicht, die Korrektur an Ort und Stelle vorzunehmen, denn dies lenkt Sie nur von dem betreffenden Ereignis ab und führt häufig zu Fehlern. Wie leicht hat man z. B. eine Stunde hinzuaddiert zur „Korrektur" der Sommerzeit statt abgezogen!

Eine weitere Methode zur Datumsberechnung (Julianisches Datum) wird später bei der Besprechung der veränderlichen Sterne vorgestellt.

Ein Sonnentag dauert geringfügig länger als ein Sterntag, da die Erde auf ihrer Umlaufbahn einen zusätzlichen Weg zurücklegen muss, ehe die Sonne erneut den Meridian kreuzt.

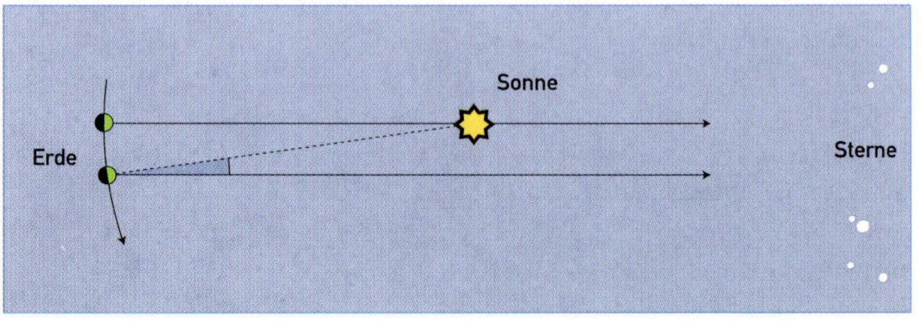

STERNZEIT

Wir haben bereits festgestellt, wie sich die in einer beliebigen Nacht sichtbaren Sterne im Jahreslauf allmählich verschieben; neue Sterne steigen in der Abenddämmerung über dem Osthorizont empor, während Sterne, die einige Monate lang zu sehen waren, hinter dem Westhorizont versinken. Der Grund für diese Veränderung liegt in der Bewegung der Erde um die Sonne. Unsere bürgerliche Zeit basiert auf der Erdrotation in Relation zur Sonne, wobei ein Tag genau 24 Stunden entspricht. Die Erde selbst dreht sich aber in nur 23 h, 56 min und 4 s einmal um ihre Achse. Nach dieser Zeit steht ein bestimmter Stern wieder am gleichen Ort, weshalb man auch von „Sternzeit" spricht.

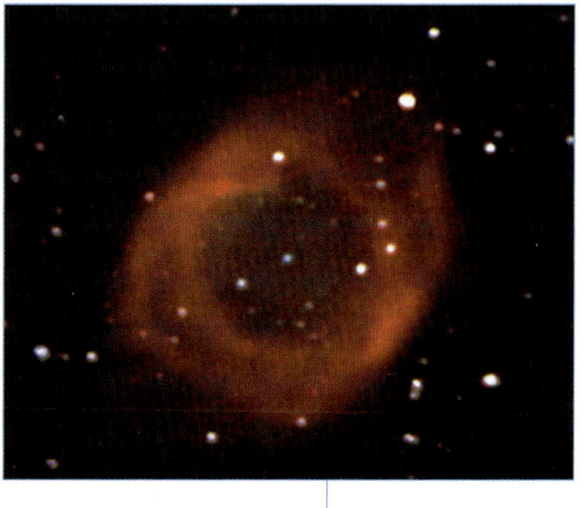

Die Kenntnis der Sternzeit (der Rektaszension auf dem Meridian) kann beim Auffinden lichtschwacher Objekte wie des Helix-Nebels (NGC 7293) im Wassermann sehr hilfreich sein.

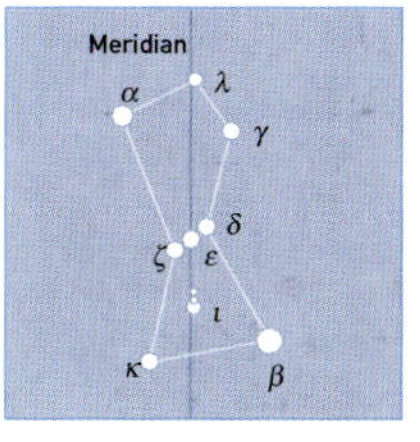

Wenn ε Orionis jetzt auf dem Meridian liegt, dann hatte δ ihn vor genau 24 h eben passiert und wieder 24 h später wird sich ζ ihm gerade nähern.

Die Sternzeit ist die anhand der Sterne bestimmte Zeit. Sie entspricht der Rektaszension von Objekten, die sich gegenwärtig auf dem Meridian (der Mittagslinie) befinden. Wenn Sie die Sternzeit kennen, können Sie auf der Stelle sagen, welche Objekte am Himmel zu sehen sind. Die Sternzeit ist natürlich für jeden Längengrad auf der Erde verschieden. In Handbüchern wird die Sternzeit oft für 00:00 UT am Greenwich-Meridian angegeben, und Sie können Ihre lokale Sternzeit berechnen, indem Sie die entsprechenden Korrekturen für die Zeit, die seit 00:00 UT verstrichen ist, und für Ihren Längengrad vornehmen. Am schnellsten bestimmt man die Sternzeit mit Hilfe einer drehbaren Sternkarte. Einmal eingestellt, hat man stets einen sofortigen Überblick, welche Objekte sich momentan auf dem örtlichen Meridian befinden.

Gelegentlich stoßen Sie vielleicht auf den Begriff des „Stundenwinkels", mit dem sich die Position eines Objekts am Himmel beschreiben lässt. Darunter versteht man die Differenz Sternzeit – Rektaszension eines Objektes; östlich des Meridians ist der Stundenwinkel negativ, westlich davon positiv. In der Praxis wird der Stundenwinkel dazu benutzt, um ein Himmelsobjekt mit den Teilkreisen eines Teleskops nach Koordinaten einzustellen.

SIEHE AUCH
Julianisches Datum (S. 135)

Rektaszension & Deklination (S. 12)

STERNBILDER

Das Firmament ist in 88 einzelne Sternbilder unterteilt, von denen viele schon in der Antike bekannt waren. Die alten Kulturen teilten den Himmel auf verschiedene Arten ein und besaßen eine ganze Reihe von Mythen, die mit den diversen Sterngruppierungen assoziiert wurden. Die Namen der Sternbilder, wie wir sie heute verwenden, sind großenteils griechischen und römischen Ursprungs. Nur sehr wenige weisen irgendeine Ähnlichkeit mit den Objekten auf, die sie angeblich darstellen sollen.

Diese phantasievolle Darstellung von Perseus mit dem Kopf der Medusa ist der zweiten Ausgabe von Johannes Bayers URANOMETRIA entnommen, die erstmals 1603 veröffentlicht wurde.

Die Namen der nördlichen Sternbilder sind oft sehr alt, wogegen viele Sternbilder der südlichen Hemisphäre erst um die Mitte des 18. Jahrhunderts durch den französischen Astronomen de Lacaille getauft wurden. Jahrhunderte lang waren die Grenzen zwischen den Sternbildern fließend und weitgehend von der Laune des Astronomen abhängig, der die Beschreibungen entwarf oder die Sternkarten zeichnete. Die Grenzen waren mehr oder minder willkürlich um die Figuren herum gezogene Linien. So mag der eine Kartograph bestimmte Sterne einem Sternbild, sein Kollege dagegen dem Nachbarsternbild zugeordnet haben. Mehrere Kartographen führten zudem eigene kleinere Sternbilder ein, von denen nur wenige bis heute überdauert haben.

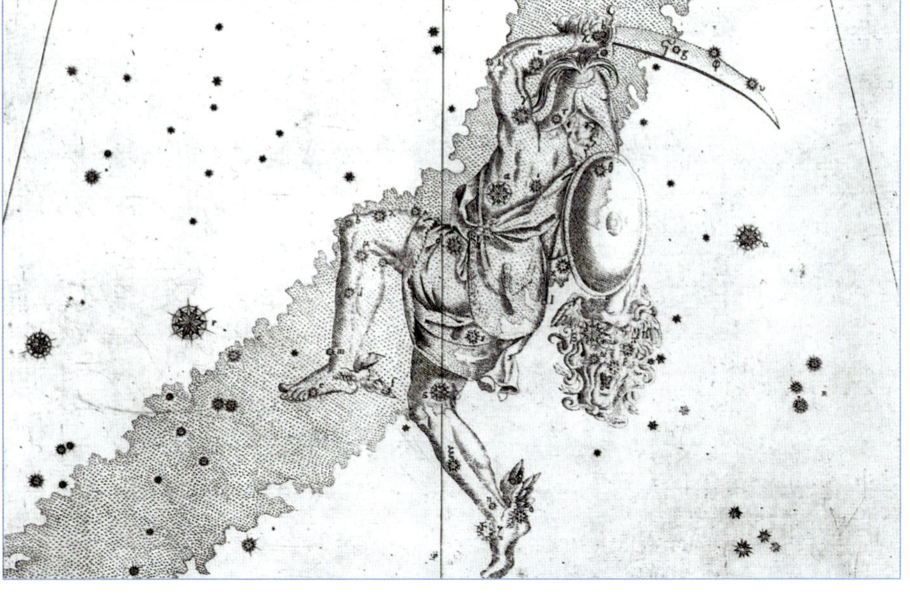

Das Ende dieses Durcheinanders nahte 1920, als sich die Internationale Astronomische Union (IAU) auf einen einheitlichen Satz von Sternbildnamen verständigte, und in der Folge noch einmal 1930, als verbindliche Sternbildgrenzen festgelegt wurden. Letztere wurden als gerade Linien in Rektaszension und Deklination für die Epoche 1855 definiert. Dieses Datum wählte man, weil jene Epoche schon bei der Definition vieler südlicher Sternbilder gedient hatte. Beim Blick auf eine moderne Karte wird Ihnen auffallen, dass die Sternbildgrenzen infolge der Präzession von dem modernen Koordinatengitter weggedriftet sind.

Obwohl man meistens den volkstümlichen Namen für die Sternbilder begegnet, gebrauchen Astronomen doch immer deren lateinische Formen. Diese werden daher im vorliegenden Buch ebenfalls genannt, ebenso die passenden Genitivformen und die genormten Kürzel aus drei Buchstaben, die allesamt von der IAU formell übernommen wurden.

SIEHE AUCH
Ekliptik (S.13)
Epoche (S.13)
Äquinoktium (S.13)

STERNMUSTER

Als Sternmuster bezeichnet man ein auffälliges Sternenpaar oder eine Ansammlung von Sternen, das zwar einen bestimmten Namen trägt, jedoch nicht unbedingt eine vollständiges Sternbild bilden muss. Ein Beispiel ist der Große Wagen – auch bekannt als Großer Bär –, die sieben hellsten Sterne in Ursa Major, ein großes Sternbild, zu dem noch Dutzende weitere Sterne gehören.

EINIGE BEKANNTE STERNMUSTER

DRACHENKOPF – β, γ, χ und ϕ Draconis

FRÜHLINGSDREIECK – α Leonis, α Bootis und α Virginis

GROSSER WAGEN (auch bekannt als „Schöpflöffel" oder „Stieltopf") – α, β, γ, δ, ϵ, ζ und η Ursae Majoris

GÜRTEL DES ORION – δ, ϵ und ζ Orionis

HAUPT DER HYDRA – δ, ϵ, ζ, η, ρ, und σ Hydrae

HERBSTVIERECK – α, β, and γ Pegasi mit α Andromedae

KLEINER WAGEN – β, γ, η, ζ, ϵ, δ, und α Ursae Minoris

KOPF DES WALFISCHS – α, γ, ξ^2, μ und λ Ceti

POLWEISER – α und β Ursae Majoris

SCHWERT DES ORION – ϑ und ι Orionis

SIEBENGESTIRN – Sternhaufen M 45 (Plejaden)

SOMMERDREIECK – α Lyrae, α Cygni und α Aquilae

TEEKESSEL – γ, ϵ, δ, λ, ϕ, σ, τ und ζ Sagittarii

WÄCHTER – β und γ Ursae Minoris

WINTERSECHSECK – α Aurigae, α Geminorum, α Canis Minoris, α Canis Majoris, β Orionis und α Tauri

ZICKLEIN – ϵ, ζ und η Aurigae

Zwei Meteore des Leonidenschwarms, aufgenommen in der Nähe des markanten Sternmusters, der das „Haupt der Hydra" bildet.

DER TIERKREIS

Der Tierkreis (Zodiak) war ursprünglich eine eigenständige Reihe von zwölf Sternbildern mit einer besonderen Bedeutung für alte Kulturen. Es sind jene Sternbilder, in denen sich die Sonne, der Mond und die großen Planeten aufhalten. Daher werden diese Sternbilder von der Ekliptik durchlaufen, der scheinbaren Bahn der Sonne über den Himmel, und jedes der 12 Sternbilder erstreckte sich über einen Winkel von exakt 30° entlang der Ekliptik. Da die Mehrzahl der Sternbilder einen Bezug zu Tieren hatte, erhielt das gesamte Band den Namen Tierkreis oder Zodiakalband.

Einst glaubte man, Sterne und Planeten würden einen direkten Einfluss auf die Geschicke der Menschen ausüben. Daher erlangten diese zwölf Sternbilder eine astrologische Bedeutung und galten als spezielle „Tierkreiszeichen". Rationale Menschen halten sich nicht mehr mit derlei Aberglauben auf, und infolge der Präzession sind die Positionen der Sternbilder inzwischen um mehr als 30° ostwärts gewandert, stimmen also nicht länger mit ihren Zeichen überein. Änderungen bei den Sternbildgrenzen bedeuten, dass manche Sternbilder mehr oder weniger als 30° der Ekliptik belegen und auch, dass Sonne, Mond und Planeten noch in weiteren Sternbildern auftauchen können, namentlich in Cetus, Orion, Sextans und Ophiuchus. Der Tierkreis wird heute als ein Band definiert, das sich 8° beiderseits der Ekliptik erstreckt und Teile dieser Sternbilder beinhaltet. Sternkarten des Tierkreisbandes sind nützlich zum Aufzeigen von Planetenpositionen, wie wir noch sehen werden.

STERNBILDER DES TIERKREISES

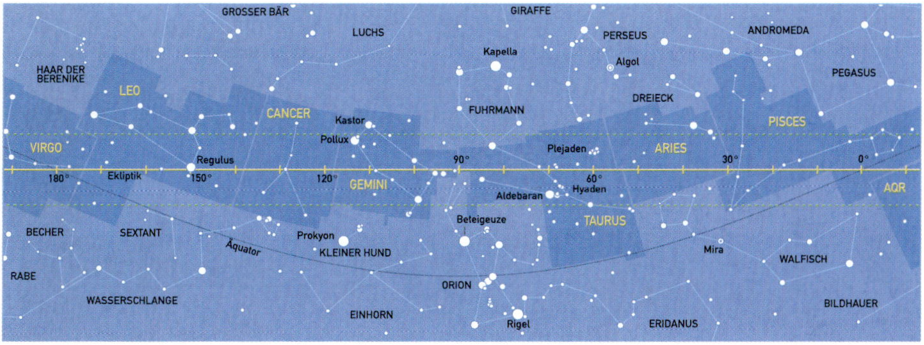

Fische bis Löwe: Der Tierkreis (Zodiak) ist das Band zwischen den beiden grünen, gestrichelten Linien, in dessen Bereich sich Sonne, Mond und Planeten bewegen.

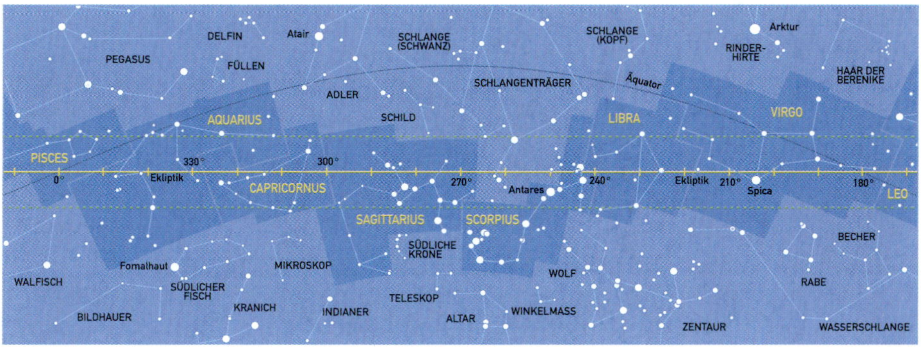

Jungfrau bis Wassermann: Der Tierkreis (Zodiak) ist das Band zwischen den beiden grünen, gestrichelten Linien, in dessen Bereich sich Sonne, Mond und Planeten bewegen.

NAMEN VON STERNEN UND ANDEREN OBJEKTEN

Ursprünglich gab man nur den hellsten Sternen Eigennamen. Manche davon sind griechischer oder römischer Herkunft (wie etwa Sirius und Polaris), viele gehen jedoch auf arabische Astronomen des Mittelalters zurück (Beteigeuze, Deneb, Zubenelgenubi). Jahrhunderte lang wurden lichtschwächere Sterne gern mit „der Erste in Orions Keule" oder „der rechte Fuß von Herkules" und anderen ähnlich schwammigen Begriffen bezeichnet. Den ersten Schritt zur Einführung einer vernünftigen Methode der Sternbezeichnung unternahm der deutsche Kartograph Johannes Bayer, der im Jahr 1603 den ersten richtigen Sternatlas veröffentlichte.

Bayer bezeichnete die hellsten Sterne in jedem Sternbild mit einem griechischen Buchstaben, die annähernd nach absteigender Helligkeit geordnet wurden, so dass der hellste Stern die Bezeichnung α (alpha) erhielt, der zweithellste β (beta) usw. Nachdem Bayer mit dem griechischen Alphabet durch war, griff er auf römische Kleinbuchstaben (a, b, c ...) und in einigen wenigen Fällen, wo auch diese ihm nicht ausreichten, auf römische Großbuchstaben zurück (A, B, C ... Q). Obwohl man inzwischen weiß, dass es Ausnahmen von der korrekten Regel gibt, haben sich dennoch alle diese Bezeichnungen im Prinzip bis zum heutigen Tag erhalten. Astronomen ziehen in der Regel Bayers Buchstaben zugunsten der eigentlichen Namen vor. Auf den griechischen Namen folgt der Genitiv des lateinischen Sternbildnamens; somit heißt z. B. der Stern Alpheratz α Andromedae oder abgekürzt α And. Gelegentlich werden die griechischen Buchstaben noch durch einen Exponenten ergänzt, und zwar meist dort, wo Sterne eng beieinander stehen. Ein extremes Beispiel hierfür findet sich im Orion, an dessen Westseite es eine Kette von Sternen gibt, die mit π^1 bis π^6 bezeichnet sind.

Angesichts der Fortschritte in der Astronomie – und insbesondere mit der Erfindung des Fernrohrs – wurde es wichtig, auch den lichtschwächeren Sternen einen Namen zu geben. Der britische Astronom John Flamsteed führte dies als Erster systematisch durch und in seinem 1725 erschienenen Katalog waren alle Sterne eines Sternbilds nach ihrer zunehmenden Rektaszension – d. h. von West nach Ost – durchnummeriert, einschließlich jener Sterne, die Bayers Bezeichnungen trugen. Diese Flamsteed-Nummern sind nach wie vor in Gebrauch; um jedoch Verwirrungen vorzubeugen, werden im Allgemeinen die älteren Bayer-Buchstaben angegeben, wo dies möglich ist. So ist z. B. α And gleichzeitig Flamsteed 21 Andromedae, was auch als „Fl 21 oder „21 And" geschrieben wird. Wenn in einer Tabelle eine Nummer auftaucht, darf man davon ausgehen, dass es sich um eine Flamsteed-Nummer handelt.

Mit dem Aufkommen der Fotografie mussten plötzlich Zehn-, ja Hunderttausende von Sternen katalogisiert werden, und deshalb basierten alle nachfolgenden Kataloge auf einem numerischen Format. Solche Nummern sind allerdings bei der Mehrzahl der Objekte, die man mit bloßem Auge oder kleinen Instrumenten sehen kann, nur selten erforderlich.

Veränderliche Sterne haben ein komplexes Namenssystem, jedoch tragen die hellsten in jedem Sternbild meist einen einzelnen römischen Großbuchstaben aus dem Bereich R bis Z – jene Lettern, die Bayer nicht verwendete. Andere veränderliche Sterne tragen entweder einen Doppelbuchstaben (z. B. CH Cygni), oder man erkennt sie an einem „V", auf das eine Nummer folgt (z. B. V465 Cassiopeiae). Damit die Einheitlichkeit zu älteren Listen gewahrt bleibt, ist Bayers Nomenklatur mit griechischen Buchstaben solchen Sternen vorbehalten, die sich später als veränderlich herausstellten.

DAS GRIECHISCHE ALPHABET

α	alpha	ν	nü
β	beta	ξ	xi
γ	gamma	ο	omikron
δ	delta	π	pi
ϵ	epsilon	ρ	rho
ζ	zeta	σ	sigma
η	eta	τ	tau
ϑ	theta	υ	ypsilon
ι	iota	φ	phi
κ	kappa	χ	chi
λ	lambda	ψ	psi
μ	mü	ω	omega

MESSIER-, NGC- & IC-NUMMERN

Nichtstellare, diffuse Himmelsobjekte haben oft einen Namen, bestehend aus dem Buchstaben „M" sowie einer Ziffer von 1 bis 110. Der Name steht für die Bezeichnung im Katalog der nichtstellaren Himmelskörper, den Charles Messier 1781 als Hilfsmittel bei der Suche nach Kometen zusammengestellt hatte, um sie nicht mit neu entdeckten Kometen zu verwechseln. Messiers Katalog verzeichnete ursprünglich nur 103 Nebelobjekte, M 104 bis M 110 wurden von späteren Beobachtern hinzugefügt.

Ähnliche durchnummerierte Kataloge, die im 19. Jahrhundert zusammengestellt wurden, sind der New General Catalogue (NGC) und der Index Catalogue (IC), deren Abkürzungen weit verbreitet sind. Diese Kataloge enthalten auch Objekte aus Messiers Liste, weshalb man zuweilen alternativen Bezeichnungen begegnet. So hat z. B. der große Andromeda-Nebel M 31 zugleich den Namen NGC 224.

STERNHELLIGKEITEN

Die Helligkeit eines Sterns, eines Planeten oder Mondes bezeichnet man als seine Magnitude. Ursprünglich wurden bei Einführung dieser Klassifizierung die hellsten Sterne der 1. Größe zugerechnet, geringfügig schwächere der 2. Größe, bis hinunter zur sechsten Magnitude, welche die schwächsten noch mit bloßem Auge erkennbaren Objekte umfasste.

Diese recht grobe Einteilung hatte bis ins 19. Jahrhundert Bestand, als man sie auf eine feste wissenschaftliche Grundlage stellte. Nach der neuen Definition war ein Stern 1. Größe 100-mal heller als ein Stern 6. Größe, wodurch nun eine präzise mathematische Beziehung zwischen den Magnituden hergestellt war. Ein Stern 1. Größe ist 2,512-mal heller als ein Stern 2. Größe. Dieses scheinbar unnötig krumme, weil logarithmische Verhältnis entspricht ziemlich genau der Art und Weise, wie unser Auge Helligkeit empfindet.

Es gab keine Probleme, den Maßstab auf die unzähligen schwächeren Sterne auszudehnen, die mit Teleskopen sichtbar wurden; jedoch stellte man fest, dass manche Sterne (und zu besonderen Zeiten auch bestimmte Planeten) heller waren als der Stern, der als Nullpunkt der Größenklassenskala festgelegt worden war. Daher wurde die Skala auf negative Zahlen erweitert. Der hellste Stern am Himmel, Sirius im Orion, hat eine Magnitude von –1,5, Venus und Jupiter erreichen gelegentlich bis zu -4^{m}, während es der Vollmond sogar auf knapp -13^{m} bringt.

Die Durchmesser von Sternen auf Sternkarten stehen in präzisem Verhältnis zu ihrer Helligkeit.

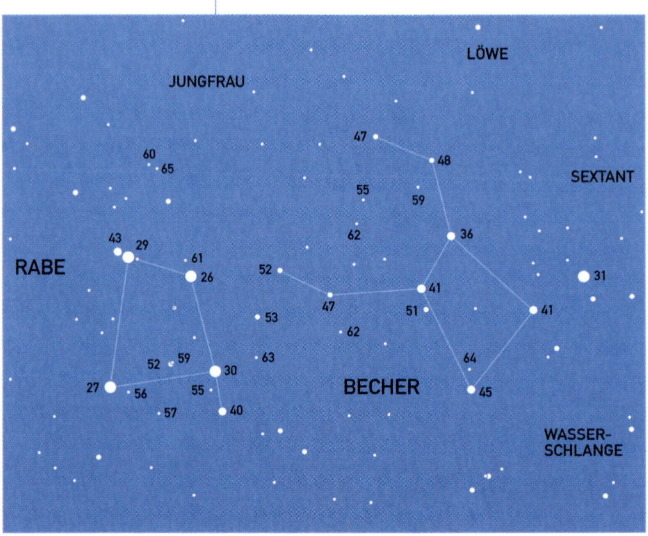

Der schwächste Stern, der gerade noch mit bloßem Auge oder einem bestimmten Instrument sichtbar ist, markiert die so genannte Grenzhelligkeit. Unter optimalen Bedingungen, also bei einem absolut schwarzen, streulichtfreien Himmel beträgt diese Größe für das bloße Auge ungefähr $6{,}^{m}5$. Die Farbe eines bestimmten Sterns kann beeinflussen, wie dieser vom Auge wahrgenommen wird; darauf kommen wir aber später noch zurück.

Sterne unterschiedlicher Größe werden in den meisten Sternkarten als verschieden große Punkte dargestellt: je größer der Punkt, desto heller der Stern. Bei sorgfältiger Auswahl der korrekten Punktgrößen können die meisten Menschen relativ leicht Sternen in einer Karte unterschiedliche Helligkeiten am Himmel zuordnen. Je nach Maßstab der Sternkarten und ihrem vorgesehenen Einsatzzweck variiert ihre Grenzgröße. Die einzelnen Sternbildkarten weiter hinten in diesem Buch erreichen eine Magnitude von 6,5 und zeigen somit alle für das bloße Auge sichtbaren Sterne. Individuelle Karten für bestimmte Objekte haben noch schwächere Grenzgrößen.

SIEHE AUCH
Farben von Sternen
(S.126)

LEUCHTKRAFT

Die Magnitude (m), die wir soeben besprochen haben, ist die scheinbare Helligkeit, also jene Größe, wie sie für den Betrachter erscheint ohne Berücksichtigung der sehr unterschiedlichen Sternentfernungen.

Wenn uns die Entfernung zu einem Stern bekannt ist, können wir auch die Magnitude berechnen, die er in einer anderen Entfernung haben würde, und diese hat man auf 10 Parsek (32,616 Lichtjahre) festgelegt. Die für diesen Normabstand berechneten Größen bezeichnet man als absolute Helligkeiten (M); sie sind ein Maß für die wahren Leuchtkräfte von Sternen. Diese Helligkeitswerte überspannen einen weiten Bereich vom Tausendfachen der Sonnenhelligkeit bis zu wenigen Tausendsteln davon.

Obwohl scheinbare Magnituden oft für nichtsternförmige Objekte wie Planeten, Kometen, Nebel und Galaxien angegeben sind, müssen diese mit einiger Vorsicht behandelt werden, weil sie sich nicht auf punktförmige Lichtquellen übertragen lassen. Die Magnitude wird über die gesamte Ausdehnung des Objekts ermittelt, weshalb es sehr viel schwieriger ist, einen Kometen oder Nebel 7. Größe zu beobachten als einen Einzelstern derselben Helligkeit.

OBEN: Mit einer Helligkeit von bis zu -4^m sind Jupiter (Abb.) und Venus die hellsten Planeten am Himmel.

Die für extragalaktische Objekte wie M 88 (in Coma Berenices) angegebenen Magnituden sind oft trügerisch, weil sie auch das Licht der äußeren Regionen beinhalten, welche nur schwer zu sehen sind.

ASTROFOTOGRAFIE

Fotos vom Nachthimmel zu machen, ist gar nicht so schwierig, und die meisten Aufnahmen in diesem Buch wurden mit vergleichsweise einfacher Ausrüstung geschossen. Da Fotos von Sternbildern in der Regel eine große Ähnlichkeit zum Himmel aufweisen, sind sie oftmals leichter verständlich als Karten oder Tabellen, vor allem für Einsteiger, die sich gerade erst mit den Sternbildern vertraut machen.

Für die Himmelsfotografie eignet sich nahezu jede Kamera, vorausgesetzt, sie verfügt über eine „B"-Einstellung, in der der Verschluss für einen beliebig gewählten Zeitraum geöffnet bleibt. Ältere Kameras sind für diese Arbeit mitunter besser geeignet als die allerneuesten Modelle. Bei manchen der modernen Spiegelreflexkameras wird der Spiegel während der Belichtungsphase mittels Batteriestrom hochgeklappt. Versagt die Batterie, kann der Spiegel herunterfallen, wodurch die Belichtung abgebrochen wird. Natürlich benötigen Sie noch ein stabiles Dreibeinstativ und einen langen Drahtauslöser, vorzugsweise mit Einrastmöglichkeit, damit der Auslöser nicht ständig gedrückt bleiben muss.

Bei Verwendung von 35-mm-Filmmaterial liefert ein 50-mm-Standardobjektiv ein praktisch bemessenes Abbildungsfeld, das ausreicht, um z. B. den Orion einzufangen. Ein solches Objektiv eignet sich auch bestens für Dämmerungsaufnahmen von Planetenkonjunktionen, wo man für eine attraktivere Bildgestaltung gern noch einige Objekte im Vordergrund mit drauf haben möchte. Bedenken Sie jedoch, dass Bilder vom Mond und von den Planeten mit gewöhnlichen Kameraobjektiven winzig geraten. (Bei einem 50-mm-Objektiv belegt der Mond nur rund 0,5 mm auf dem Film.) Für große Bilder benötigen Sie ein Teleskop mit automatischer Nachführung, um das Objekt am Himmel zu verfolgen.

Die Ausrichtung kann ein Problem darstellen. Wenn Sie eine Spiegelreflexkamera mit einem recht lichtstarken Objektiv verwenden, können Sie die hellsten Sterne durch den Sucher betrachten. Schwieriger kann es bei Kompaktkameras werden: Hier sollten Sie sich einen Drahtrahmen zur Kontrolle des Blickfelds basteln, der fest an der Kamera oder dem Stativ angebracht wird.

Ein starkes Teleobjektiv oder ein Teleskop sind erforderlich, um Bilder wie diese Aufnahme des Halbmonds und der Venus zu realisieren.

Bei normaler kommerzieller Entwicklung liefern Diafilme in der Regel bessere Resultate, weil die üblichen Abzüge für Bilder vom Nachthimmel nicht ideal sind. Jedoch lassen sich auf Bestellung (und gegen Aufpreis) mit speziellen Behandlungen sehr gute Ergebnisse erzielen. Bei Diafilmen ist es wichtig, schon im Laden darauf hinzuweisen, dass der Film ungeschnitten zurückgesandt werden soll, denn sonst schneiden die Entwicklungsautomaten gelegentlich alle Bilder mittendurch. Manche Filme neigen dazu, den tiefschwarzen Hintergrund mit einem leichten Grünstich abzubilden; gerade in diesem kritischen Punkt gehört die Kodak-Ektachrome-Filmreihe unter Kennern mit zum Besten auf dem Markt. Herkömmliche Vorstellungen von Filmempfindlichkeiten sind zwar nicht hundertprozentig auf astronomische Motive übertragbar, jedoch liefern Filme im Bereich 100 – 400 ISO meist ansprechende Resultate. Falls Sie Langzeitbelichtungen von Sternspuren machen möchten, wählen Sie einen weniger empfindlichen Film, wodurch der Hintergrund auch bestimmt dunkel bleibt.

Da Sie ein feststehendes Stativ mit einer fixen Kameraposition verwenden und die Erde sich dreht, wird alles in Form von Leuchtstreifen auf den Film gebannt; bei sehr kurzen Belichtungszeiten ist dieses Nachziehen noch zu kurz, um sichtbar zu werden. Experimentieren Sie mit Belichtungsreihen von 10, 15, 20 und 30 Sekunden, und wählen Sie diejenige Verschlusszeit, die Ihnen am besten erscheint. Beachten Sie, dass die scheinbare Rotation des Himmels in Äquatornähe am schnellsten ist, weshalb im Bereich der Pole auch längere Belichtungen möglich sind. Lange Sternspuren werden im Grunde nur durch Ihre Geduld begrenzt sowie durch die Intensität des vorhandenen Streulichts, wodurch der Hintergrundhimmel zu stark aufgehellt und das Bild schließlich verdorben wird. Solche langen Sternspuren wirken oft dramatisch, allerdings lässt sich nur schwer erkennen, welche Sternbilder fotografiert wurden.

Diese Aufnahme des Orion entstand mit einer fest montierten 35-mm-Kleinbildkamera mit 50-mm-Normalobjektiv und einer Belichtungszeit von 5 Minuten.

Die zirkumpolaren Sterne bilden für Einsteiger den Schlüssel zum Erkennen der Sternbilder. Sie sind nicht nur das ganze Jahr hindurch sichtbar, vielmehr dürfte auch jeder Bewohner der Nordhalbkugel die sieben Sterne des Großen Wagens kennen, einer Sternengruppe, die zum umfangreichen Sternbild Großer Bär (Ursa Major) gehört. Mit ihm wollen wir beginnen und zunächst fünf wichtige Sternbilder identifizieren lernen.

Aufgrund der durch den Wechsel der Jahreszeiten verursachten Bewegung der Sterne befindet sich der Große Wagen zu verschiedenen Zeiten des Jahres an unterschiedlichen Positionen. Das Diagramm zeigt die Position für alle vier Jahreszeiten, um Ihnen einen Anhaltspunkt für Ihre Suche zu geben. Die sieben Sterne bleiben von jedem Ort nördlich des 40. Breitengrades ganzjährig sichtbar, allerdings stehen sie auf dieser geografischen Breite manchmal sehr tief über dem Horizont, vor allem im Herbst. Der Rest des Sternbildes Großer Bär bleibt während einiger Nachtstunden teilweise unter dem Horizont verborgen.

Bei Ursa Major handelt es sich um ein großes Sternbild, mit einigen lichtschwachen Sterngruppen, die ein gutes Stück südlich und östlich davon liegen, jedoch kaum einem Neuling vertraut sind. In der Mitte des Sternbogens, der den „Schwanz" des Bären (oder die „Deichsel" des Wagens) bildet, liegt das kleine Sternbild Jagdhunde, das aus zwei mittelhellen Sternen und einer Ansammlung schwächerer Sterne besteht.

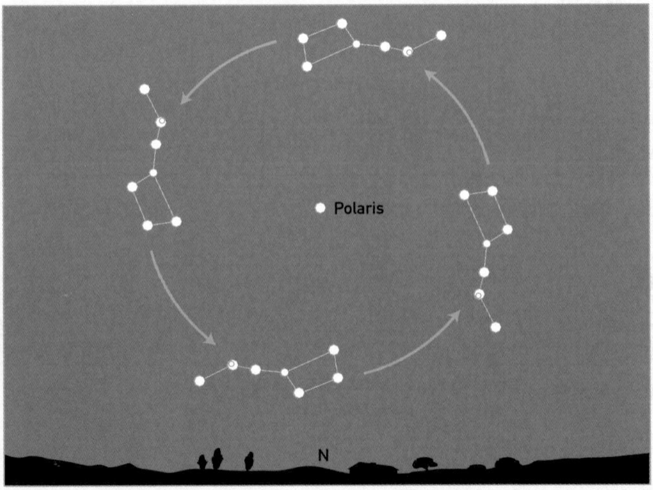

GEGENÜBER: Der Große Wagen um 22:00 im Winter (rechts), Frühling, Sommer und Herbst

Alle Sterne und Sternbilder im gelben Kreis sind zirkumpolar, gehen also niemals unter

POLARIS UND DER KLEINE WAGEN

Nach dem Auffinden des Großen Wagens suchen Sie die beiden Sterne α und β UMa, die am weitesten von der „Deichsel" entfernt liegen. Diese beiden mit Namen Dubhe und Merak heißen im Volksmund auch „Polweiser". Verlängert man nun eine gedachte Verbindungslinie zwischen diesen Sternen ungefähr fünfmal nach oben, so gelangt man zu einem einsamen, recht hellen Stern. Das ist Polaris, der Polarstern oder α Ursae Minoris (Kleiner Bär). Um ihn scheinen alle Sterne der nördlichen Hemisphäre zu rotieren. Tatsächlich liegt er weniger als 1° neben dem eigentlichen Pol, und auf einer Langzeitaufnahme des Nordhimmels beschreibt er einen winzigen Kreis von rund 1,5° Durchmesser um den Pol herum.

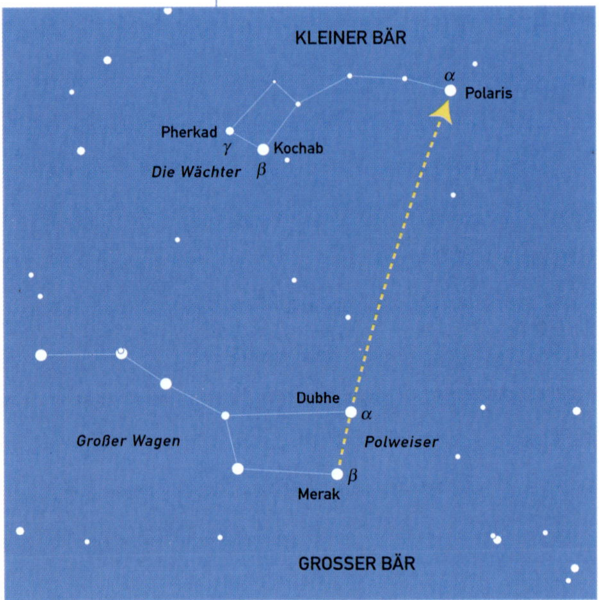

Diese Linie, beginnend an der Rückwand des Großen Wagens, weist zum Polarstern.

Abgesehen von dieser kleinen Abweichung entspricht die Höhe des Polarsterns über dem Nordhorizont immer dem Breitengrad des Betrachters. Diese höchst nützliche Eigenschaft machten sich Generationen von Seefahrern von den alten Griechen bis in die jüngere Neuzeit zunutze.

Anders als der Große Bär ist der Kleine Bär ein unscheinbares Sternbild, das kaum mehr Objekte enthält als die relativ schwachen Sterne, die den Kleinen Wagen bilden. Fünf Sterne – darunter ein relativ eng stehendes Paar – bilden den Rumpfkörper, drei weitere den „Schwanz", an dessen Spitze der Polarstern liegt: die Spitze des Löffelstiels, denn die beiden Sternbilder heißen in den USAs auch Großer bzw. Kleiner Schöpflöffel. Die zwei am weitesten vom Pol entfernten Sterne, β und γ UMi (Kochab und Phercad), werden in englischsprachigen Ländern auch „Die Wächter" genannt.

KASSIOPEIA

Auf der gegenüberliegenden Seite des Himmelsnordpols, vom großen Wagen aus gesehen, liegt Kassiopeia. Die fünf Sterne dieses Sternbildes haben eine ganz markante Form: sie bilden, je nach Betrachtungsrichtung, ein großes „W" oder „M". Sofern es einigermaßen wolkenlos ist, kann man fast immer entweder den Großen Wagen oder Kassiopeia sehen und sich am Firmament orientieren.

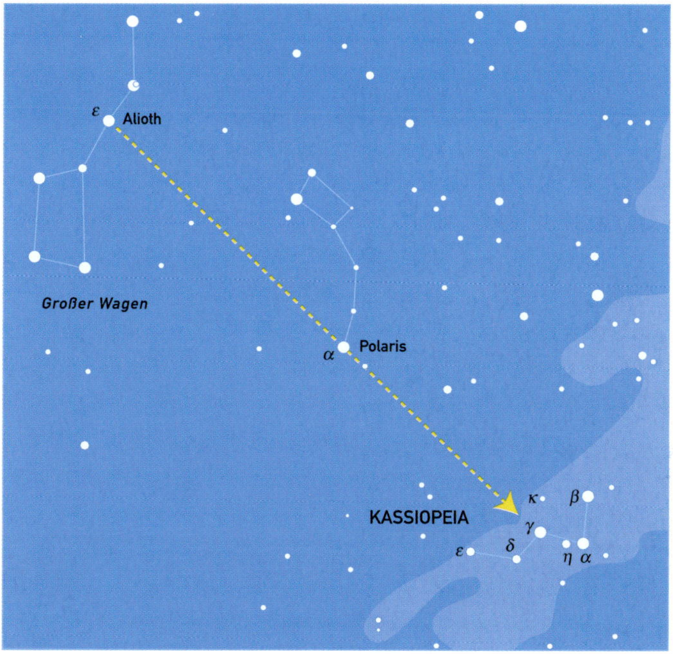

Vom Großen Wagen und dem Polarstern gelangt man zur Kassiopeia.

Um Kassiopeia vom Großen Wagen aus zu finden, beginnt man bei ε UMa (Alioth), dem ersten Stern im Schwanz des Bären. Eine von diesem Stern zum Polarstern gezogene Linie zeigt in ihrer Verlängerung direkt auf γ Cas, den mittleren Stern des Fünfergestirns. Da Kassiopeia genau im Zentrum des Milchstraßenbandes liegt, sind in klaren Nächten die fünf Hauptsterne von einer Vielzahl schwächerer Sterne gesäumt, was Anfängern das Auffinden mitunter etwas erschweren kann. Selbst wenn die Milchstraße infolge von Streulicht oder bei Mondschein nicht gut zu sehen ist, sind manche Beobachter doch zuweilen verwirrt durch die Anwesenheit der mittelhellen Sterne η und κ Cas. Aber mit ein wenig Übung erkennt man die Kassiopeia schon bald ohne Probleme, und eigentlich ist das markante „W" der Kassiopeia nicht zu übersehen.

KEPHEUS

Obwohl dieses Sternbild zu den zirkumpolaren Sternbildern gehört, ist es doch nicht annähernd so bekannt wie der Große Wagen oder Kassiopeia. Ein Grund dafür ist, dass es kein besonders auffälliges Muster am Himmel bildet. Die Form wird oft verglichen mit (und ähnelt auch tatsächlich dem) Dachgiebel eines Hauses, dessen „Unterseite" in der Milchstraße unweit von Kassiopeia liegt und dessen Spitze polwärts zeigt.

Vom Großen Wagen zum Kepheus

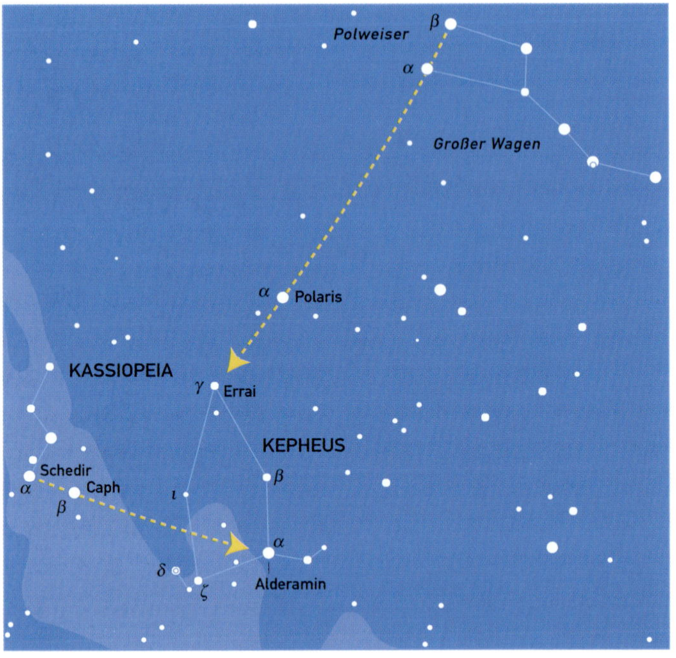

Der hellste Stern im Kepheus, α Cephei (Alderamin), liegt in der Region der Milchstraße und bildet die rechte untere Ecke der Giebelwand. Eine Linie von α nach β Cassiopeiae (von Shedir zu Caph), etwa um deren dreifachen Abstand verlängert, verläuft direkt nördlich von Alderamin. Der Stern an der Spitze des „Giebels", γ Cephei (Errai), liegt dicht bei der Linie von α UMa (Polarstern) zu β Cas (Caph). Die Linie von den Polweisern zum Polarstern führt, wenn man sie verlängert, ebenfalls dicht unterhalb der „Giebelspitze" des Kepheus vorbei.

DER DRACHE

Das letzte der zirkumpolaren Sternbilder, das recht leicht zu erkennen ist, heißt Drache; allerdings ist es so lang, dass es schon einiger Übung bedarf, um es mit einem Blick zu finden. Der Drache besteht aus einem Sternenviereck, dem – wen wundert es? – Drachenhaupt sowie einer langen Kette von Sternen, die den Hals und Rumpf des Drachen bilden.

Den Kopf des Drachen zu finden, ist allein mit Hilfe zirkumpolarer Sterne keine ganz leichte Aufgabe. Wir beginnen bei den beiden Sternen (γ und δ UMa) an der Vorderwand des Großen Wagens. Verlängern Sie nun eine gedachte Linie von γ UMa (Phad) durch δ UMa (Megrez) um ca. ihren achtfachen Abstand. Damit reisen Sie unterhalb der Wächter im Kleinen Bären quer über den Himmel, direkt in die Nähe von ξ Dra (Grumium) an einer Ecke der Sternenraute. Der hellste Stern, γ Dra (Etamin), liegt weiter südlich. Vom Drachenkopf aus verläuft das Sternbild zunächst Richtung Nordost zu δ und ε Dra und von dort wieder gen Süden zurück, ehe es sich zwischen dem Kleinen und dem Großen Wagen durch α Dra (Thuban) entlang windet und schließlich mit λ Dra (Giansar) unmittelbar an der Linie zwischen den Polweisern und dem Polarstern endet.

So finden Sie den Kopf des Drachen

Auf der zirkumpolaren Karte sieht man, dass sich zwischen dem Großen Bären und Kassiopeia ein weiter Bereich mit relativ wenigen hellen Sternen erstreckt. Hier gibt es mit der Giraffe ein Sternbild, das zwar immer zirkumpolar, aber so lichtschwach ist, dass es leichter zu finden ist, nachdem Sie etwas Erfahrung gesammelt haben und mit einigen der weiter südlich gelegenen Sternbilder vertraut sind. Große Teile der Sternbilder Fuhrmann, Schwan, Luchs und Perseus sind auch oft zirkumpolar, je nach Ihrem exakten Breitengrad. Dies wird in Kürze näher beschrieben.

STERNBILDER IM JAHRESLAUF

Obwohl man sich vorzugsweise mit Hilfe der zirkumpolaren Sternbilder am Nachthimmel orientieren lernt, ist die Sichtbarkeit von weiter südlich gelegenen Regionen in hohem Maße von der Jahreszeit abhängig. Zum Glück gibt es einige auffällige und leicht einprägsame Sternbilder, die uns durch das Jahr begleiten: Im Winter sind dies Orion, Stier, Zwillinge und Fuhrmann; im Frühjahr Löwe, Wasserschlange und Rinderhirte; im Sommer Schwan, Leier und Adler sowie Pegasus und Andromeda im Herbst. Die leuchtkräftigen Sterne des Sommerdreiecks (Deneb, Wega und Atair) sind selbst im Dämmerlicht der hellen Sommernächte gut zu sehen und leicht zu findende Wegweiser.

WINTERSTERNBILDER

Für den Betrachter auf der Nordhalbkugel wird der Himmel im Winter stets von dem herrlichen Sternbild Orion beherrscht. Mit der orange-roten Beteigeuze (α Orionis) im Nordosten, dem strahlend blau-weißen Rigel (β Orionis) im Südwesten und den drei Sternen seines „Gürtels" im Zentrum des Sternbildes ist es für jeden mühelos zu finden.

Die Sterne des Gürtels weisen nach unten in Richtung von Sirius (α Canis Majoris), dem hellsten Stern am Himmel. Der südliche Teil des Großen Hundes mit δ (Wezen) und ε (Adhara) steht in den meisten nördlichen Breiten dicht über dem Horizont und erfordert für die Beobachtung einen klaren Himmel. Westlich des Großen Hundes, unterhalb von Orion, befindet sich das kleine, aber markante Sternbild Hase. Südlich davon, wiederum dicht über dem Horizont, ist bei klarem Himmel die Taube zu sehen. Weiter westlich beginnt unweit von Rigel das lange, verwinkelte Sternbild Eridanus, das sich in einem weiten Bogen westwärts spannt, ehe es hinter den Südhorizont abtaucht.

Folgt man den Gürtelsternen des Orion in die entgegengesetzte Richtung, nämlich nach Nordwesten, so weisen sie ungefähr in die Region des orangefarbenen Aldebaran (α Tauri) und des nahe gelegenen V-förmigen Hyadenhaufens. Noch weiter nordwestlich liegt eine besonders auffällige Gruppe blau-weißer Sterne, die als Plejaden oder Siebengestirn bekannt ist. Der Rest des Sternbildes Stier ist vergleichsweise unauffällig, und sein zweithellster Stern, β (Alnath), wurde einst dem Fuhrmann zugerechnet. Der hellste Stern im Fuhrmann selbst, die gelblich-weiß leuchtende Kapella (α Aurigae), steht fast senkrecht über uns in der

Nähe des Zenits. Das Sternbild bildet grob ein Fünfeck, wobei der unterste Stern, β Tauri, eigentlich zum Sternbild Stier gehört.

Nordwestlich des Fuhrmanns, oberhalb der Plejaden, liegt Perseus, der keine typische Form aufweist, sondern hauptsächlich aus drei Linien von Sternen besteht, die bei α Persei (Mirfak) zusammenlaufen. Eine Linie verläuft abwärts Richtung Süden, die zweite mit dem berühmten Veränderlichen Algol nach Südwesten, und die dritte erstreckt sich weg vom Stier und Orion in Richtung von Kassiopeia. Südöstlich des Fuhrmanns liegen die Zwillinge mit den hellen Sternen Kastor und Pollux. Kastor (α Geminorum), der nördlichere von beiden, ist der lichtschwächere. Ihn findet man auch, wenn man eine Linie von Rigel (am Fuß des Orion) durch Beteigeuze verlängert. Pollux (β Geminorum) liegt südöstlich davon. Der Rest dieses Sternbilds besteht im Wesentlichen aus zwei Linien von Sternen, die von Kastor und Pollux in Richtung Orion zurücklaufen.

Ein annähernd gleichseitiges Dreieck bildet Prokyon (α Canis Minoris) zusammen mit Beteigeuze und Sirius, der einzige helle Stern (Magnitude 0,4) in diesem ansonsten unauffälligen Sternbild. Ziemlich genau in der Mitte jenes gleichseitigen Dreiecks liegt das gespreizte, aber sehr lichtschwache Sternbild Einhorn.

Die Milchstraße verläuft mitten durch diese Himmelsregion, nämlich von Kassiopeia über Perseus, Fuhrmann, Zwillinge und Orion zum Einhorn. Obgleich nicht so auffällig wie die dichten Sternwolken, die sich vom Schwan bis zum Schützen erstrecken, ist sie jedoch bei dunklem, klarem Himmel mühelos auszumachen. Die Schwärme von lichtschwachen Sternen erschweren mitunter das Erkennen des Einhorns, und Anfänger haben bei der Bestimmung der schwächeren Sterne in Perseus gelegentlich aus demselben Grund so ihre Probleme.

Der nördlichste Stern in Orions Gürtel, Mintaka (δ Orionis), liegt unmittelbar südlich des Himmelsäquators. Sternspuraufnahmen des im Osten aufgehenden Orion zeigen Mintakas Spur als eine nahezu gerade Linie, während die Spuren von weiter nördlich bzw. südlich gelegenen Sternen eine zunehmende Krümmung aufweisen.

Die Sonne erreicht ihre nördlichste Deklination (am Tag der Sommersonnenwende) knapp innerhalb der Ostgrenze des Stiers. Würde man jenen Ort, an dem die Sonne am Tag der Sommersonnenwende senkrecht im Zenit steht, heutzutage benennen, müsste man ihn statt „Wendekreis des Krebses“ in „Wendekreis des Stieres“ umtaufen.

Winter: Die hellen Wintersternbilder sind leicht zu erkennen.

FRÜHLINGSSTERNBILDER

Das auffälligste Sternbild am Frühjahrshimmel ist der Löwe, dessen hellster Stern, Regulus (α Leonis), ganz nahe an der Ekliptik liegt. Wenn der Löwe tief am Himmel steht, findet man ihn, indem man die Linie der Polweiser in umgekehrter Richtung als normal – also vom Polarstern weg – verlängert. Doch auch mit Hilfe der in Richtung Südwesten verlängerten Achse durch δ und γ Ursae Majoris (Megrez und Phad) lässt sich Regulus auffinden. Oberhalb von Regulus liegt eine sichelförmige Sterngruppe, die an ein umgedrehtes Fragezeichen oder einen Schäferstab am Himmel erinnert. Zwei Sternlinien verlaufen von Regulus und dem Zentrum der Sichel gen Osten und bilden den Rumpf von Leo; sie schneiden sich bei Denebola (β Leonis) im Osten. Da Regulus so nahe bei der Ekliptik steht, wird er gelegentlich vom Mond verdeckt.

Zwischen dem Großen Wagen und dem Löwen liegt das kleine lichtschwache Sternbild Kleiner Löwe, von dem nur drei Sterne mit bloßem Auge gut sichtbar sind. In derselben Region, beginnend oberhalb der Sichel, finden wir eine Linie von schwachen Sternen, aus denen der Luchs besteht, ein ebenfalls nicht weiter beachtenswertes Sternbild. Der Krebs, das schwächste aller Tierkreissternbilder, liegt westlich des Löwen. Es besteht aus drei Linien von Sternen, die bei ihrem Zentralstern, δ Cancri, auf der Ekliptik zusammenlaufen.

Der Krümmung im „Schwanz" des Großen Bären zu folgen, ist die übliche Methode zum Auffinden des gelblich-orangenen Arktur, α Bootes, welcher mit Wega (in der Leier) der hellste Stern in der nördlichen Hemisphäre des Himmels ist (Sirius liegt in der südlichen Hemisphäre). Das Sternbild Bootes bildet eine Art „Kinderdrachen" nördlich von Arktur. Verlängert man denselben Bogen von Ursa Major weiter nach unten, so gelangt man zu einem anderen hellen, blau-weißen Stern: Spica, α Virginis, die etwas unterhalb der Ekliptik liegt. Die Gestalt der Jungfrau, dem zweitgrößten Sternbild, ist schwer zu definieren, besteht jedoch aus einer annähernd rechteckigen Ansammlung von Sternen, mit Linien, die von jeder Ecke nach Westen und Osten verlaufen. Da es sich auch bei der Jungfrau um ein Tierkreissternbild handelt, kann Spica (wie Regulus) zuweilen durch den Mond bedeckt werden.

In dem Gebiet zwischen Großem Wagen, Rinderhirte, Jungfrau und Löwe befinden sich außerdem zwei lichtschwache Sternbilder: die Jagdhunde innerhalb des „Schwanzbogens" von Ursa Major und weiter südlich das Haar der Berenike, dessen drei hellste Sterne einen rechten Winkel am Himmel beschreiben.

Der Frühling ist die beste Zeit des Jahres, um mit der Wasserschlange das größte aller Sternbilder zu beobachten. Es beginnt bei der markanten Sterngruppe (dem „Kopf der Hydra") südlich des Krebs im Westen und erstreckt sich ostwärts unterhalb des Löwen und der Jungfrau. Ob-

Frühjahr: Der Löwe ist das beherrschende Sternbild am Frühlingshimmel.

wohl ihr hellster Stern, Alphard (α Hydrae), ein gutes Stück unterhalb von Regulus oft schön zu sehen ist, geht der zweithellste, β Hydrae, in den mittleren nördlichen Breiten häufig im Dunst am Horizont verloren.

Oberhalb der Wasserschlange, direkt südlich von Regulus, liegt das kleine, nicht näher erwähnenswerte Sternbild Sextant. Weiter östlich schließt sich das etwas auffälligere Sternbild Becher an. Wenngleich dessen Sterne nur schwach leuchten, so kann man in ihnen dennoch eine Form erkennen, die an das antike Trinkgefäß erinnert. Noch weiter östlich davon, unterhalb von Virgos Westrand, finden wir das nur geringfügig hellere Sternbild Rabe, dessen Sterne dritter Magnitude annähernd ein Viereck bilden, das relativ auffällig ist.

SOMMERSTERNBILDER

Die kurzen Sommernächte und die lang anhaltende Dämmerung haben zur Folge, dass einige der Sternbilder in diesem Teil des Himmels kaum bekannt sind. Für die Zeit, wenn die Mitte dieser Karte exakt nach Süden weist (23:00 MESZ), sind viele der schwächeren Sterne nur schwer zu entdecken. Zwei Stunden später, um Mitternacht MEZ, wenn es am dunkelsten ist, beherrscht das berühmte Sommerdreieck mit den drei hellen Sternen Deneb, Wega und Atair (α Cygni, α Lyrae bzw. α Aquilae) das Bild. In einer klaren Nacht sind Sommer und Frühherbst die beste Zeit des Jahres, um die Milchstraße, die genau durch diese Region verläuft, in all ihrer Pracht zu genießen.

Die Leier ist ein kleines Sternbild, das für das bloße Auge im Wesentlichen aus der blau-weißen Wega besteht und einem Viereck aus schwächeren Sternen südöstlich davon. Der Schwan bildet ein riesiges Kreuz am Himmel, das sich leicht als ein Schwan, mit Deneb als Schwanz, deuten lässt, der die Milchstraße hinabfliegt. Den Kopf markiert Albireo (β Cygni) im Süden. Im Schwan beginnt eine dunkle Zone, die in ihrem weiteren Verlauf das Zentrum der Milchstraße in Richtung Süden passiert und in der es scheinbar kaum Sterne gibt.

Etwas weiter südlich steht der Adler. Dieser besitzt eine ähnliche Rautenform, deren Sterne die „Flügel" des Adlers bilden sowie einen „Kopf" und „Hals", die ebenfalls die Milchstraße hinabzeigen. Der Hauptstern Atair (α Aquilae) markiert den Schwanz. Zwischen den beiden Himmelsvögeln liegt das unauffällige, aus drei schwachen Sternen bestehende Sternbild Füchschen und das etwas auffälligere Sternbild Pfeil, das quer durch die Milchstraße zeigt. Westlich davon stehen jene fünf Sterne, die das kleine, aber sehr markante Sternbild Delfin bilden.

Das ausladende Sternbild Schlangenträger – es wird manchmal auch als ein Zelt beschrieben, dessen Spitze von Rasalhague (α Ophiuchi) gebildet wird – liegt westlich vom Hauptband der Milchstraße. Es stellt

Sommer: Der Sommer rückt den hellsten Teil der Milchstraße ins Blickfeld.

den Schlangenträger dar und befindet sich zwischen den beiden Hälften der Schlange, dem einzigen zweigeteilten Sternbild. Der hellere, auffälligere Abschnitt, Serpens Caput (der Kopf der Schlange), liegt im Westen, wogegen Serpens Cauda (der Schwanz) als eine Kette schwacher Sterne das Zentralband der Milchstraße säumt.

Unterhalb von Serpens Caput, dicht über dem Horizont und daher oft schwer zu erkennen, befindet sich die Waage, im Wesentlichen ein Sterndreieck, durch das die Ekliptik verläuft. Es gehörte einst zum nächsten Tierkreiszeichen in östlicher Richtung, dem Skorpion. Zwar sind viele der Sterne, die den Körper und Stachel des Skorpions bilden, ab den mittleren nördlichen Breiten nicht mehr zu sehen, da sie sich unter dem Horizont befinden, aber dafür in der Regel der hellrote Antares (α Scorpii) sowie der Sternbogen zwischen ihm und der Waage. Noch weiter östlich liegt der Schütze, wo die Ekliptik ihre niedrigste Deklination erreicht, am Punkt der Wintersonnenwende. Die südlichsten Sterne des Schützen sind oft verdeckt, doch die markante Figur des „Teekessels", der aus mittelhellen Sternen besteht, ist recht leicht zu beobachten.

Zwischen dem Rinderhirten Bootes und der Leier liegen noch zwei weitere Sternbilder. Im Osten grenzt unmittelbar an Bootes ein auffälliger Sternbogen, der das kleine Sternbild Nördliche Krone bildet. Etwas näher zur Leier hin liegt Herkules. Hier erkennt man ohne Mühe die vier Zentralsterne. Von jeder Ecke gehen Ketten von Sternen aus, welche die „Arme" und „Beine" von Herkules darstellen – der eigentlich auf dem Kopf steht. Ein „Bein" endet nahe des Zenits; jenseits davon schließt sich die einprägsame Raute des Drachenhaupts an.

Das Sternbild Jungfrau mit Spica rechts der Mitte

HERBSTSTERNBILDER

Wenn der Sommer sich dem Ende zuneigt und das Sommerdreieck in Richtung Westhorizont zu sinken beginnt, wird der Blick nach Süden vom großen Pegasusquadrat beherrscht. Ketten von Sternen verlaufen westwärts von Markab und Scheat (α und β Pegasi) in Richtung Delfin und der Milchstraße im Pfeil und Schwan. Eine Linie endet bei Enif (ε Pegasi), und zwischen diesem Stern und dem Delfin liegt das lichtschwache kleine Sternbild Füllen.

In dieser Himmelsregion gibt es nur sehr wenige Sterne, und selbst unter extrem günstigen Bedingungen gelingt es nur wenigen Menschen, mehr als rund ein Dutzend Sterne mit bloßem Auge innerhalb des großen Quadrats auszumachen.

Alpheratz (α Andromedae) ist der Stern, der die nordöstliche Ecke des Quadrats bildet. Andromeda selbst besteht aus zwei Linien von Sternen, die beide in Richtung Perseus emporlaufen in die Milchstraße, die sich über diese Himmelsregion wölbt und durch den Schwan und die Kassiopeia verläuft. Unterhalb von Perseus finden wir drei Sterne, die das Sternbild Dreieck bilden sowie darunter das kleine Tierkreissternbild Widder.

Ein weiteres Tierkreissternbild, nämlich die Fische, befindet sich südöstlich des großen Herbstvierecks. Obgleich es nur aus lichtschwachen Sternen besteht, ist der Sternkreis, der den westlichen der beiden Fische darstellt, relativ leicht unterhalb des Pegasusquadrats erkennbar. Eine Sternlinie verbindet dieses Ringlein mit Alresha (α Piscium) weit im Westen, von wo aus sich eine zweite Sternlinie in nordwestlicher Richtung auf das Zentrum von Andromeda hin erstreckt. In der Gegenrichtung führt diese Sternlinie zu dem berühmten veränderlichen Stern Mira im Sternbild Walfisch. Allerdings sinkt Mira für das unbewaffnete Auge meist unter die Sichtbarkeitsgrenze, so dass das Sternbild als zwei getrennte Abschnitte erscheint: ein gebogenes Ypsilon gegen Nordosten sowie ein zackiges Sechseck aus Sternen mittlerer Helligkeit mit Deneb Kaitos (β Ceti), dem hellsten Stern in diesem Sternbild, tief unten im Südwesten.

In dieser Gegend des Himmels finden sich noch zwei Tierkreissternbilder. Das erste, der Wassermann, ist ein ziemlich großes Sternbild, bei dem man Mühe hat, überhaupt irgendwelche bestimmten Muster zu erkennen. Mit Sadalmelik und Sadalsud (α und β Aquarii) begegnen uns hier zwei mittelhelle Sterne und westlich von Sadalmelik vier Sterne, die in der charakteristischen Form des „Wasserkrugs" angeordnet sind. Westlich davon liegt das annähernd dreieckige Sternbild Steinbock, dessen hellste Sterne, Deneb Algedi und Dabih (δ und β Capricorni), die östliche bzw. westliche Begrenzung bilden. Ansonsten ist der Steinbock ein ziemlich lichtschwaches Sternbild.

Eine von Scheat (β Pegasi) durch Markab (α Pegasi) gezogene Linie zeigt hinab zu einem einzelnen hellen Stern, der nur knapp über dem Südhorizont steht. Dies ist Fomalhaut (α Piscis Austrini) in dem ansonsten lichtschwachen Sternbild Südlicher Fisch. Hoch darüber, zwischen Scheat und der Unterseite des Kepheus, liegt eine kleine Zickzacklinie lichtschwacher Sterne, die das Sternbild Eidechse bildet.

Herbst: Pegasus und Andromeda sind unsere Führer am herbstlichen Nachthimmel.

MONATSSTERNKARTEN

Die nachfolgende Serie von Sternkarten zeigt den Himmel für jeden Monat des Jahres sowohl in Nord- als auch in Südrichtung. Sie sind für den Breitengrad 50° Nord gezeichnet und können daher in weiten Teilen Europas, Kanadas und im Norden der Vereinigten Staaten verwendet werden. Beobachter weiter nördlich – in Skandinavien etwa – werden von den südlichen Sternbildern weniger sehen, wogegen solche weiter südlich – z. B. im Mittelmeerraum und in den Südstaaten der USA – zwar mehr vom Südhimmel sehen, jedoch Sterne am Nordhorizont verlieren. Einige dieser südlicheren Sternbilder wurden mit in die Karten aufgenommen und werden zusammen mit den übrigen Sternbildern ausführlich beschrieben.

Die Karten sind zudem so entworfen, dass das Seitenpaar für jeden Monat eine großzügige Überlappung aufweist, damit die gesamte Hemisphäre des Himmels einschließlich der Zenitregion klar zu sehen ist.

Die Datums- und Zeitangaben, für die die Karten gezeichnet wurden, sollen kurz angesprochen werden. Jedes Seitenpaar zeigt das Erscheinungsbild des Himmels für die Monatsmitte um 22:00 Uhr Ortszeit. Beachten Sie, dass dies unabhängig von Ihrem jeweiligen Längengrad gilt. Mit anderen Worten, es wird immer 22:00 Uhr Ortszeit sein, ob Sie nun von Westeuropa, Japan oder Nordamerika aus beobachten. Diese Uhrzeit wurde als die geeignetste für eine Reihe von

Das helle Sommerdreieck aus Wega in der Leier (oben), Deneb im Schwan (Mitte) und Atair im Adler ist eine markante Figur am Sommerhimmel.

Karten gewählt, die sowohl im Winter mit seinen langen dunklen Nachtperioden benutzt werden können als auch im Sommer, wenn die Nachtstunden infolge der Dämmerung verkürzt sind. Sobald die Sommerzeit in Kraft ist, zeigen die Karten den Himmel um 23:00 Uhr Sommerzeit zur Monatsmitte. Die Termine, von wann bis wann die Sommerzeit gilt, stehen in den Tabellen auf S. 17.

Die Karten zeigen außerdem jene Abschnitte des Himmels, die zu Monatsbeginn um 23:00 bzw. zum Monatsende um 21:00 zu sehen sind. So zeigt beispielsweise das erste Kartenpaar den Himmel um 23:00 am 1. Januar, um 22:00 am 15. Januar und um 21:00 am 1. Februar. Die relevanten Daten und Uhrzeiten sind zur raschen Übersicht auf jedem Kartenpaar aufgelistet. Pro Monat beträgt der Zeitunterschied 2 h; möchten Sie also den Sternhimmel 2 h früher als zur angegebenen Zeit sehen, nehmen Sie die Karte für den Vormonat und entsprechend für 2 h später die Karte für den Folgemonat.

Genau genommen gelten die Sternkarten nur für den Bezugsmeridian einer jeden Zeitzone, doch in der Praxis lassen sich die Karten natürlich auch im Bereich der ganzen Zeitzone benutzen. Wer es exakt mag, der korrigiert seine aktuelle Uhrzeit auf Ortszeit, indem man pro Längengrad 4 min abzieht (westlich vom Bezugsmeridian) bzw. addiert (östlich). Für die MEZ liegt der Bezugsmeridian auf 15° östlicher Länge, und so muss man z. B. in Frankfurt (ca. 8,5° östl. Länge) (15° – 8,5°) × 4 min = 26 min von der Uhrzeit abziehen, um die Ortszeit zu erhalten. In Deutschland kann man diese Abweichung getrost vernachlässigen, schwieriger wird es z. B. in Frankreich, da dort die Abweichungen über eine Stunde betragen können.

Gegenüber: Orion ist das bekannteste Wintersternbild. Diese 25 s lang belichtete Aufnahme ist interessant im Vergleich zur Strichspuraufnahme auf S. 29.

SIEHE AUCH
Zeitzonen (S.16)
Sommerzeit (S.17)

1. Jan.	23:00
15. Jan.	22:00
1. Feb.	21:00

Januar – Nordrichtung

Januar – Südrichtung

1. Jan. 23:00
15. Jan. 22:00
1. Feb. 21:00

Februar – Nordrichtung

1. Feb.	23:00
14. Feb.	22:00
1. März	21:00

Februar – Südrichtung

1. Feb.	23:00
14. Feb.	22:00
1. März	21:00

1. März 23:00
15. März 22:00
1. April 21:00

März – Nordrichtung

1. März 23:00
15. März 22:00
1. April 21:00

März Südrichtung

1. April 23:00
15. April 22:00
1. Mai 21:00

April – Nordrichtung

April – Südrichtung

1. April 23:00
15. April 22:00
1. Mai 21:00

Mai – Nordrichtung

1. Mai 23:00
15. Mai 22:00
1. Juni 21:00

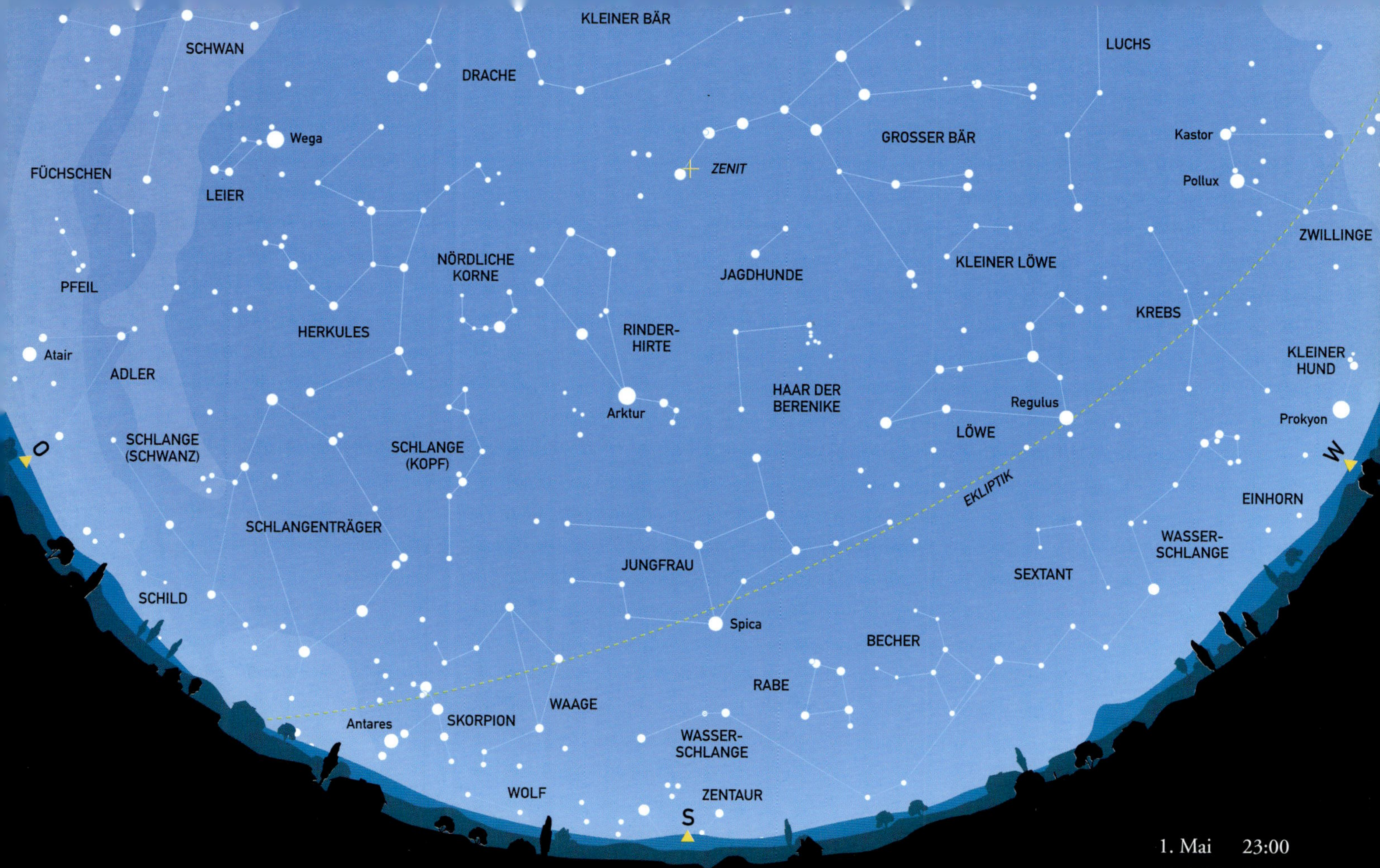

Mai – Südrichtung

1. Mai	23:00
15. Mai	22:00
1. Juni	21:00

Juni – Nordrichtung

1. Juni	23:00
15. Juni	22:00
1. Juli	21:00

Juni – Südrichtung

1. Juni	23:00
15. Juni	22:00
1. Juli	21:00

Juli – Nordrichtung

1. Juli	23:00
15. Juli	22:00
1. Aug.	21:00

1. Juli	23:00
15. Juli	22:00
1. Aug.	21:00

Juli – Südrichtung

August – Nordrichtung

1. Aug.	23:00
15. Aug.	22:00
1. Sep.	21:00

August – Südrichtung

1. Aug. 23:00
15. Aug. 22:00
1. Sep. 21:00

1. Sep.	23:00
15. Sep.	22:00
1. Okt.	21:00

September – Nordrichtung

1. Sep.	23:00
15. Sep.	22:00
1. Okt.	21:00

September – Südrichtung

Oktober – Nordrichtung

1. Okt.	23:00
15. Okt.	22:00
1. Nov.	21:00

1. Okt. 23:00
15. Okt. 22:00
1. Nov. 21:00

Oktober – Südrichtung

November – Nordrichtung

1. Nov. 23:00
15. Nov. 22:00
1. Dez. 21:00

November – Südrichtung

1. Nov. 23:00
15. Nov. 22:00
1. Dez. 21:00

1. Dez. 23:00
15. Dez. 22:00
1. Jan. 21:00

Dezember Nordrichtung

Dezember – Südrichtung

1. Dez. 23:00
15. Dez. 22:00

DER MOND

Die Veränderungen im Erscheinungsbild des Mondes sind uns vertraut: Aus einer schmalen Sichel erstarkt der zunehmende Mond kurz nach Neumond (ganz rechts) wieder bis zum Vollmond und nimmt danach wieder bis zum nächsten Neumond ab (ganz links).

Für den ungeübten Beobachter erscheinen die Veränderungen der Mondphase (also des Anteils der beleuchteten Scheibe, der von der Erde aus sichtbar ist) Monat für Monat gleich zu sein. Dennoch treten infolge der Bewegung des Mondes, die äußerst komplex ist, kleine Abweichungen auf.

Der Mond wandert in bezug auf die Sterne in östlicher Richtung pro Stunde etwa um seinen Eigendurchmesser vorwärts. Für einen vollen Umlauf von 360° und damit zur Rückkehr an die gleiche Position relativ zu den Sternen benötigt er 27,32 Tage. Infolge der Bewegung der Erde auf ihrer eigenen Umlaufbahn um die Sonne (die den Mond quasi „huckepack" mitführt), muss der Mond jedoch ein Stück weiter vorrücken, um wieder die gleiche Phase zu erreichen. Der Monat, von Neumond zu Neumond gemessen, dauert mit ungefähr 29,5 Tage also etwas länger. Als „Alter" bezeichnet man hierbei die Anzahl der Tage seit Neumond.

Die Umlaufbahn des Mondes ist gegen die Ekliptik geneigt, so dass

PHASE	ALTER (TAGE)	BESTE SICHTBARKEIT
Neumond	0	–
Zunehmende Sichel		Ende April
Erstes Viertel	7.5	Ende März
Vollmond	14.75	Ende Dezember
Letztes Viertel	22	Ende September
Abnehmende Sichel		Ende Juli

seine Position um die Ekliptik „herumeiert". Generell gibt es jedoch einige Zeiten im Jahreslauf, zu denen bestimmte Mondphasen höher am Himmel und auch länger zu sehen sind. So ist z. B. der Vollmond natürlich dann am besten zu beobachten, wenn die Ekliptik gegenüber der Sonne am höchsten steht, und dies ist für Beobachter nördlicher Breiten im Dezember (um die Wintersonnenwende herum) der Fall. Für Beobachter südlich des Äquators verschieben sich die Daten entsprechend um sechs Monate.

Wenn kurz nach Neumond eine schmale Sichel am Himmel steht, erscheint der „dunkle" Teil der Mondscheibe schwach beleuchtet. Dieses so genannte „Aschgraue Mondlicht" wird durch das von der Erde auf die Mondoberfläche reflektierte Sonnenlicht verursacht und tritt auch in den letzten Tagen vor Neumond auf. Seine Helligkeit schwankt, denn es hängt vom Grad der Bewölkung über jenem Teil der Erde ab, der das Sonnenlicht reflektiert. Aufgrund des großen Helligkeitsunterschieds zwischen den beiden Mondregionen geben Fotos diesen Effekt nur selten korrekt wieder.

Das von der Erde reflektierte Sonnenlicht erhellt den „dunklen" Teil dieses noch jungen Mondes ausreichend, um die größeren Formationen hervortreten zu lassen.

Die Trennlinie zwischen der beleuchteten und der unbeleuchteten Region des Mondes bezeichnet man als Terminator. Diese Grenze berührt den Rand (die Silhouette) des Mondes an zwei Punkten, die während der sichelförmigen Mondphasen besonders gut zu erkennen sind. Eine Linie, welche die beiden Bogenspitzen verbindet, steht immer im rechten Winkel zur Sonnenrichtung. Wenn man berücksichtigt, dass jede Verbindungslinie zwischen den Mittelpunkten von Sonne und Mond wegen ihrer Lage auf der Himmelssphäre eigentlich gekrümmt ist, vermittelt Ihnen die Neigung der Mondsichel eine ungefähre Vorstellung davon, wo die Sonne unterhalb des Horizonts steht.

MONDFINSTERNISSE

Zu einer Mondfinsternis kommt es, wenn der Mond in den von der Erde geworfenen Schattenkegel eintritt. Dieser Schatten besteht aus zwei Bereichen: Im äußeren „Halbschatten" dringt noch direktes Sonnenlicht auf den Mond, im inneren „Kernschatten" kann kein direktes Licht mehr auf die Mondoberfläche gelangen.

Da der Mond bei einer Mondfinsternis der Sonne am Himmel genau gegenüber stehen muss, finden diese nur bei Vollmond statt. Jedoch ist die Mondumlaufbahn zur Ebene der Ekliptik geneigt, weshalb es nicht bei jedem Vollmond zu einer Verfinsterung kommt. Aus denselben Gründen kann der Mond auf unterschiedlichen Wegen durch den Schattenkegel wandern und dadurch drei Arten von Eklipsen produzieren: eine Halbschattenfinsternis, wenn der Mond gar nicht in den Kernschatten eintritt; eine partielle Finsternis, wenn ein Teil des Mondes in den Kernschatten eintritt, und schließlich die totale Mondfinsternis, wenn sich der Mond vollständig innerhalb des Kernschattens befindet.

Es gibt zwei bis drei Finsternisse pro Jahr, von denen die meisten allerdings Halbschattenfinsternisse sind, und in manchen Jahren findet gar keine partielle oder totale Finsternis statt – wie etwa im Jahr 2002. Halbschattenfinsternisse sind nur von geringem Interesse, da der Helligkeitsabfall zu schwach ist, als dass man ihn überhaupt bemerken würde. Auffälliger sind da schon partielle Finsternisse, weil der Kernschatten langsam einen Teil der Mondscheibe verdunkelt. Es war die gekrümmte Form dieses Schattens, die schon früh den Beweis lieferte, dass die Erde eine Kugel ist. Am eindrucksvollsten sind natürlich totale Finsternisse, bei denen sich der gesamte Mond verdunkelt. Wie viel vom Mond in den Kernschatten eintritt, wird durch die „Größe" der Finsternis bestimmt, die gewöhnlich in Bruchteilen des Monddurchmessers angegeben wird. Jede Zahl unter 1,0 ist eine partielle Finsternis, wogegen Werte über 1,0 besagen, dass sie total ist. Je größer dieser Wert ist, um so länger dauert die totale Phase der Finsternis, und zwar bis zu $1^{h}42^{m}$.

Der Mond verschwindet jedoch nicht völlig bei einer totalen Finsternis, denn ein kleiner Teil des Sonnenlichts wird auf ihrem Weg durch die Erdatmosphäre in den Kernschatten gelenkt. Dieses Licht ist orange oder rot, weil (wie bei Sonnenauf- und –untergang) die blauen, grünen und gelben Spektralanteile von der Atmosphäre verschluckt werden. Der Mond ist dann in rotes Licht getaucht, obgleich mitunter ein bläulicher Rand – was teilweise auf einen Kontrasteffekt zurückführbar ist – am Rand des Erdschattens erscheint, wenn der Mond in den Kernschatten eintritt bzw. ihn verlässt. Bei klarer Erdatmosphäre ist der Mond von einer ziemlich hellen, kupferroten Farbe; ist die Atmosphäre hingegen von vielen Wolken oder Staubpartikeln wie etwa Vulkanasche verdunkelt, kann der Mond erheblich dunkler und tiefrot erscheinen. Laut manchen Schilderungen soll der Mond zur Mitte einer Finsternis auch schon gänzlich verschwunden sein, aber diese dürften doch übertrieben sein. In der Regel bleiben die Mondmeere sichtbar, ebenso einige der größeren Mondkrater wie Kopernikus, Kepler und Aristarch.

Diese Unterschiede in Helligkeit und Farbton bewirken, dass jede Finsternis anders verläuft und daher beobachtungswürdig ist. So schätzen erfahrene Beobachter die Helligkeit und Farbe anhand der Finsterniskala nach Danjon ein. Diese besteht aus fünf Stufen:

0	Sehr dunkel. Mond zur Totalitätsmitte nahezu unsichtbar
1	Dunkelgrau oder bräunlich, nur wenige Einzelheiten erkennbar
2	Dunkel- bis rostrot mit dunklerer Zentralregion, äußere Ränder ziemlich hell
3	Ziegelrot, oft mit einem gelblichen Rand
4	Kupfer- bis orangerot, sehr hell, zuweilen mit bläulichem Rand

Eine sehr einfache Beobachtung, aber eine mit realem wissenschaftlichem Wert, besteht darin, sich den Zeitpunkt zu notieren, zu dem erstmals offensichtlich wird, dass gerade eine Mondfinsternis stattfindet. Mit Hilfe dieser Informationen lassen sich frühe historische Berichte von Finsternissen auf ihre Genauigkeit hin überprüfen. Solche Details können wiederum dazu dienen, zu bestimmen, wie sich die Rotationsgeschwindigkeit der Erde im Lauf der Zeit verändert hat.

MONDFINSTERNISSE FOTOGRAFIEREN

UNTEN: Bei dieser dunklen Finsternis wanderte der Mond dicht am Rand des Kernschattens. Eine verlängerte Belichtungszeit zur Mitte der Finsternis zeigt, dass ein kleiner Teil beleuchtet blieb.

Über Mondfinsternisse wird in Presse, Funk und Fernsehen so häufig berichtet, dass viele Menschen sie auch gern fotografieren möchten.

Leider sind gewöhnliche Kameras hierfür schlicht ungeeignet und führen zu enttäuschenden Resultaten. Der Durchmesser des Mondbildes, mit einem 50-mm-Standardobjektiv aufgenommen, beträgt nicht mal einen halben Millimeter. Bei Verwendung eines mittleren Teleobjektivs stellt man die Kamera am besten auf ein Stativ und macht eine Belichtungsreihe, bei der dann infolge der Himmelsbewegung die Mondbilder über das Filmformat wandern. Alle hier gezeigten Aufnahmen entstanden unter Verwendung eines Teleskops.

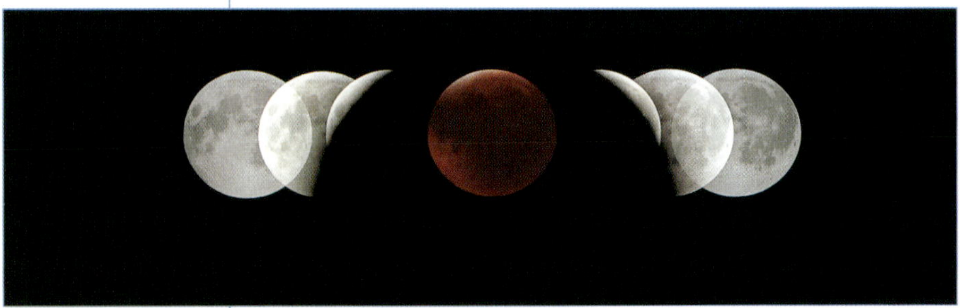

UNTEN: In dieser Sequenz wurde die Belichtungszeit variiert (zur Mitte der Finsternis hin länger).

PARTIELLE UND TOTALE MONDFINSTERNISSE

DATUM	GRÖSSE (%)	BEGINN PARTIELLE PHASE	BEGINN TOTALITÄT	MITTE DER FINSTERNIS	ENDE TOTALITÄT	ENDE PART. PHASE	BEMERKUNGEN UND SICHTBAR-KEITSGEBIETE
2004							
4. Mai	130	19:49	20:53	21:30	22:07	23:11	Totale Finsternis in Mitteleuropa zu beobachten
28. Okt.	131	02:15	03:24	04:04	04:44	05:53	Sichtbar in Europa und Amerika
2005							
17. Okt.	7	12:34	–	13:02	–	13:30	Nur vom Pazifik aus zu sehen
2006							
7. Sept.	19	19:10	–	19:54	–	20:38	Totale Finsternis in Mitteleuropa zu beobachten
2007							
3. Mrz.	124	22:33	23:47	00:23	00:59	02:13	Sichtbar in Europa
28. Aug.	148	09:51	10:51	11:36	12:21	13:21	Nur vom Pazifik aus zu sehen
2008							
21. Feb.	111	02:46	04:03	04:28	04:53	06:10	Sichtbar in Europa und Amerika
16. Aug.	81	20:36	-	22:09	-	23:42	Beginn in Europa, total in Afrika

DIE OBERFLÄCHE DES MONDES

In alten Büchern werden Positionen auf dem Mond so bezeichnet, wie er am Himmel erscheint (OBEN). Bei modernen Karten sind Ost und West zwecks Übereinstimmung mit Richtungsangaben auf der Erde und anderen Planeten vertauscht (UNTEN).

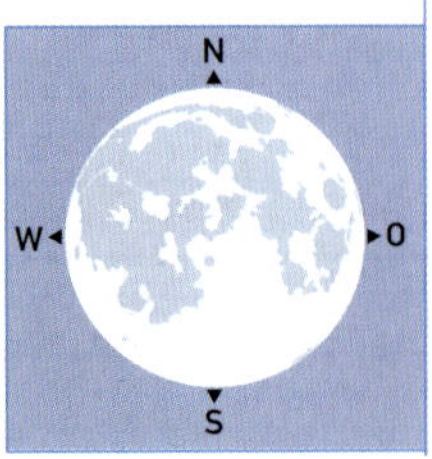

Die Einteilung der Mondoberfläche in helle und dunkle Bereiche zeugt von einem grundlegenden Unterschied in ihrer Natur. Kurz nach seiner Entstehung war der noch junge Mond einem intensiven Bombardement durch Meteoriten ausgesetzt. Dieser Beschuss war so heftig, dass seine gesamte Oberfläche bis zu einer beträchtlichen Tiefe schmolz. Selbst als sich schließlich eine Kruste bildete, hörten die Einschläge nicht auf und schufen unzählige Krater in allen Größen. Weite Teile der vernarbten Oberfläche sind bis heute erhalten und bilden helle Zonen, die als „terrae" bezeichnet werden, was so viel wie „Länder" bedeutet. Diese Hochlandgebiete haben keine spezifischen Namen; jene blieben stattdessen einzelnen Kratern vorbehalten.

Wie anhand der Fotos erkennbar ist, sind die Hochlandzonen komplex strukturiert. Zwar gibt es etliche unverwechselbare Krater, jedoch wurden viele durch nachfolgende Einschläge aller Größenordnungen zerstört. Diese Detailfülle konnte auf den hier gezeigten Karten nicht reproduziert werden, weshalb man sich stets vor Augen halten sollte, dass die vermeintlich kahlen, blassen Hochlandregionen nicht strukturlos sind.

Allmählich ließ das Bombardement nach und gegen Ende der intensiven Phase quollen eine Reihe von Lavaströmen aus dem Inneren empor. Diese überfluteten tiefer gelegene Bereiche der Oberfläche – manchmal nur so weit, dass der Boden eines Kraters aufgefüllt wurde, doch andernorts begruben sie riesige Gebiete unter sich, vor allem in den großen Einschlagbecken. Die größten dunklen Zonen werden als „Maria" bezeichnet (der Plural des lateinischen Wortes „Mare", zu deutsch „Meer") und mit Eigennamen versehen.

Bestimmte Maria wie insbesondere das Mare Imbrium oder das Mare Serenitatis haben bis heute ihre annähernd kreisrunde Form bewahrt. Andere Bereiche wie etwa Oceanus Procellarum, Mare Frigoris und Sinus Medii weisen unregelmäßigere Konturen auf – ein Hinweis, dass sie einst miteinander verbundene Tieflandzonen und keine Einzelkrater waren. Die runden Maria sind oft von Bergen gesäumt, welche die erhöhten Ränder oder (bei den größten Kratern) Gebirgsringe darstellen, die bei den ursprünglichen Einschlägen entstanden waren.

Nachdem die empor quellenden Lavaströme versiegt waren, gingen die Einschläge zwar weiter, allerdings mit deutlich geringerer Häufigkeit, so dass die Maria nicht völlig frei von Kratern sind. Manche der jüngsten Einschläge sind besonders auffällig, denn bei ihnen wurde helles, feinpulveriges Material über große Entfernungen geschleudert, wodurch strahlenförmige Krater entstanden. Copernicus, Kepler und Tycho sind die prominentesten Vertreter, und Letzterer (in den südlichen Hochlan-

Mare Imbrium ist ein gewaltiges Einschlagbecken, das von zahlreichen interessanten Merkmalen gesäumt wird, darunter der mit Lava geflutete Sinus Iridum, Plato und Archimedes.

den gelegen) besitzt ein weitläufiges Netz aus Strahlen, von denen einer quer durch das Mare Serenitatis bis in den nordöstlichen Quadranten des Mondes verläuft.

Die gewaltigsten Krater haben vielfach terrassenartig gestufte Wände und dazu oft einen Zentralkegel, der durch hochgeschleudertes Material nach dem ursprünglichen Einschlag entstand. Manche wie etwa Gassendi zeigen komplizierte Bruchstrukturen am Boden; andere wurden dagegen von Lava überflutet, wofür Plato und Grimaldi nur zwei pro-

Der Krater Clavius in der Nähe des unteren Bildrands zeigt eine markant gekrümmte Kette kleinerer Krater auf seinem Boden. Tycho (IN DER BILDMITTE) besitzt einen Zentralkegel, einen dunklen Halo und Strahlen, die sich über die Mondscheibe ausbreiten.

RECHTS: Copernicus, ein noch recht junger Einschlagkrater, verfügt über eine komplexe Innenstruktur mit terrassenartig gestuften Wänden und bildet das Zentrum eines prächtigen Strahlensystems.

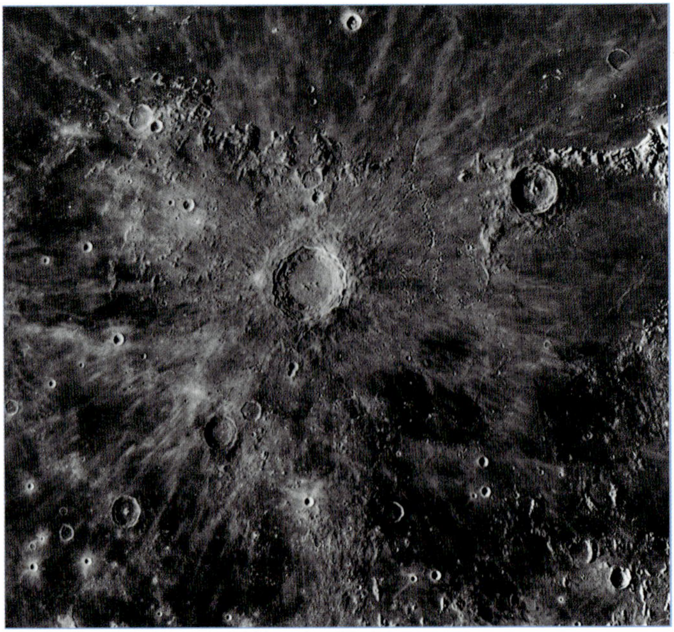

Eine auffällige Dreiergruppe von Kratern: Theophilus mit seinem Zentralkegel (OBEN) ist der jüngste und hat bei seiner Entstehung die Wand von Cyrillus (MITTE) durchbrochen. Ein großer Sekundärkrater bedeckt fast zur Hälfte den Boden von Catharina (UNTEN).

minente Vertreter sind. Auch hier ist es nicht möglich, auf Karten in diesem Maßstab Einzelheiten der Zentralkegel abzubilden, weshalb einige der markantesten Beispiele durch ein dreieckiges Symbol gekennzeichnet sind.

Obschon der Mond der Erde stets die gleiche Seite zukehrt, variiert die sichtbare Zone doch geringfügig. Da die Ekliptik und die Mondumlaufbahn nicht auf derselben Ebene liegen, befindet sich der Mond mal über, mal unterhalb der Ekliptik, so dass wir dann ein Stückchen mehr von der südlichen bzw. nördlichen Randzone sehen können. Ebenso ist trotz exakt gleicher Rotations- und Umlaufzeiten des Mondes zwar seine Rotationsgeschwindigkeit konstant, nicht jedoch seine Orbitalbewegung, weil sich der Mond auf einer ellipsenförmigen Bahn bewegt. Folglich sehen wir manchmal sowohl an der Ost- wie an der Westseite über die nominale Begrenzung hinaus. Kleinere Effekte hängen von der irdischen Position des

Betrachters ab und davon, ob die Beobachtung bei Mondauf- oder -untergang erfolgt.

Unterm Strich bewirken diese auch als Libration bezeichneten Kippeffekte, dass immerhin rund 59,5 % der Mondoberfläche sichtbar sind. Erfahrene Mondbeobachter nutzen Angaben zur Libration, die in astronomischen Jahrbüchern stehen, um nach Merkmalen zu suchen, die normalerweise verborgen sind. Es kann die Geduld auf eine harte Probe stellen, die richtige Kombination aus Libration und einem bestimmten Zeitpunkt der Mondphase abzuwarten, bis sich der Terminator in der korrekten Position befindet.

Die Sichtbarkeit von Mondformationen hängt sehr von ihrer relativen Position zum Terminator ab. Die meisten Krater offenbaren ihre feinsten Strukturen, wenn sie dicht am Terminator liegen; dann nämlich wirft das Licht der Sonne lange Schatten und modelliert Erhebungen. Allgemein lassen sich daher einzelne Formationen zweimal im Verlauf einer Lunationsphase optimal beobachten, allerdings werden jene dicht am Rand in hohem Maß vom Grad der Libration beeinflusst und sind somit vielleicht nur ein- bis zweimal pro Jahr sichtbar. Um Vollmond herum, wenn der größte Teil der Mondscheibe nahezu senkrecht angestrahlt wird, lassen sich bei den meisten Kratern keine Details mehr erkennen. Dies ist jedoch der beste Beobachtungszeitraum für die hellen Strahlensysteme sowie für die äußeren Konturen einiger Maria. Aufgrund der großen Helligkeit des Vollmonds können lichtdämpfende Filter helfen, Einzelheiten auf der Oberfläche zu enthüllen.

Man beachte neben dem Mare Crisium die durch die Libration hervorgerufenen Veränderungen in der Sichtbarkeit des Mare Humboldtianum, Mare Marginis und Mare Smythii, die alle dicht am Rand der Mondscheibe liegen.

DER NORDWEST-QUADRANT

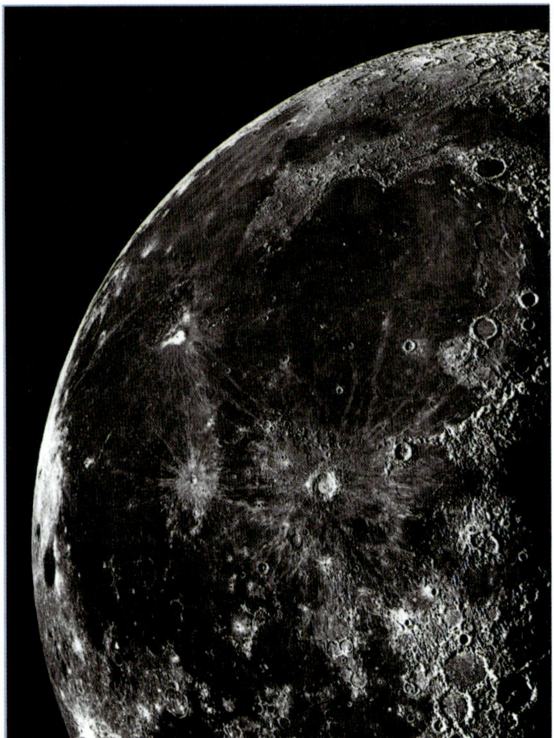

Diese Mondregion wird von gewaltigen Marezonen beherrscht, namentlich von Sinus Procellarum, Mare Imbrium und Sinus Aestuum. Mare Imbrium ist das am besten definierte aller großen Einschlagbecken, welche später durch Lavaströme aufgefüllt wurden. Es ist fast vollständig von Bergen umsäumt, außer im Südwesten in Richtung von Oceanus Procellarum. Die Gegend weist zwar nur wenige prominente Krater auf, jedoch zeigen diese Berge faszinierende optische Veränderungen, wenn im Lauf des Monats die Einfallsrichtung des Lichts wechselt, was ebenso auf die einsamen Gipfel wie Pico innerhalb der eigentlichen Marezone zutrifft. Plato, in der schmalen Hochlandzone zwischen Mare Imbrium und Mare Frigoris im Norden gelegen, ist ein schönes Beispiel für einen Krater mit einem dunklen, von Lava überfluteten Boden und Sinus Iridum für einen anderen Typ, wo die zum Zentrum des Mare zeigende Innenwand zerstört oder unter den Lavamassen begraben wurde.

Kepler sowie Copernicus mit seinem markanten Zentralkegel sind noch relativ junge Krater. Sie bilden zwei sehr auffällige Formationen im Oceanus Procellarum, deren Strahlenkränze um Vollmond herum besonders hell leuchten, wenn sie von der Sonne senkrecht beleuchtet werden; dies gilt ebenso für Aristarchus, eine der hellsten Zonen des Mondes überhaupt. Weitere nennenswerte Objekte sind neben Archimedes und Eratosthenes noch mehrere Krater in der Nähe des Nordwestrands (u. a. Babbage und J. Herschel) sowie Struve, Russell und Eddington im Westen. Ein berühmter „Geisterkrater" ist Stadius am nordwestlichen Rand des Sinus Aestuum. Er wurde gänzlich von Lava überflutet, die beim Erkalten und dem nachfolgenden Schrumpfungsprozess einen unvollständigen Ringwall stehen ließ, der im Streiflicht gut erkennbar ist.

N
Anaximenes
Philolaus
Anaxagoras
Carpenter
Epigenes
Pythagoras
Anaximander
Birmingham
Fontenelle
J. Herschel
Timaeus
Babbage
Horrebow
MARE FRIGORIS
Robinson
Oenopides
South
Markov
Harpalus
La Condamine
Plato
MONTES ALPES
Foucault
Bouguer
Maupertuis
MONTES
Bianchini
VALLIS
MONTES RECTI
TENERIFE
Sharp
SINUS RORIS
MONTES JURA
SINUS IRIDUM
Pico
Louville
Piazzi Smyth
Mairan
Helicon
Le Verrier
Piton
Rümker
Kirch
MONTES SPITZBERGENSIS
Aristillus
C. Herschel
MARE IMBRIUM
Gruithuisen
Heis
Autolycus
Delisle
Archimedes
Krieger
PALUS
La Hire
Diophantus
VALLIS SCHRÖTERI
Briggs
Russell
Prinz
Lambert
Timocharis
Schiaparelli
APOLLO 15
Eddington
Aristarchus
Lambert R
Struve
Herodotus
Euler
Brayley
Seleucus
Pytheas
Wallace
MONTES CARPATUS
MONTES APENNINUS
Krafft
Tobias Mayer
Eratosthenes
Gay-Lussac
Cardanus
Marius
Milichius
Copernicus
Stadius
SINUS AESTUUM
Kepler
Olbers
Reiner
Hortensius
Bode
Fauth
Ukert
Pallas
Cavalerius
Encke
Reinhold B
Murchison
Kunowsky
Reinhold
Schröter
Hevelius
OCEANUS PROCELLARUM
Gambart
Hedin
Sömmering
SINUS MEDII
Lohrmann
Lansberg
Oppolzer
Lansberg C
Turner
Mösting
APOLLO 12
APOLLO 14
Flamsteed P
Réaumur
Flammarion
Damoiseau
Flamsteed
Lalande
Spörer
Fra Mauro
Herschel
Euclides
MONTES RIPHAEUS
Parry
Bonpland
Palisa
Grimaldi
Letronne
Ptolemaeus
MARE COGNITUM
Hansteen
Guericke
Davy
Sirsalis
Alphonsus
Rocca
Sirsalis A
Billy
Herigonius
Gassendi B
Darney
Gassendi A
Lassell
MARE ORIENTALE
Crüger
Fontana
Gassendi
MARE NUBIUM
Alpetragius
Lubiniezky
Arza
Darwin
de Vico
Mersenius
Agatharchides
Bullialdus
Thebit
Eichstädt
Prosper Henry
MARE HUMORUM
Loewy
Bullialdus A
RUPES RECTA
Delaunay
Cavendish
Nicollet
Birt
La Caille
Bullialdus B
Lamarck
Paul Henry
Liebig
Hippalus
König
Purbach
Byrgius
de Gasparis
Doppelmayer
Campanus
Kies

DER NORDOST-QUADRANT

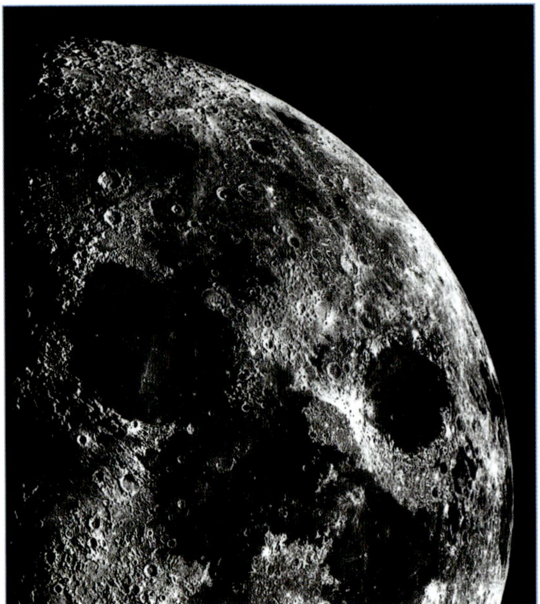

Mare Crisium ist deutlich kurz nach Neumond zu sehen, allerdings bei ungünstiger Libration merklich verkürzt. Der kleine, helle Krater Proclus ist einfach zu finden. Mare Serenitatis ist annähernd kreisrund, mit einer Ausbuchtung nach Nordosten, dem so genannten Lacus Somniorum. Mare Tranquillitatis ist unregelmäßiger geformt und reicht über den Äquator hinaus, wo es in das Mare Nectaris mündet.

Mare Frigoris erstreckt sich mitten quer in hohen nördlichen Breiten. Die Region, zu der Lacus Mortis gehört, ist ungefähr so groß wie das Mare Crisium. Am nordöstlichen Rand liegt das Mare Humboldtianum, das etwas besser zu sehen ist als Mare Marginis und Mare Smythii, kleine Maria in Äquatornähe. Leichter zu finden sind hier das Mare Undarum und das Mare Spumans; Letzteres liegt übrigens genau auf dem Äquator.

Zu den großen Kratern, die kurz nach Neumond gut zu erkennen sind, gehören Endymion, Mesala und Meton (unweit des Nordpols). Bei guter Libration tritt der gewaltige Krater Gauss deutlich hervor. Später werden Geminus, Burkhardt, Berzelius, Franklin und Atlas sichtbar, gefolgt von Hercules, Newcomb und Macrobius sowie noch später von Taruntius, Chacornac, Posidonius, Aristoteles, Eudoxus und Le Monnier (bei dem es sich um eine überflutete „Bucht" des Mare Serenitatis handelt).

Julius Caesar am Rande des Mare Tranquillitatis kommt gegen Ende des ersten Mondviertels zum Vorschein, desgleichen das Mare Vaporum mit seiner Ausbuchtung im Zentrum der sichtbaren Mondscheibe, dem Sinus Medii. Jetzt und um das letzte Viertel herum sind die zwischen Mare Serenitatis und Mare Vaporum gelegenen Montes Haemus sowie Montes Alpes und Montes Caucasus zu sehen, welche beide an das Mare Imbrium grenzen. Um das erste Viertel sehen wir Cassini, Aristillus und Autolycus und weiter südlich Palus Putredinis. Nahe dem Mittelpunkt der Mondscheibe erscheinen Boscovich, Tempel, Agrippa und Murchison rings um das Mare Vaporum mit seinem Sinus Medii.

N
Scoresby
Meton
Barrow
Neison
Arnold
W. Bond
C. Mayer
Kane
Democritus
Thales
Strabo
MARE HUMBOLDTIANUM
Sheepshanks
Gärtner
Archytas
Galle
Protagoras
MARE FRIGORIS
Aristoteles
Endymion
Egede
Mitchell
Baily
VALLIS ALPES
ALPES
LACUS MORTIS
Atlas
Mercurius
Bürg
Hercules
Chevallier
Eudoxus
Shuckburgh
Zeno
Mason
Oersted
Plana
Williams
Schumacher
Cassini
Calippus
Grove
Cepheus
Hooke
Messala
LACUS SOMNIORUM
Gauss
Theaetetus
MONTES CAUCASUS
Franklin
Daniell
Berzelius
Bernoulli
Aristillus
Geminus
Berosus
Posidonius
Autolycus
Burckhardt
Chacornac
Debes
Hahn
Linné
MARE SERENITATIS
Newcomb
Tralles
Le Monnier
Delmotte
Cleomedes
Aratus
Römer
Plutarch
Eimmart
Macrobius
MARE ANGUIS
Bessel
Conon
Littrow
Hill
Tisserand
APOLLO 17
Sulpicius Gallus
Maraldi
Carmichael
MONTES HAEMUS
Peirce
MARE CRISIUM
Dawes
Vitruvius
Alhazen
Franz
Proclus
Menelaus
Plinius
MARE MARGINIS
Manilius
Yerkes
Picard
MARE VAPORUM
Jansen
Lyell
Hansen
Glaisher
Lick
Ross
Cauchy
Condorcet
Boscovich
Maclear
MARE TRANQUILLITATIS
Julius Caesar
Sosigenes
da Vinci
Auzout
Ukert
Arago
Hyginus
RIMA ARIADAEUS
Firmicus
MARE UNDARUM
Silberschlag
Cameron
Murchison
Agrippa
Manners
Lamont
Whewell
Taruntius
Apollonius
Triesnecker
Cayley
Tempel
Ritter
Dubyago
Dionysius
Secchi
Dembowski
Sabine
Maskelyne
MARE FECUNDITATIS
Godin
MARE SPUMANS
Schmidt
Rhaeticus
APOLLO 11
Censorinus
Webb
Theon Senior
MARE SMYTHII
Réamur
Lade
Theon Junior
Delambre
Messier A
Messier
Horrocks
Saunder
Hipparchus
Taylor
Alfraganus
Torricelli
Langrenus F
Kästner
Capella
Gutenberg
Ptolemaeus
Hind
Zöllner
Isidorus
La Pérouse
Halley
Andĕl
Theophilus
Gaudibert
Langrenus
APOLLO 16
Mädler
Goclenius
Ritchey
Kant
Daguerre
Kapteyn
Albategnius
Descartes
Magelhaens
Lohse
Magelhaens A
Burnham
Abulfeda
Cyrillus
MARE NECTARIS
Crozier
Ansgarius
Colombo A
Vogel
Tacitus
McClure
Lamé
Parrot
Argelander
Almanon
Bohnenberger
Colombo
Vendelinus
Airy
Catharina
Rosse
Cook
Beaumont
Monge
Holden
Abenezra
Geber
Hecataeus
Donati
Faye
Azophi
RUPES ALTAI
Santbech
Delaunay
Playfair
Fermat
Polybius
Fracastorius
Wrottesley
Phillips
Blanchinus
Borda
Petavius
Sacrobosco
Werner
Apianus
Pons
Weinek
Palitzsch
Humboldt

DER SÜDWEST-QUADRANT

Dieser Quadrant enthält den südlichen Teil von Oceanus Procellarum, die drei kleineren Mare Cognitum, Mare Humorum und Mare Nubium sowie im Süden und Osten Hochlandgebiete mit vielen deutlich ausgeprägten Kratern. Unweit des Zentralmeridians befinden sich große Krater wie Ptolemaeus, Alphonsus, Arzachel, Purbach, Regiomontanus, Walter und Maginus. Etwas weiter westlich liegen Deslandres, Tycho, Clavius und Longomontanus. Tycho besitzt einen Zentralkegel, einen dunklen Halo und ein extrem weitläufiges Strahlensystem; die letztgenannten Merkmale lassen sich am besten um Vollmond herum und mit geringer Vergrößerung beobachten.

Dicht unterhalb des Äquators liegt Fra Mauro mit seinem komplexen inneren Spaltensystem. Am Ostrand des Mare Nubium liegt Rupes Recta, eine Verwerfung, die bei Lichteinfall im richtigen Winkel einen charakteristischen Schatten wirft. Westlich des Mare Humorum liegt Gassendi, ein großer Krater mit einem Zentralkegel und inneren Bruchspalten.

Die südlichen Hochlande sind von zahlreichen Kratern bedeckt, von denen viele aufgrund ihrer Nähe zum Rand der Mondscheibe erst bei günstiger Libration sichtbar werden. Hierzu zählen Moretus, Klaproth, Blancanus und Schiller sowie weiter westlich Phocylides, Nasmyth und Inghirami. Wargentin ist bemerkenswert, weil er sich mit Lava gefüllt hat, die nun ein Plateau bildet, während der größere Schickard sowohl helle als auch dunkle Zonen am Boden aufweist.

Im Westen finden wir dicht unterhalb des Äquators Grimaldi, einen gewaltigen, dunklen, lavagefüllten Krater, in dessen Nachbarschaft mit Riccioli, Hevelius, Cavalerius und Hedin eine Gruppe kleinerer Krater liegt. Weiter südlich sind als große Krater Darwin, Lamarck und Byrgius zu nennen. Am äußersten Rand lässt sich mitunter ein Blick auf die Berge rings um das Mare Orientale erhaschen.

OCEANUS PROCELLARUM
MARE COGNITUM
MARE NUBIUM
MARE HUMORUM
SINUS AESTUUM
PALUS EPIDEMIARUM
PALUS PUTREDINIS
MARE ORIENTALE
MONTES CARPATUS
MONTES APENNINUS
MONTES RIPHAEUS
RUPES RECTA
APOLLO 12
APOLLO 14
APOLLO 15
Diophantus
La Hire
Lambert
Lambert R
Timocharis
Conon
Russell
Struve
Eddington
Schiaparelli
Prinz
Aristarchus
Herodotus
Seleucus
Brayley
Euler
Pytheas
Wallace
Krafft
Cardanus
Marius
Tobias Mayer
Gay-Lussac
Eratosthenes
Milichius
Copernicus
Stadius
Olbers
Reiner
Kepler
Hortensius
Fauth
Bode
Pallas
Murchison
Cavalerius
Encke
Reinhold B
Reinhold
Kunowsky
Schröter
Hevelius
Hedin
Gambart
Sömmering
Lohrmann
Lansberg
Lansberg C
Oppolzer
Mösting
Turner
Flamsteed P
Flamsteed
Damoiseau
Fra Mauro
Flammarion
Lalande
Spörer
Euclides
Bonpland
Parry
Palisa
Ptolemaeus
Grimaldi
Letronne
Guericke
Davy
Hansteen
Sirsalis
Sirsalis A
Rocca
Billy
Heringonius
Darney
Alphonsus
Gassendi B
Gassendi A
Gassendi
Lassell
Alpetragius
Crüger
Fontana
Lubiniezky
Darwin
de Vico
Mersenius
Agatharchides
Bullialdus
Thebit
La Caille
Eichstädt
Prosper Henry
Cavendish
Loewy
Bullialdus A
Bullialdus B
Nicollet
Birt
Lamarck
Paul Henry
Liebig
Hippalus
König
Purbach
Byrgius
de Gasparis
Doppelmayer
Campanus
Kies
Puiseux
Hesiodus
Regiomontanus
Vieta
Palmieri
Mercator
Pitatus
Krasnov
Fourier
Lee
Vitello
Weiss
Deslandres
Hell
Ramsden
Cichus
Wurzelbauer
Gauricus
Ball
Lexell
Elger
Capuanus
Clausius
Haidinger
Heinsius
Sasserides
Huggins
Orontius
Lehmann
Drebbel
Hainzel
Epimenides
Tycho
Wilhelm
Schickard
Mee
Lagalla
Montanari
Brown
Pictet
Inghirami
Street
Proctor
Nöggerath
Nasmyth
Maginus
Wargentin
Bayer
Longomontanus
Schiller
Phocylides
Porter
Rost
Weigel
Clavius
Zucchius
Rutherfurd
Scheiner
Gruemberger
Cysatus
Bettinus
Blancanus
Kircher
Wilson
Klaproth
Casatus
Newton
S

DER SÜDOST-QUADRANT

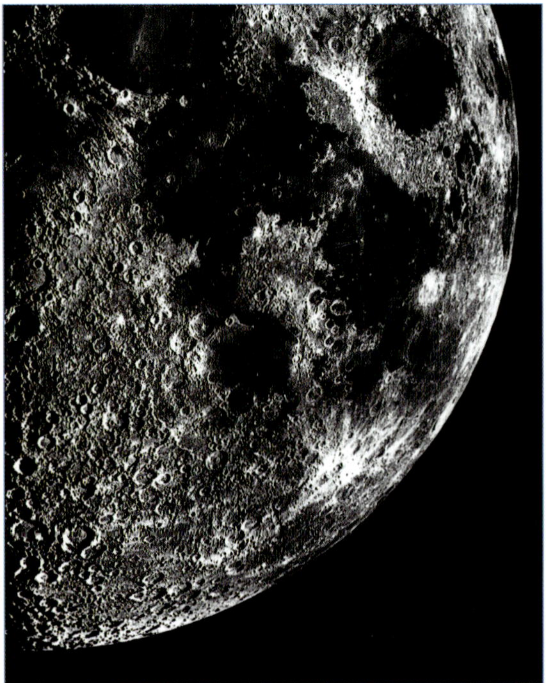

Dieser Quadrant enthält den größten Teil der lunaren Hochlande mit ihrer enormen Anzahl von Einzelkratern – viel zu viele, um sie detailliert zu beschreiben. Die Maregebiete sind verhältnismäßig klein und bestehen aus dem Mare Fecunditatis und Mare Nectaris. In der Frühphase der Lunation sind eine Reihe großer Krater östlich und südlich des Mare Fecunditatis sichtbar: Langrenus, Vendelinus, Petavius und Furnerius, von denen zwei einen prominenten Zentralkegel besitzen. Etwas später kommen die Krater westlich von Fecunditatis zum Vorschein, darunter Gutenberg und Colombo mit dem weiter südlich gelegenen Vallis Rheita, der großen Formation Janssen sowie den angrenzenden Kratern Fabricius und Metius.

Unter günstigen Librationsbedingungen ist der Beginn des Mare Australe am Rand gerade noch sichtbar. Trotzdem ist es etwas auffälliger als Mare Smythii und Mare Marginis unweit des Äquators und erheblich größer als das Mare Humboldtianum im Nordosten.

Danach erreicht der Terminator Fracastorius, einen großen Krater am Südrand von Mare Nectaris mit teilweise zerstörtem Außenwall sowie tief unten im Süden mehrere beachtliche Krater wie Pitiscus, Hommel und Manzinus. Kurz darauf erscheint die besonders markante Dreiergruppe der Krater Theophilus, Cyrillus und Catharina gemeinsam mit dem Gebirgszug Rupes Altai.

Dieses ausgesprochen kraterreiche Gebiet lohnt eine intensive Beobachtung. Zu den interessanten Kratern im nördlichen Teil der Region gehören Descartes, Abulfeda, Hipparchus und Klein. Weiter südlich liegt Sacrobosco und westlich davon die Kette der Krater La Caille, Blanchinus, Werner und Aliacensis. Noch weiter im Süden finden wir die Gruppe um Rabbi Levi (Zagut, Lindenau und Riccius) sowie Maurolycus und Barocius, Stöfler und Faraday.

MARE SERENITATIS
MARE VAPORUM
MARE TRANQUILLITATIS
MARE CRISIUM
MARE ANGUIS
MARE MARGINIS
MARE UNDARUM
MARE FECUNDITATIS
MARE SPUMANS
MARE SMYTHII
MARE NECTARIS
MARE AUSTRALE
MONTES HAEMUS
RIMA ARIADAEUS
RUPES ALTAI
VALLIS RHEITA
APOLLO 15
APOLLO 17
APOLLO 11
APOLLO 16
Linné
Le Monnier
Tralles
Delmotte
Aratus
Römer
Cleomedes
Plutarch
Eimmart
Conon
Bessel
Littrow
Macrobius
Tisserand
Hill
Carmichael
Sulpicius Gallus
Maraldi
Vitruvius
Dawes
Peirce
Alhazen
Menelaus
Plinius
Franz
Proclus
Manilius
Jansen
Lyell
Yerkes
Picard
Hansen
Glaisher
Lick
Ross
Cauchy
Condorcet
Boscovich
Maclear
Julius Caesar
Sosigenes
da Vinci
Auzout
Ukert
Hyginus
Arago
Firmicus
Silberschlag
Cameron
Murchison
Agrippa
Whewell
Manners
Lamont
Taruntius
Apollonius
Triesnecker
Cayley
Dubyago
Chladni
Tempel
Ritter
Secchi
Dembowski
Dionysius
Sabine
Maskelyne
Godin
Schmidt
Rhaeticus
Theon Senior
Censorinus
Webb
Oppolzer
Réamur
Lade
Theon Junior
Delambre
Messier A
Messier
Horrocks
Saunder
Torricelli
Langrenus F
Hipparchus
Taylor
Alfraganus
Kästner
Capella
Gutenberg
Ptolemaeus
Hind
Zöllner
Isidorus
La Pérouse
Halley
Andĕl
Theophilus
Gaudibert
Goclenius
Langrenus
Albategnius
Mädler
Daguerre
Ritchey
Kant
Kapteyn
Descartes
Magelhaens
Magelhaens A
Lohse
Klein
Cyrillus
Crozier
Burnham
Abulfeda
Colombo A
Ansgarius
Vogel
Tacitus
McClure
Lamé
Parrot
Almanon
Colombo
Argelander
Bohnenberger
Cook
Vendelinus
Arzachel
Airy
Catharina
Rosse
Beaumont
Holden
Abenezra
Geber
Monge
Hecataeus
Donati
Azophi
Faye
Santbech
Delaunay
Fermat
Polybius
Wrottesley
Phillips
Playfair
Fracastorius
Blanchinus
Sacrobosco
Borda
Petavius
Palitzsch
Pons
Humboldt
Werner
Apianus
Weinek
Snellius
Pontanus
Legendre
Aliacensis
Rothmann
Piccolomini
Hase
Goodacre
Zagut
Reichenbach
Lindenau
Neander
Adams
Nonius
Celsius
Stevinus
Stiborius
Rabbi Levi
Furnerius
Kaiser
Gemma Frisius
Riccius
Brenner
Rheita
Miller
Fernelius
Wöhler
Büsching
Marinus
Stöfler
Buch
Fraunhofer
Nicolai
Metius
Maurolycus
Oken
Fabricius
Faraday
Spallanzani
Peirescius
Barocius
Janssen
Mallet
Licetus
Breislak
Dove
Lockyer
Steinheil
Watt
Ideler
Clairaut
Pitiscus
Heraclitus
Cuvier
Vlacq
Baco
Asclepi
Biela
Lilius
Jacobi
Tannerus
Hommel
Rosenberger
Pontécoulant
Zach
Kinau
Nearch
Hagecius
Pentland
Mutus
Curtius
Manzinus
Simpelius
Boussingault
Boguslawsky
Schomberger

DIE PLANETEN

Die Planeten sorgen bei Anfängern oft für Verwirrung, weil sie zuweilen extrem hell sind und – zumindest solange man sich noch nicht gut am Himmel auskennt – die Sternmuster verzerren können, was die Identifizierung der Sternbilder erschwert. Die Karten ab S. 94 sind daher eine wertvolle Hilfe.

Die Beobachtung von Einzelheiten auf den Planeten erfordert den Einsatz mittelgroßer Fernrohre. Um z. B. den Großen Roten Fleck auf dem Jupiter zu sehen, sind als Richtwert Refraktoren (Linsenteleskope) mit mindestens 75 – 100 mm Durchmesser oder Reflektoren (Spiegelteleskope) mit einer Öffnung von rund 150 mm notwendig. Die Streifen (Wolkenbänder) auf dem Jupiter erkennt man auch mit kleineren Instrumenten wie etwa einem 60-mm-Refraktor, und die sichelförmigen Phasen der Venus sind schon mit einem guten Fernglas zu sehen. Der Mars präsentiert hingegen eine recht kleine Scheibe, in einem kleinen Teleskop sind daher nur wenige Details zu erkennen.

Jupiters vier Hauptmonde zeigen ein ständig wechselndes Bild. Die nach ihrem Entdecker benannten Galileischen Monde heißen (von innen nach außen) Io, Europa, Ganymed und Kallisto. Sie sind bereits mit einem Fernglas gut zu sehen und besitzen, wenn Jupiter in Opposition steht, Helligkeiten von $4\overset{\mathrm{m}}{,}6$ – $5\overset{\mathrm{m}}{,}6$. Aufgrund ihrer unterschiedlichen Umlaufzeiten ändern sich ihre Positionen zum Jupiter als auch zueinander fortlaufend. Manchmal befinden sich alle vier auf einer Seite des Planeten, zu anderen Zeiten sind einer oder gar mehrere nicht sichtbar, weil sie den Jupiter entweder auf seiner Rückseite passieren

LINKS: Obwohl die Venus oft als Sichel erscheint, sind auf ihrer wolkenbedeckten Oberfläche nie irgendwelche Einzelheiten erkennbar. MITTE: Mit einem kleinen Fernrohr kann man auf dem Mars andeutungsweise Formationen und die Polkappen sehen. RECHTS: Mit seinem faszinierenden Ringsystem ist Saturn der schönste Planet unseres Sonnensystems.

Die Marspositionen von Januar (RECHTS OBEN) bis Anfang August 1999. Zwischen April und Juni fand eine scheinbare Richtungsumkehr statt. Der helle Stern ist Spica in der Jungfrau.

oder aber vor ihm – im Transit – und dann vor der Planetenscheibe „verloren“ gehen. Die Monde passieren auch Jupiters Schattenkegel – sie werden somit verdunkelt –, so dass man bisweilen beobachten kann, wie sie in einigem Abstand vom Rand des Planeten verschwinden und wieder auftauchen.

Da sich die Positionen der Monde allnächtlich ändern, macht es wenig Sinn, in diesem Buch Einzelheiten aufzuführen. Viele Jahrbücher liefern indes diese Informationen und es gibt auch Computerprogramme, welche die Mondpositionen für jedes Datum und jede Uhrzeit angeben.

Eine ähnliche Situation besteht für Saturn, obwohl hier nur Titan durch ein Fernglas oder ein kleines Teleskop unter günstigen Bedingungen sichtbar ist. Seine mittlere Helligkeit beträgt lediglich $8^{\mathrm{m}}{,}3$, wenn der Planet in Opposition steht.

UNTEN: Jupiter mit dem Großen Roten Fleck und seinen vier Galileischen Monden einschließlich des orangefarbenen Io.

PLANETENPOSITIONEN

Der folgende Abschnitt zeigt die Positionen der Planeten für die nächsten Jahre. Die beiden innersten Planeten, Merkur und Venus, sind um ihre größte Elongation (Winkelabstand zur Sonne) herum am besten zu beobachten. Bei der östlichen Elongation ist der Planet am Abendhimmel sichtbar, bei der westlichen erscheint er im Morgengrauen vor der Sonne. Doch obwohl sämtliche Elongationen aufgelistet sind, stehen die Planeten mitunter tief am Horizont und sind nicht leicht zu finden. Dies gilt insbesondere für Merkur, der im Dämmerlicht oft nur schwer am Himmel zu entdecken ist. Die günstigsten Elongationen treten auf, wenn Merkur und Venus oberhalb (d. h. nördlich) der Ekliptik stehen (für Beobachter auf der Nordhalbkugel). Diese Elongationen sind in den Diagrammen verzeichnet, zusammen mit bestimmten wichtigen Konjunktionen, wenn Planeten in sehr geringem Abstand zueinander am Himmel erscheinen.

Auf dieser Mehrfachbelichtung sieht man, wie Venus von September 2000 an (UNTEN) auf ihrem Weg zur östlichen Elongation im Dezember eine Schleife am Abendhimmel beschreibt. Die Sequenz endet im März 2001, als sich Venus wieder der Sonne näherte.

Beachten Sie, dass die Positionen der Planeten relativ zu jenen der Sonne gezeigt sind, die in einer fixen Entfernung unter dem Horizont stehend angenommen wird. Die angegebenen Kompassrichtungen sollen nur zur groben Orientierung dienen, da sich die Punkte, wo die Sonne auf- und untergeht, mit jedem Tag des Jahres ändern.

Die Daten von unteren Konjunktionen sind ebenfalls aufgeführt. Dann kommt es u. U. zu einem der seltenen Durchgänge (Transite) von Merkur oder Venus vor der Sonnenscheibe. Das nächste Mal findet dieses Ereignis am 8. November 2006 für Merkur und am 8. Juni 2004 bzw. 6. Juni 2012 für Venus statt. Es versteht sich von selbst, dass es für die

Beobachtung dieser Himmelsphänomene spezieller Methoden bedarf. Betrachten Sie niemals – zu keiner Zeit! – die Sonne direkt durch ein optisches Instrument ohne Spezialfilter, da dies zu schweren Augenschädigungen führen wird. Die einzige simple und zugleich sichere Methode besteht darin, dass man das Bild auf einen hinter das Okular gehaltenen weißen Pappkarton projiziert. Noch besser sind freilich spezielle Sonnenfilter (aus Glas oder Spezialfolie), die vor dem Teleskop/Fernglas angebracht werden.

Die relativen Bewegungen von Erde und Venus haben zur Folge, dass der Planet in den meisten Jahren über einen längeren Zeitraum sichtbar bleibt. In manchen Jahren ist dies besonders ausgeprägt, wenn der Planet mehrere Monate lang hoch am Himmel steht. Die Helligkeit der Venus schwankt erheblich; am hellsten ist sie nach der östlichen Elongation und dann wieder vor der westlichen Elongation. Als der hellste aller Planeten ist die Venus mitunter sogar tagsüber zu sehen, wenn man weiß, wo man suchen muss. Selbst durch eine bescheidene optische Ausrüstung erkennt man ihre zu- und abnehmenden Phasen, wie Galilei sie sah, als er 1610 die Venus mit seinem ersten Fernrohr beobachtete. Nun kann man Zeuge werden, wie der Planet immer größer wird, aber zugleich eine immer spitzere Sichelform annimmt, während sie der unteren Konjunktion zustrebt. Nach der Konjunktion erscheint sie abermals als schmale Sichel westlich der Sonne (als Morgenstern).

Für die äußeren Planeten (Mars, Jupiter, Saturn, Uranus und Neptun) empfehlen sich die Wochen um ihre Opposition herum als bester Beobachtungszeitraum; diese Daten sind in den Tabellen angegeben. Aufgrund seiner im Verhältnis zur Erde langen Umlaufzeit kommt der Mars nicht jedes Jahr in Opposition; andererseits gibt es in der Regel immer eine Phase, während der er ziemlich hell und auffällig ist. Wie beim Saturn in 2004, so kann auch hier ein Jahr vergehen, ohne dass einer der anderen Planeten in Opposition steht.

Für jeden der äußeren Planeten zeigt eine Karte ihre jeweiligen Positionen im Jahreslauf an. Alle weisen zu einer bestimmten Zeit des Jahres eine Rückwärtsbewegung auf, und die Oppositionen finden in der Mitte der Rückwärtsphase ihrer Bahnschleifen statt. Beachten Sie, dass diese Karten auf den Tierkreis ausgerichtet sind, so dass die Ekliptik als eine gerade Linie erscheint.

Da Uranus und Neptun selbst um ihre Opposition herum noch lichtschwach sind, lassen sie sich oft nur schwer von Sternen unterscheiden, zumal sie bei geringer Vergrößerung nicht als Scheibe, sondern nur als Lichtpunkt erscheinen. Uranus soll bei klarem, dunklem Himmel und um seine größte Helligkeit herum gerade noch mit bloßem Auge erkennbar sein; dagegen bringt es Neptun um seine Opposition herum auf eine Helligkeit von lediglich 8^{m}. Ihre Karten enthalten daher alle Sterne bis zur Größe $8^{\mathrm{m}},5$. Wie bei den Kleinplaneten besteht die einzige sichere Methode zur Identifizierung (insbesondere für Neptun) darin, eine Zeichnung anzufertigen und diese mit dem Himmel in einer der darauf folgenden Nächte zu vergleichen.

2004

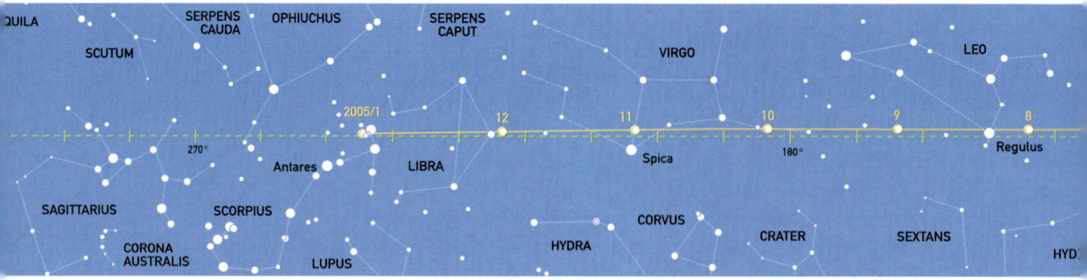
QUILA
SCUTUM
SERPENS CAUDA
OPHIUCHUS
SERPENS CAPUT
VIRGO
LEO
2005/1
12
11
10
9
8
270°
Antares
LIBRA
Spica
180°
Regulus
SAGITTARIUS
SCORPIUS
CORONA AUSTRALIS
LUPUS
HYDRA
CORVUS
CRATER
SEXTANS

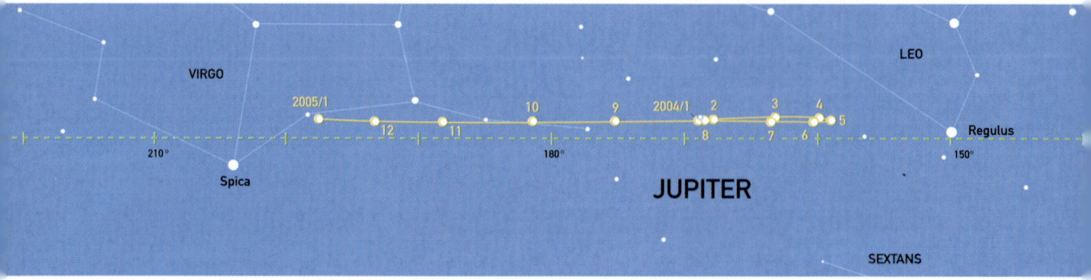
VIRGO
LEO
2005/1
12
11
10
9
2004/1
2
3
4
5
6
7
8
210°
180°
150°
Regulus
Spica
JUPITER
SEXTANS

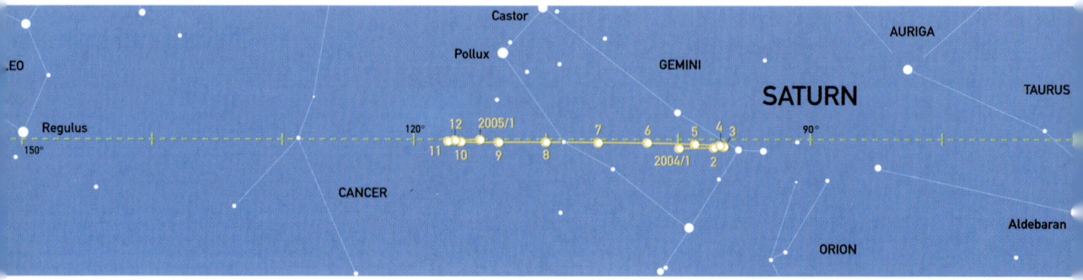
Castor
Pollux
AURIGA
GEMINI
LEO
SATURN
TAURUS
Regulus
150°
120°
12
2005/1
7
6
5
4
3
90°
11
10
9
8
2004/1
2
CANCER
Aldebaran
ORION

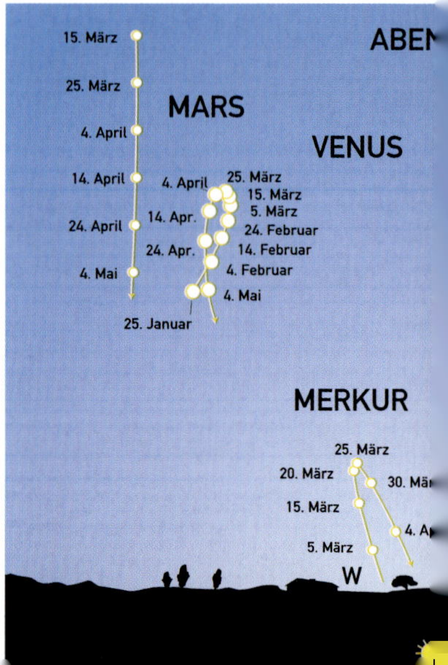
15. März
25. März
4. April
14. April
24. April
4. Mai
MARS
VENUS
4. April
25. März
15. März
5. März
14. Apr.
24. Februar
24. Apr.
14. Februar
4. Februar
4. Mai
25. Januar
MERKUR
25. März
20. März
15. März
5. März
W

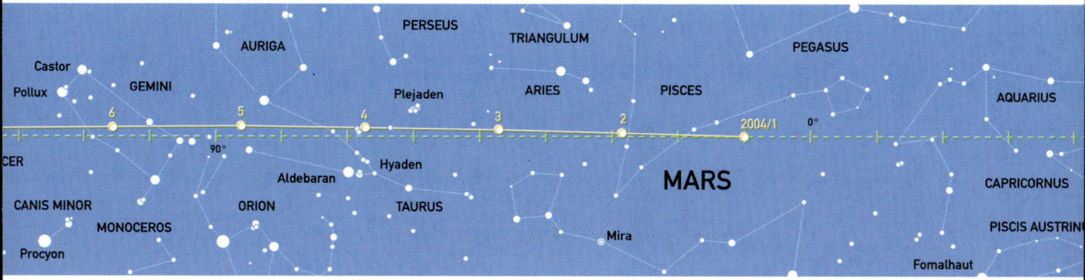

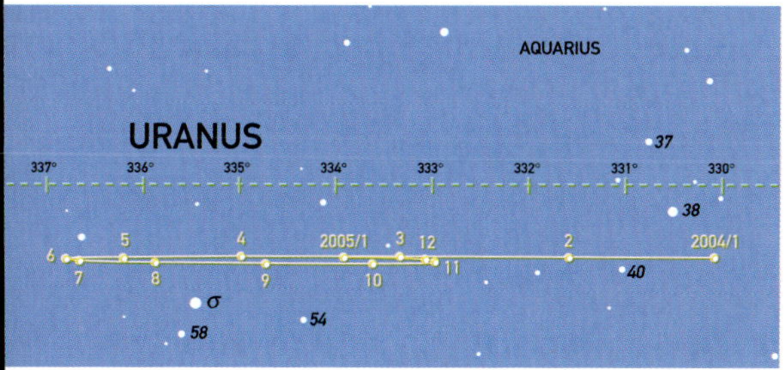

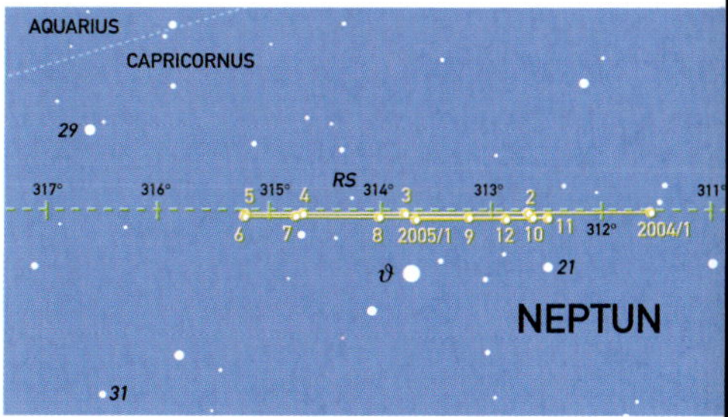

erkur 2004

ÖßTE ELONGATION

. Januar	24°W
. März	19°O
. Mai	26°W
. Juli	27°O
. September	18°W
21. November	22°O
29. Dezember	22°W

UNTERE KONJUNKTION

17. April
23. August
10. Dezember

Venus 2004

GRÖßTE ELONGATION

29. März	46°O
17. August	46°W

UNTERE KONJUNKTION

08. Juni (Transit)

Oppositionen 2004

PLANET	DATUM	MAG.
Mars	–	–
Jupiter	04. Mrz	-2,0
Saturn	–	–
Uranus	27. Aug.	6,1
Neptun	06. Aug.	7,7

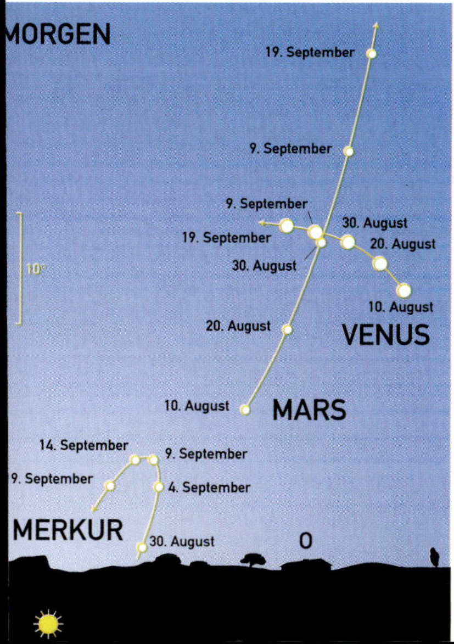

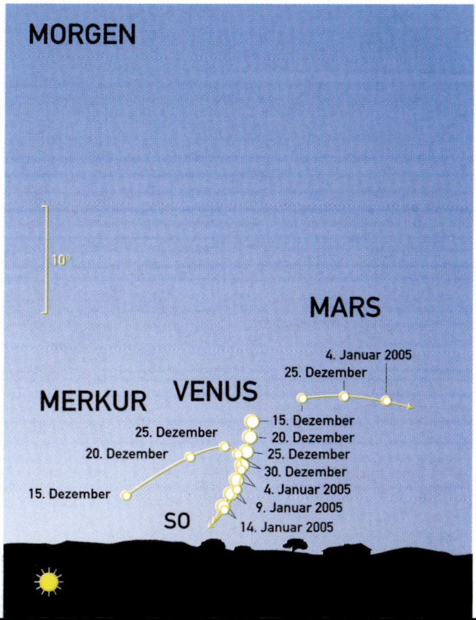

2005

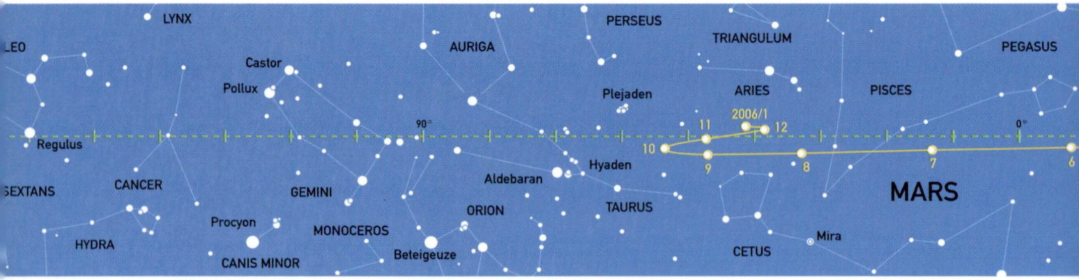
LYNX
LEO
Castor
Pollux
AURIGA
PERSEUS
TRIANGULUM
PEGASUS
Plejaden
ARIES
PISCES
2006/1
Regulus
90°
0°
11
12
10
9
8
7
6
Hyaden
Aldebaran
SEXTANS
CANCER
GEMINI
MARS
ORION
TAURUS
Procyon
MONOCEROS
HYDRA
Mira
CETUS
CANIS MINOR
Beteigeuze

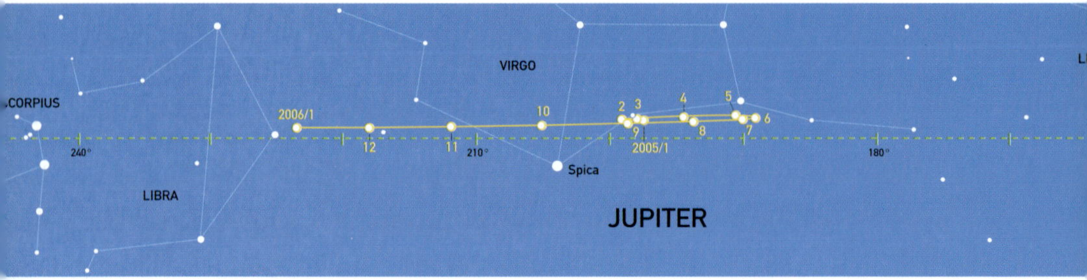
VIRGO
CORPIUS
2006/1
12
11
10
2
3
4
5
6
7
8
9
2005/1
240°
210°
180°
Spica
LIBRA
JUPITER

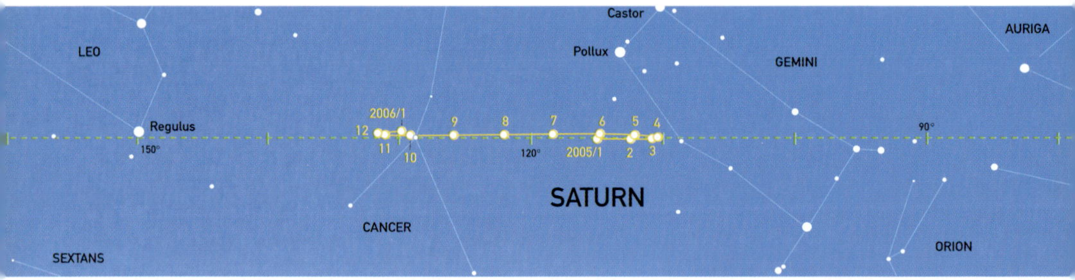
Castor
LEO
Pollux
AURIGA
GEMINI
Regulus
150°
2006/1
12
11
10
9
8
7
6
5
4
3
2
2005/1
120°
90°
SATURN
CANCER
ORION
SEXTANS

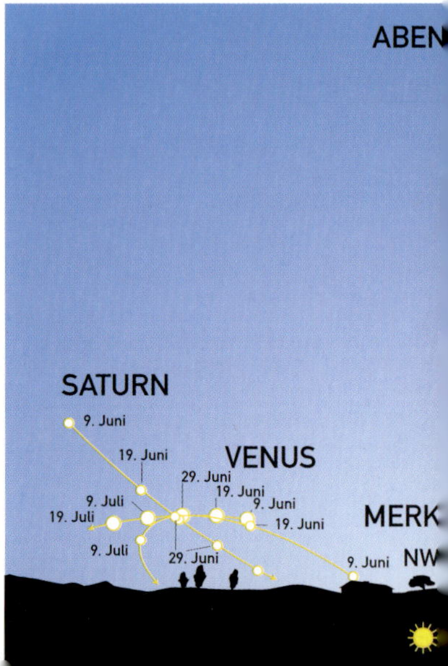
ABEN
SATURN
9. Juni
19. Juni
VENUS
29. Juni
19. Juni
9. Juni
9. Juli
19. Juli
19. Juni
MERK
9. Juli
29. Juni
9. Juni
NW

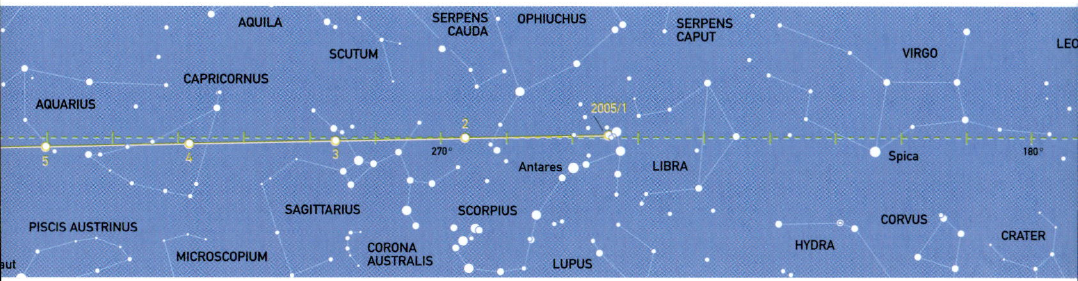

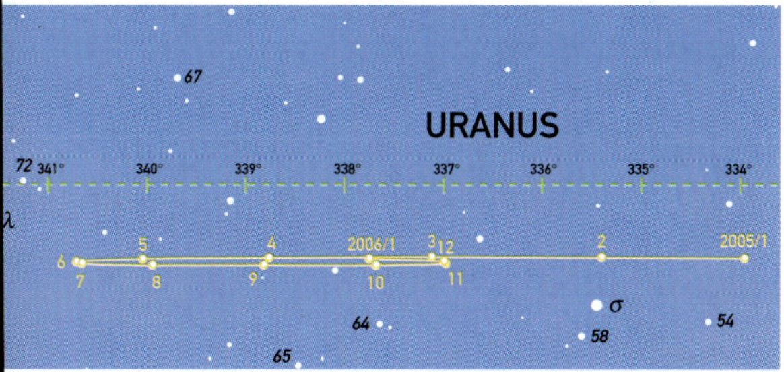

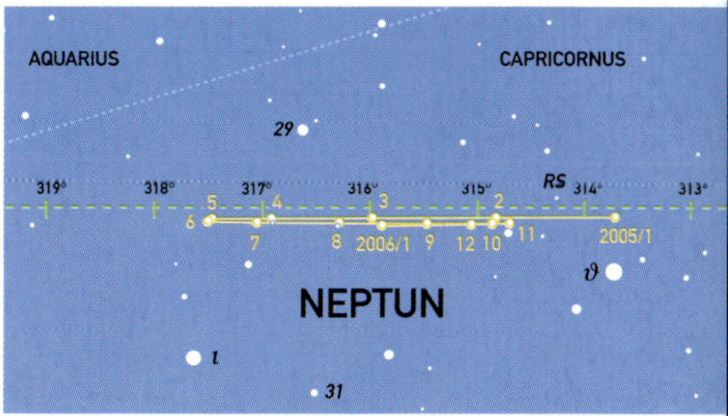

rkur 2005

ÖSSTE ELONGATION		UNTERE KONJUNKTION
März	18°O	29. März
April	27°W	05. August
Juli	26°O	24. November
August	18°W	
November	23°O	
Dezember	21°W	

Venus 2005

GRÖSSTE ELONGATION

03. November 47°O

UNTERE KONJUNKTION

–

Oppositionen 2005

PLANET	DATUM	MAG.
Mars	07. Nov.	-2,1
Jupiter	03. Apr.	-2,0
Saturn	13. Jan.	-0,2
Uranus	01. Sept.	6,1
Neptun	08. Aug.	7,7

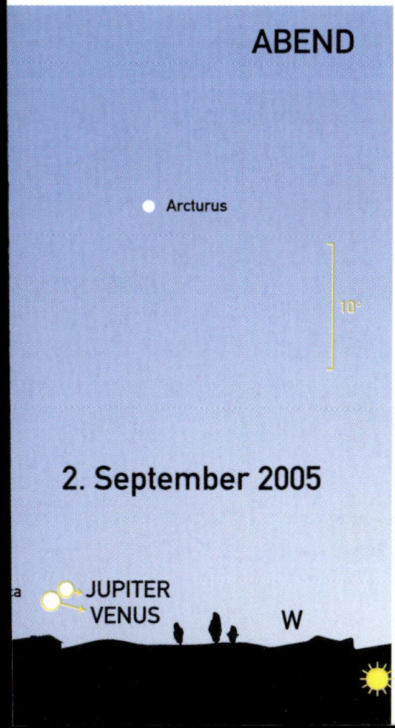

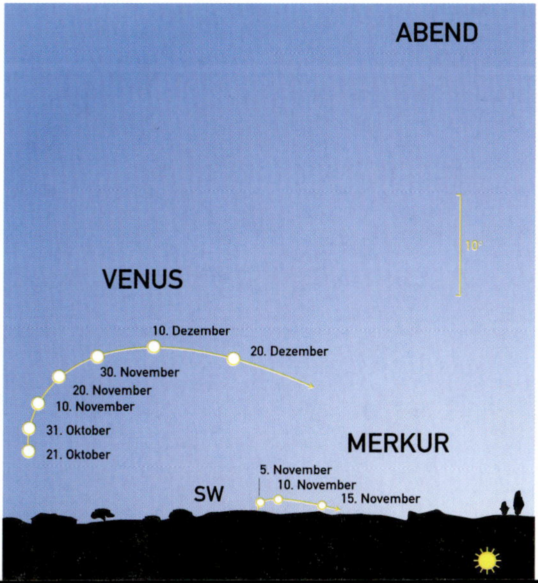

2006

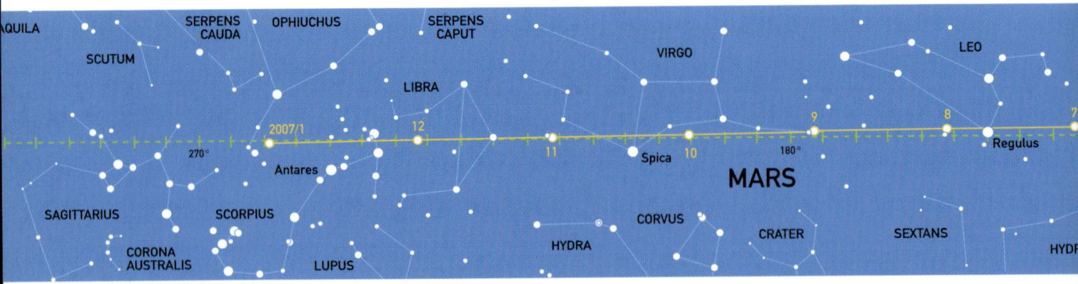

MARS
AQUILA
SCUTUM
SERPENS CAUDA
OPHIUCHUS
SERPENS CAPUT
LIBRA
VIRGO
LEO
SAGITTARIUS
CORONA AUSTRALIS
SCORPIUS
LUPUS
HYDRA
CORVUS
CRATER
SEXTANS
Antares
Spica
Regulus
270°
180°
2007/1
12
11
10
9
8
7

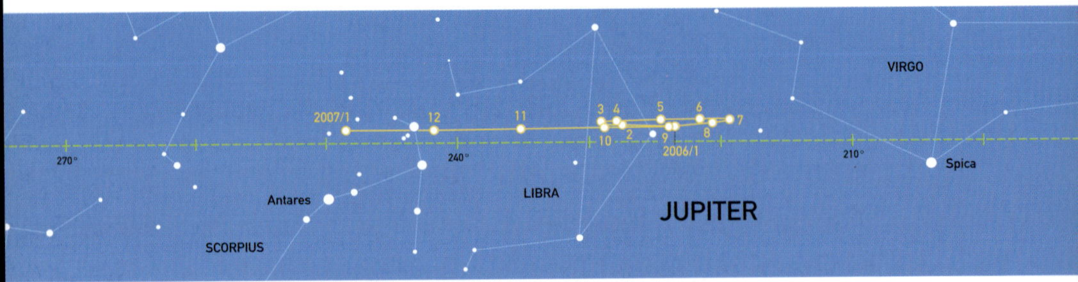

JUPITER
VIRGO
LIBRA
SCORPIUS
Antares
Spica
270°
240°
210°
2007/1
12
11
10
9
8
7
6
5
4
3
2
2006/1

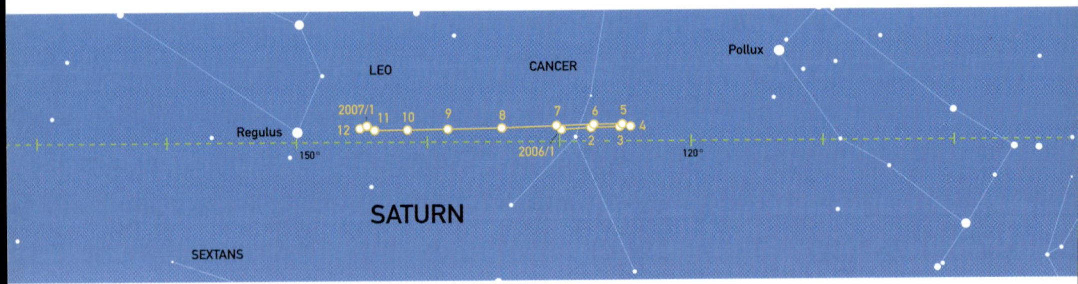

SATURN
LEO
CANCER
SEXTANS
Pollux
Regulus
150°
120°
2007/1
12
11
10
9
8
7
6
5
4
3
2
2006/1

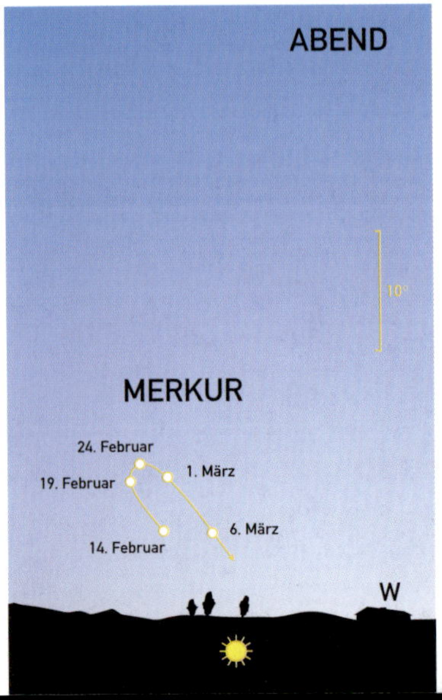

ABEND
10°
MERKUR
24. Februar
19. Februar
1. März
6. März
14. Februar
W

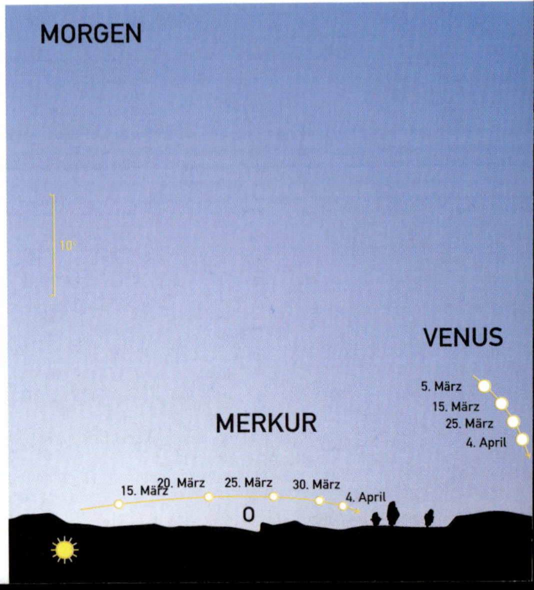

MORGEN
10°
VENUS
5. März
15. März
25. März
4. April
MERKUR
15. März
20. März
25. März
30. März
4. April
O

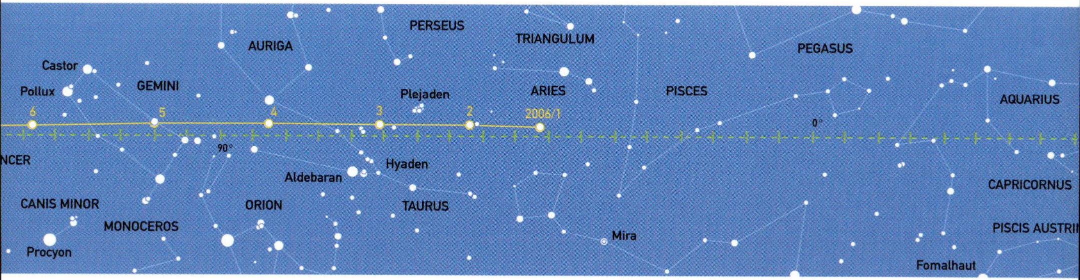

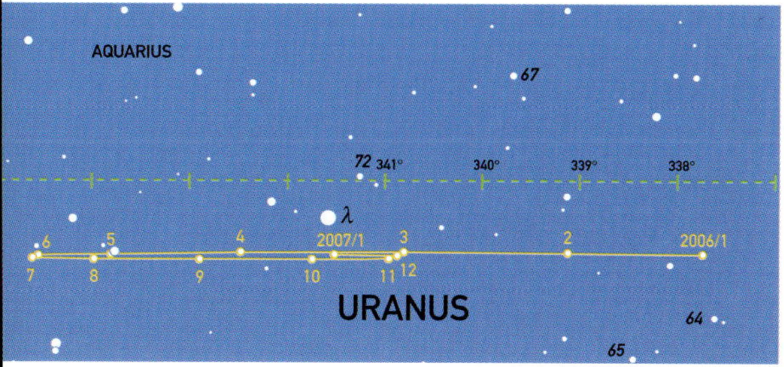

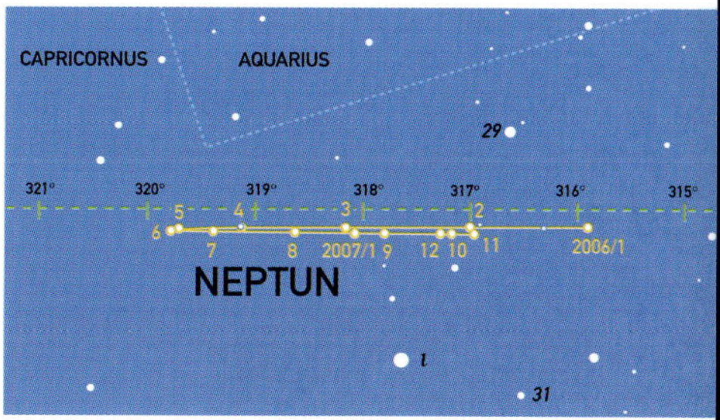

erkur 2006

RÖẞTE ELONGATION		UNTERE KONJUNKTION
4. Februar	18°O	12. März
3. April	28°W	18. Juli
. Juni	25°O	08. November (Transit)
. August	19°W	
. Oktober	25°O	
. November	20°W	

Venus 2006

GRÖẞTE ELONGATION

25. März 47°W

UNTERE KONJUNKTION

13. Januar

Oppositionen 2006

PLANET	DATUM	MAG.
Mars	–	–
Jupiter	04. Mai	-2,0
Saturn	27. Jan.	-0,0
Uranus	05. Sept.	6,1
Neptun	11. Aug.	7,7

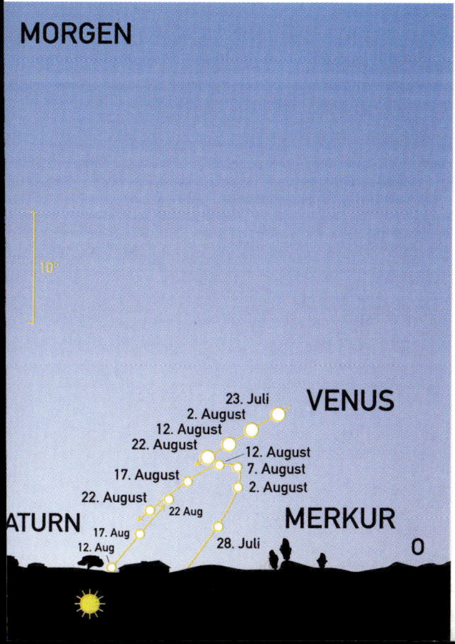

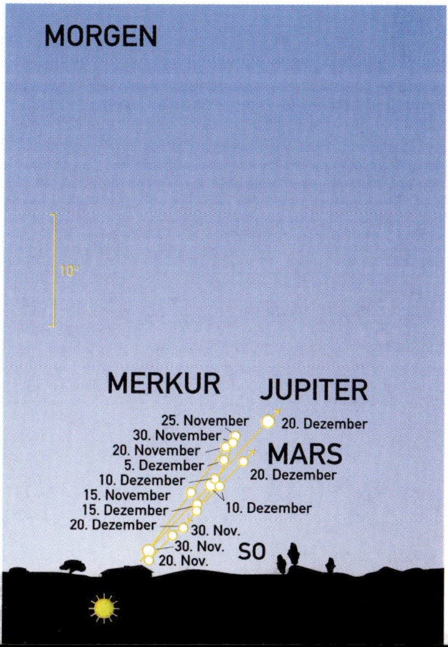

2007

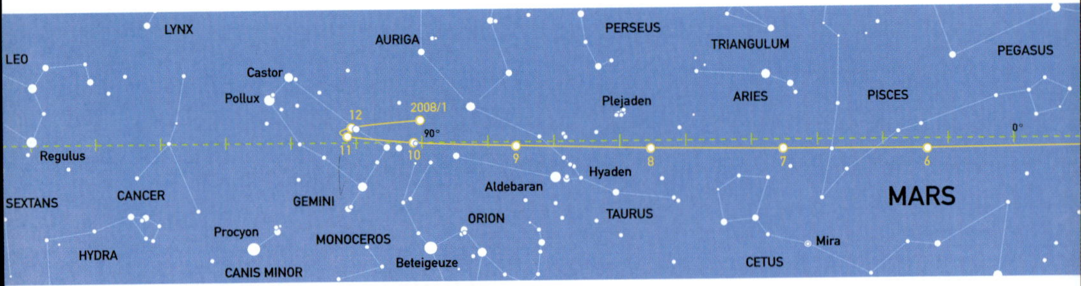

MARS
LYNX
AURIGA
PERSEUS
TRIANGULUM
PEGASUS
LEO
Castor
Pollux
Plejaden
ARIES
PISCES
2008/1
12
90°
0°
11
10
9
8
7
6
Regulus
Hyaden
Aldebaran
SEXTANS
CANCER
GEMINI
TAURUS
ORION
Procyon
MONOCEROS
Mira
HYDRA
Beteigeuze
CETUS
CANIS MINOR

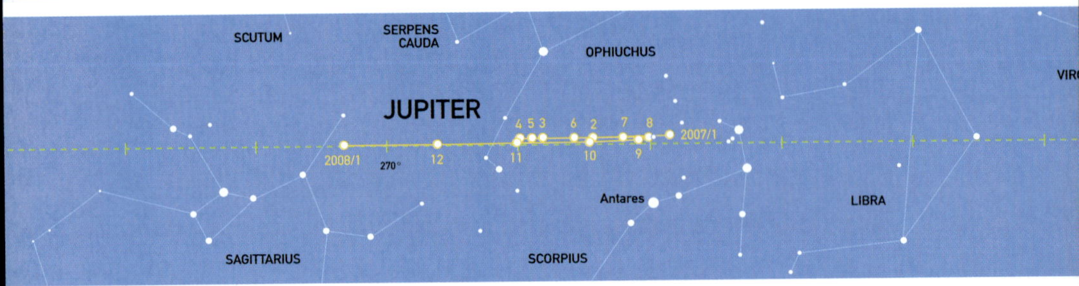

JUPITER
SCUTUM
SERPENS CAUDA
OPHIUCHUS
VIRG
4 5 3
6
2
7
8
2007/1
2008/1
270°
12
11
10
9
Antares
LIBRA
SAGITTARIUS
SCORPIUS

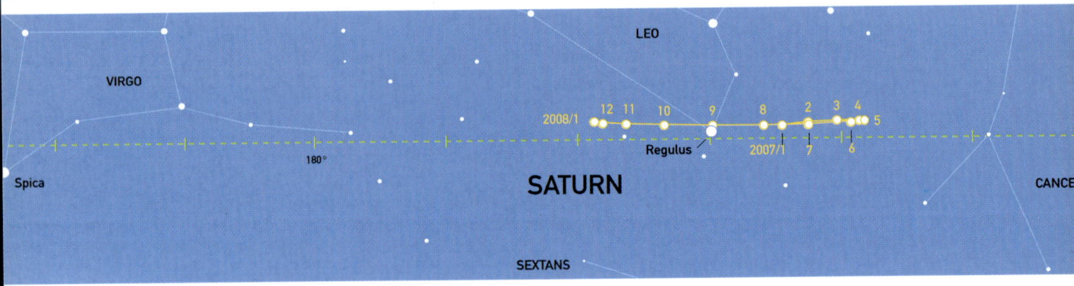

SATURN
LEO
VIRGO
2008/1
12
11
10
9
8
2
3
4
5
Regulus
2007/1
7
6
180°
Spica
CANCE
SEXTANS

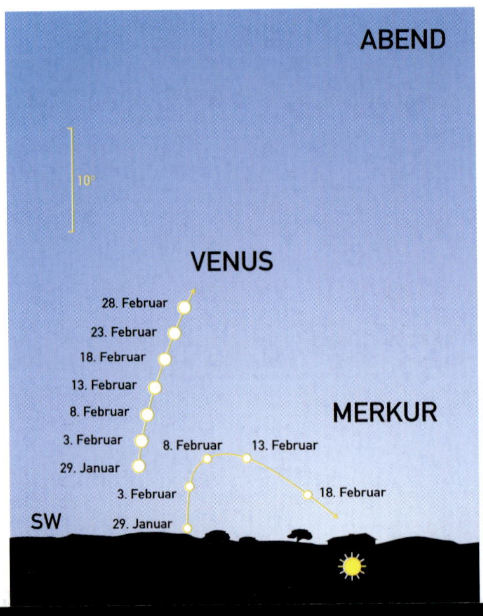

ABEND
10°
VENUS
28. Februar
23. Februar
18. Februar
13. Februar
8. Februar
3. Februar
29. Januar
MERKUR
8. Februar
13. Februar
3. Februar
18. Februar
29. Januar
SW

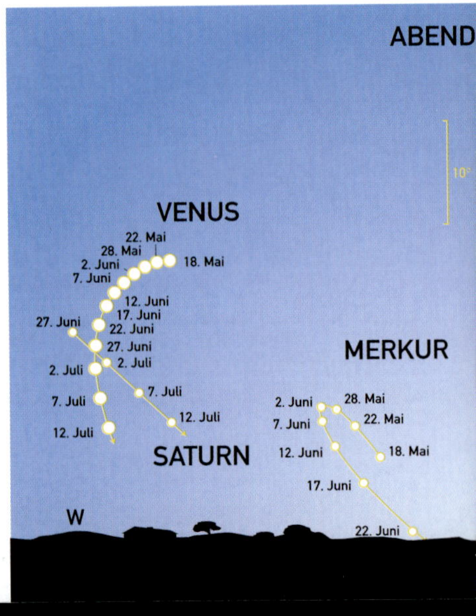

ABEND
10°
VENUS
22. Mai
28. Mai
18. Mai
2. Juni
7. Juni
12. Juni
17. Juni
27. Juni
22. Juni
27. Juni
2. Juli
2. Juli
7. Juli
7. Juli
12. Juli
12. Juli
SATURN
MERKUR
2. Juni
28. Mai
7. Juni
22. Mai
12. Juni
18. Mai
17. Juni
22. Juni
W

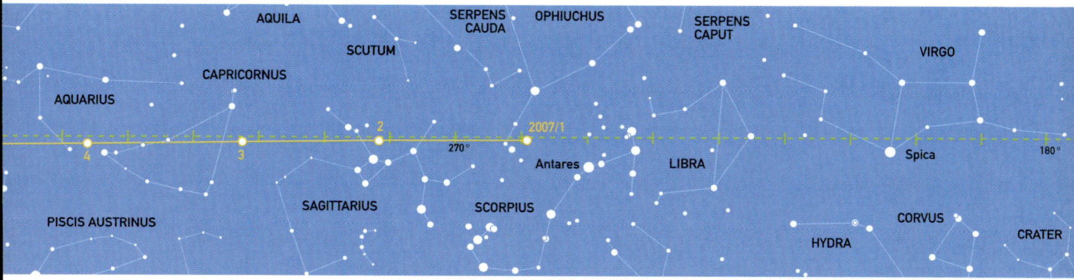

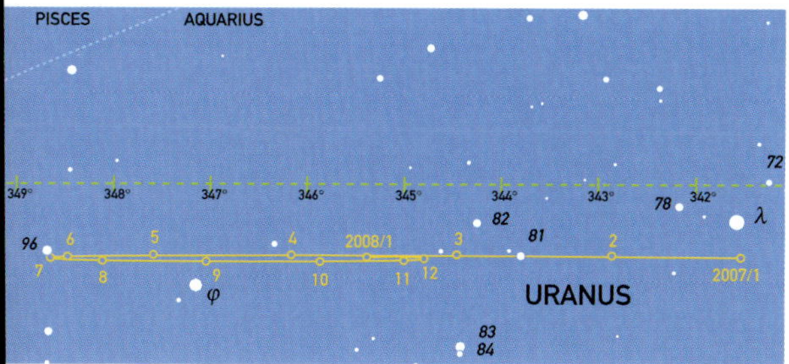

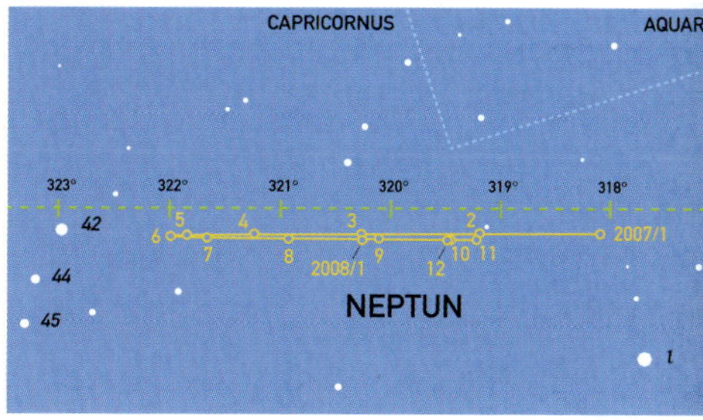

erkur 2007

GRÖßTE ELONGATION

. Februar	18°O
. März	28°W
. Juni	23°O
. Juli	20°W
. September	26°O
08. November	19°W

UNTERE KONJUNKTION

23. Februar
28. Juni
23. Oktober

Venus 2007

GRÖßTE ELONGATION

09. Juni	45°O
29. Oktober	46°W

UNTERE KONJUNKTION

18. August

Oppositionen 2007

PLANET	DATUM	MAG.
Mars	–	–
Jupiter	05. Juni	-2,1
Saturn	10. Feb.	0,2
Uranus	09. Sept.	6,1
Neptun	13. Aug.	7,7

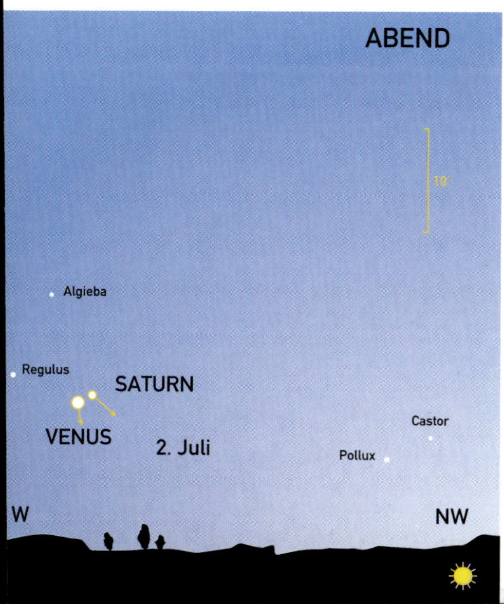

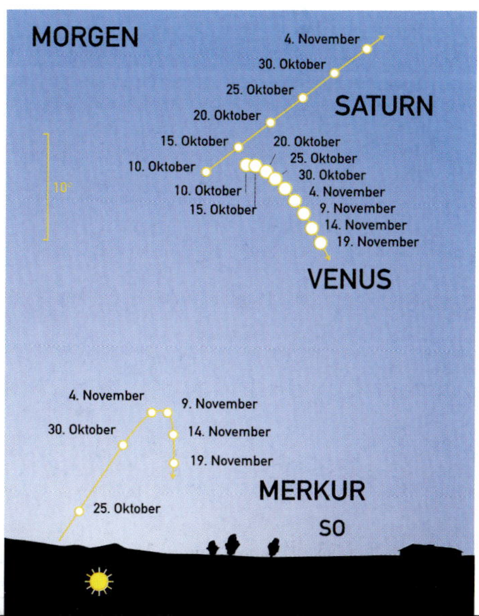

2008

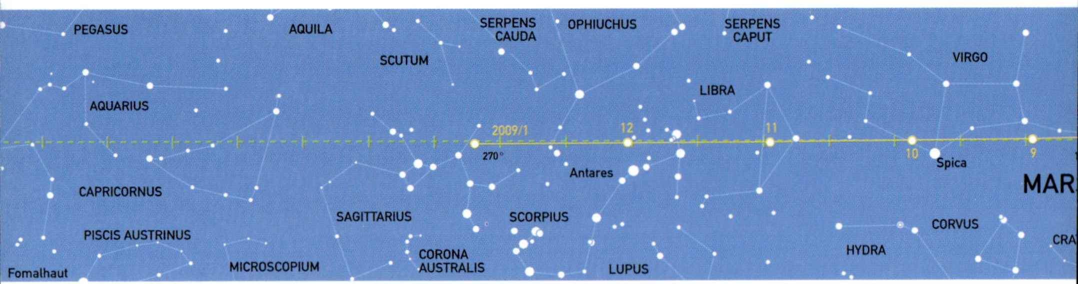
PEGASUS
AQUILA
SERPENS CAUDA
OPHIUCHUS
SERPENS CAPUT
SCUTUM
VIRGO
AQUARIUS
LIBRA
2009/1
12
11
10
9
270°
Spica
Antares
MAR
CAPRICORNUS
SAGITTARIUS
SCORPIUS
CORVUS
PISCIS AUSTRINUS
HYDRA
CRA
CORONA AUSTRALIS
Fomalhaut
MICROSCOPIUM
LUPUS

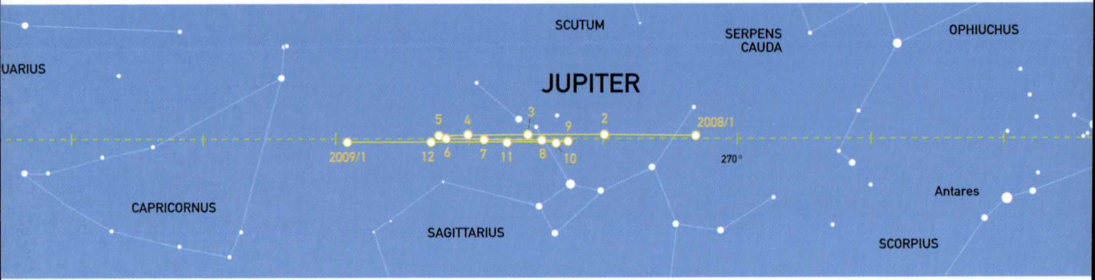
SCUTUM
SERPENS CAUDA
OPHIUCHUS
UARIUS
JUPITER
3
5
4
9
2
2008/1
2009/1
12
6
7
11
8
10
270°
Antares
CAPRICORNUS
SAGITTARIUS
SCORPIUS

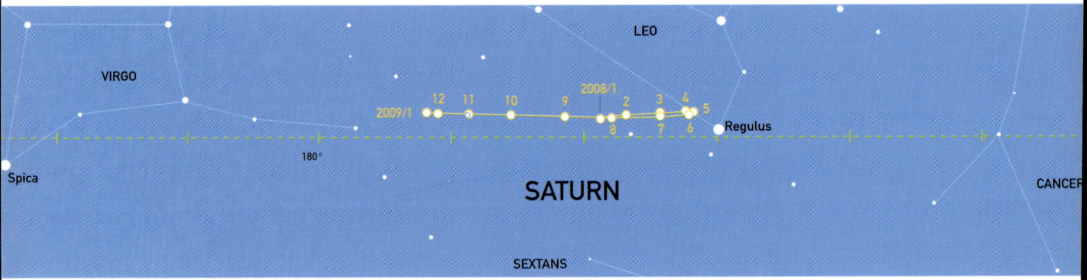
LEO
VIRGO
2008/1
12
11
10
9
2
3
4
5
2009/1
8
7
6
Regulus
180°
Spica
SATURN
CANCER
SEXTANS

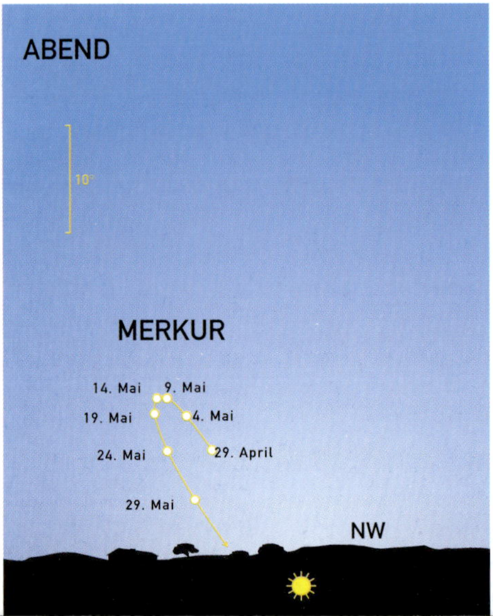
ABEND
10°
MERKUR
14. Mai
9. Mai
19. Mai
4. Mai
24. Mai
29. April
29. Mai
NW

MORGEN
10°
MERKUR
22. Oktober
27. Oktober
17. Oktober
1. November
6. November
12. Oktober
11. November
16. November
O

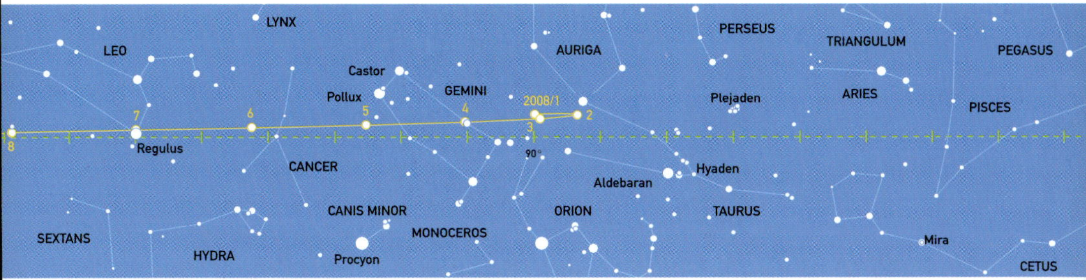

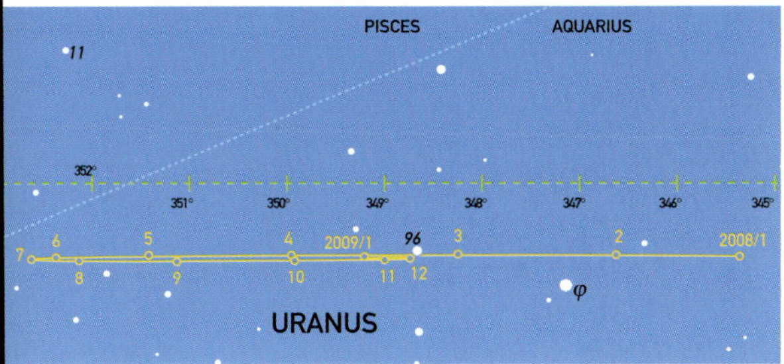

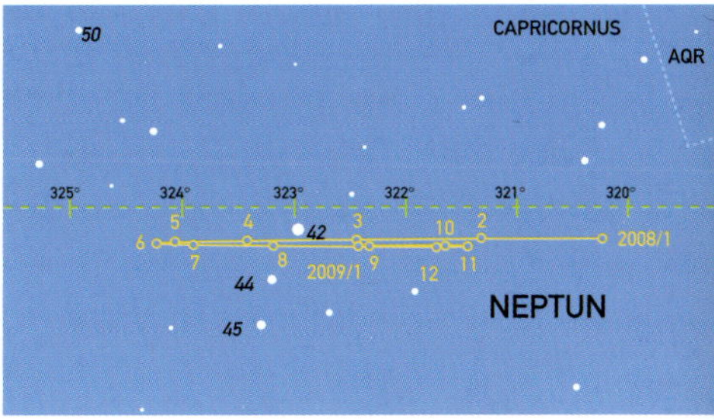

…erkur 2008

…RÖßTE ELONGATION

. Januar	19°O
. März	27°W
. Mai	22°O
. Juli	22°W
. September	27°O
22. Oktober	18°W

UNTERE KONJUNKTION

06. Februar

07. Juni

06. Oktober

Venus 2008

GRÖßTE ELONGATION

Keine

UNTERE KONJUNKTION

Keine

Oppositionen 2008

PLANET	DATUM	MAG.
Mars	–	–
Jupiter	09. Juli	-2,3
Saturn	24. Feb.	0,4
Uranus	13. Sept.	6,1
Neptun	15. Aug.	7,7

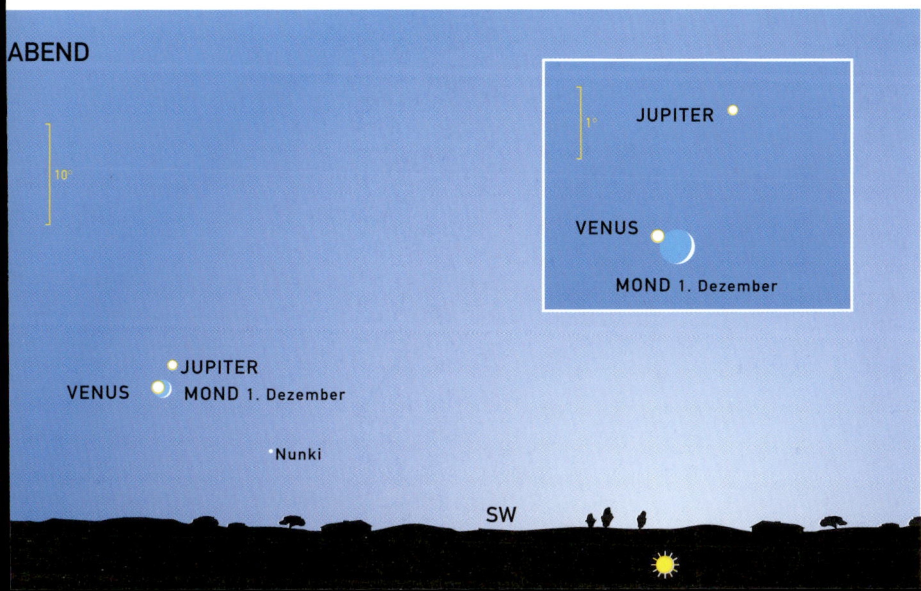

KLEINPLANETEN

Einige Kleinplaneten erreichen um ihre Opposition herum eine ausreichende Helligkeit, so dass man sie schon mit einem Fernglas oder kleinen Teleskop aufspüren kann. Hierbei handelt es sich meist um jene vier Kleinplaneten, die auch zuerst entdeckt wurden: Ceres, Pallas, Vesta und Juno. Allerdings kommt nicht jeder von ihnen jedes Jahr in Opposition und selbst dann schwankt ihre Helligkeit beträchtlich. Die begleitenden Tabellen nennen die hellsten Oppositionen, und auf den Bahnen ist vermerkt, wann die Kleinplaneten eine Helligkeit von über $9\overset{\mathrm{m}}{.}0$ erreichen.

Auf bestimmten Bahnabschnitten lässt sich ein Planetoid schon anhand seiner Position ermitteln, doch normalerweise erfolgt die Identifizierung eines Himmelskörpers durch Auswertung seiner Bewegung vor den Hintergrundsternen. Nur mit dem Einsatz optischer Mittel erfordert dies in der Regel eine Beobachtung in mehreren Nächten, wobei man tunlichst das Sternenfeld jedes Mal abzeichnet, damit jegliche Veränderungen deutlich werden.
Fotografische Methoden eignen sich zwar ebenfalls, jedoch wird hier das Teleskop normalerweise auf die automatische Nachführung zur Sternbeobachtung eingestellt sein, so dass jeder Kleinplanet eine Strichspur hinterlässt. Heutzutage schießen erfahrene Amateure mit digitalen CCD-Kameras erstklassige Bilder von lichtschwachen Planetoiden, mit denen sich deren Umlaufbahnen bestimmen bzw. weiter präzisieren lassen.

OPPOSITIONEN UND HELLIGKEITEN

Ceres	2004	09. Jan.	6,8
Vesta	2004	13. Sept.	6,1
Pallas	2005	23. März	7,1
Ceres	2005	07. Mai	7,0
Juno	2005	09. Dez.	7,5
Vesta	2006	05. Jan.	6,3
Ceres	2006	12. Aug.	7,6
Juno	2007	09. April	9,7
Vesta	2007	01. Juni	5,4
Pallas	2007	03. Sept.	8,8
Ceres	2007	10. Nov.	7,3
Vesta	2008	31. Okt.	6,4
Pallas	2008	26. Nov.	8,0

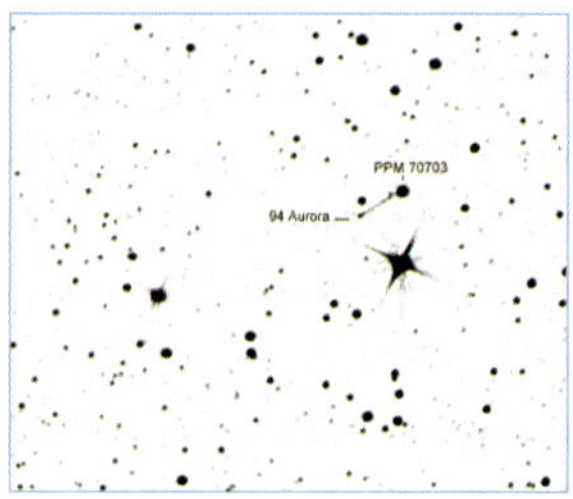

Der Asteroid Aurora zeigt auf dieser Langzeitaufnahme eine Spur. Der markierte Stern, PPM 70703, diente als Referenzpunkt zur exakten Positionsbestimmung von Aurora.

2004

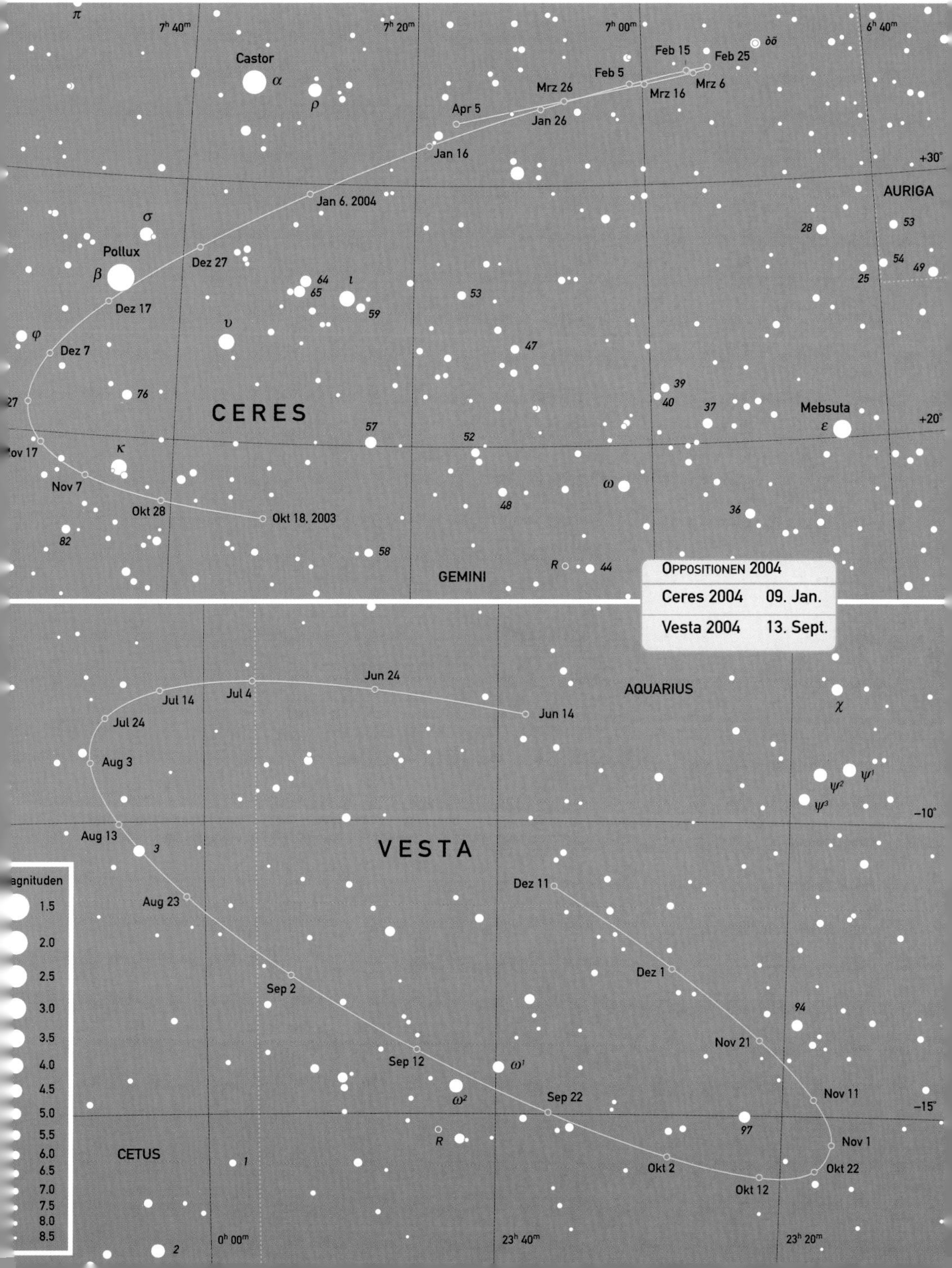

Oppositionen 2004	
Ceres 2004	09. Jan.
Vesta 2004	13. Sept.

2005

Oppositionen 2005	
Pallas 2005	23. Mrz
Ceres 2005	07. Mai
Juno 2005	09. Dez.

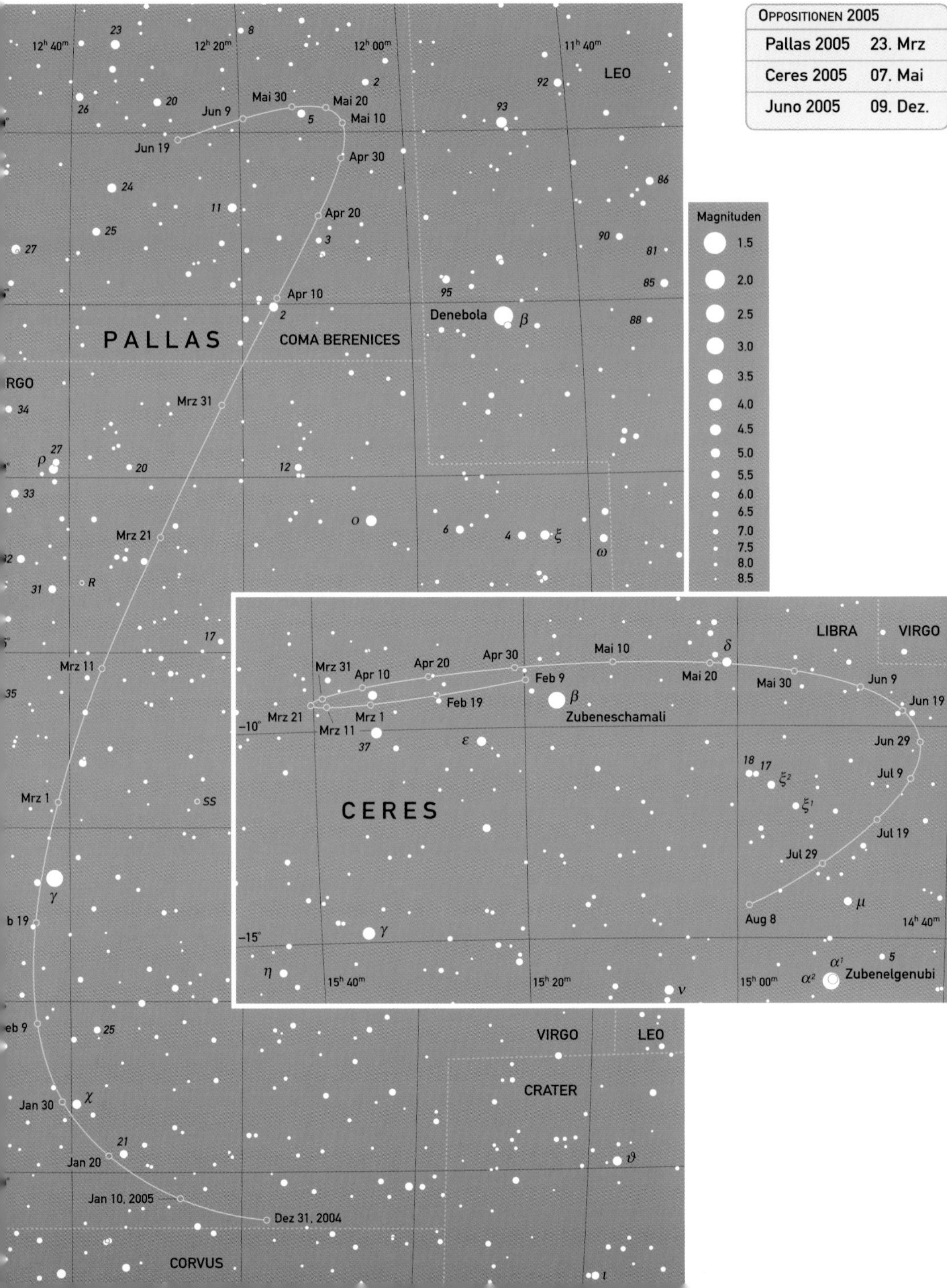

2006

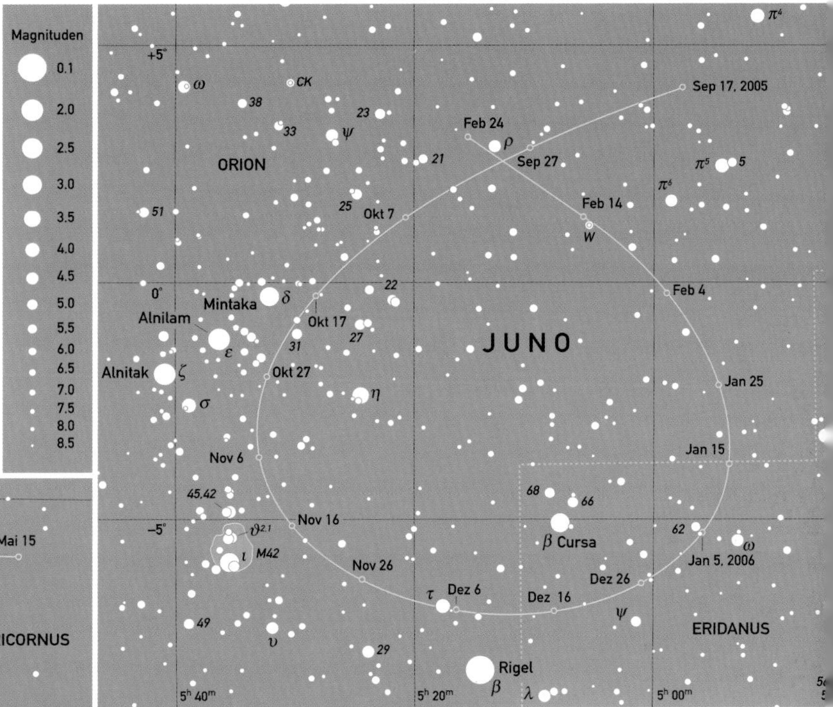

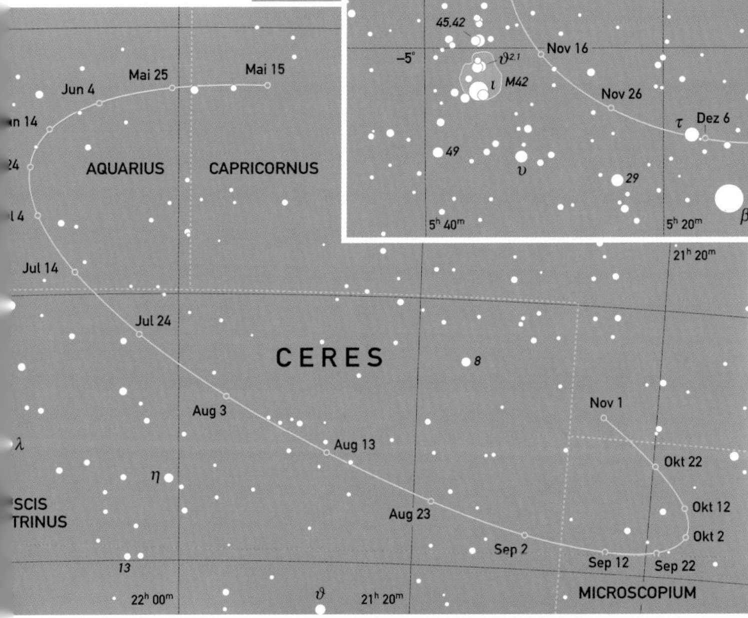

Oppositionen 2006	
Vesta 2006	05. Jan
Ceres 2006	12. Aug.

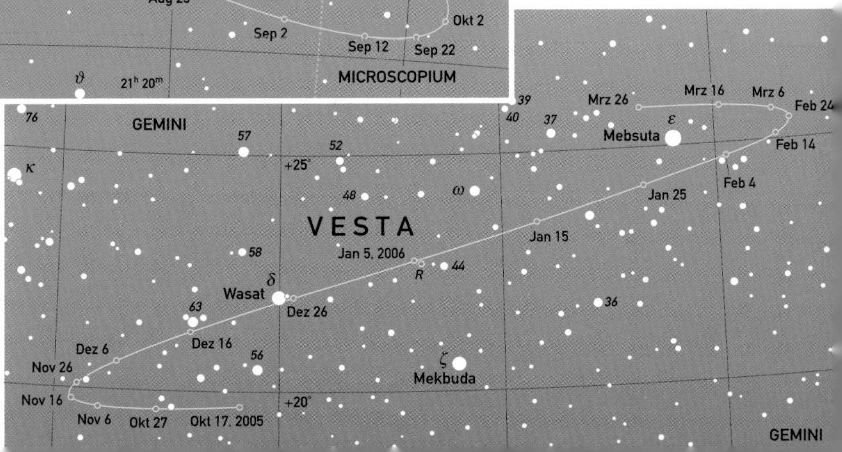

2007

Oppositionen 2007	
Juno 2007	09. Apr.
Vesta 2007	01. Juni
Pallas 2007	03. Sep.
Ceres 2007	10. Nov.

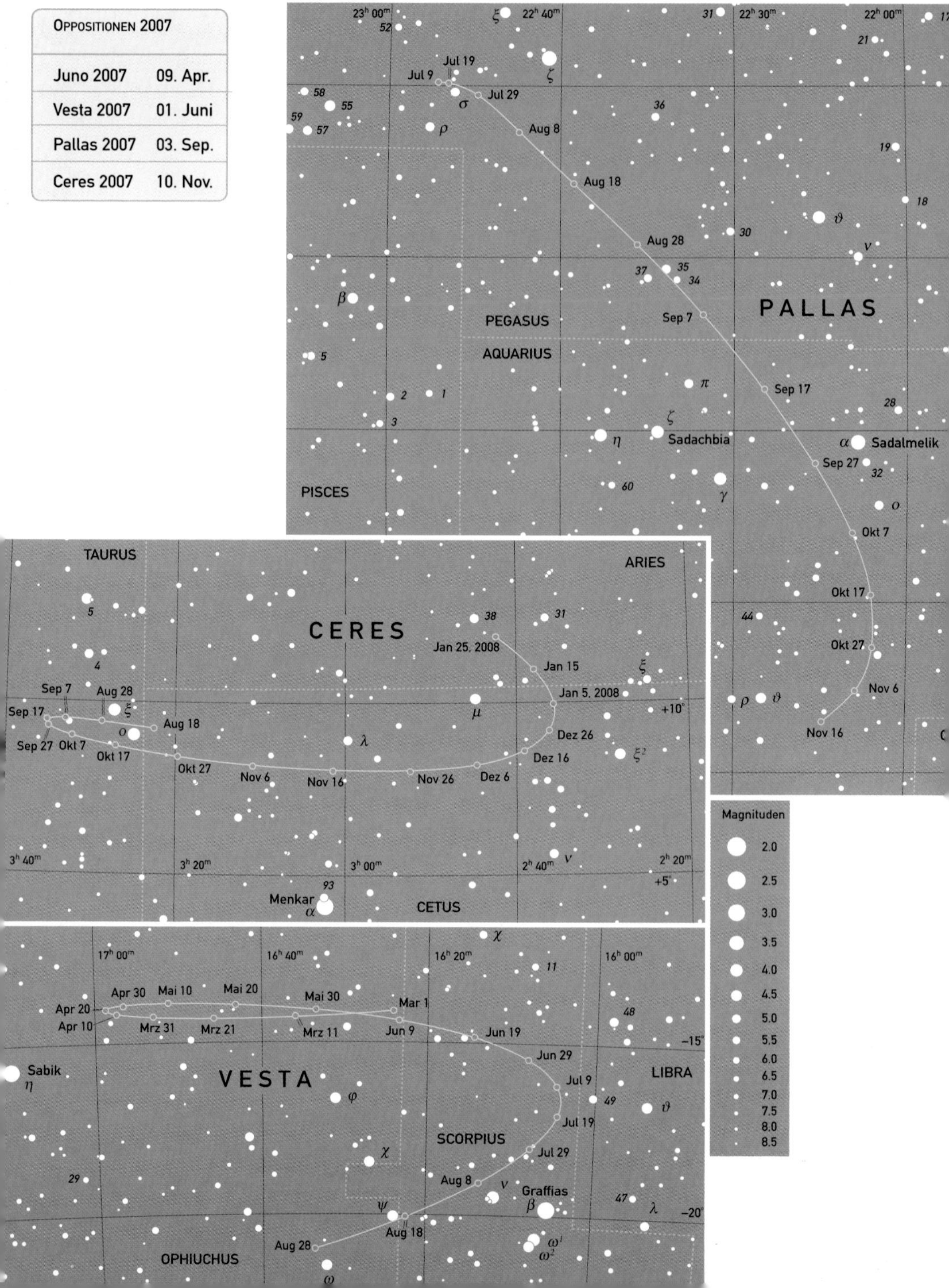

2008

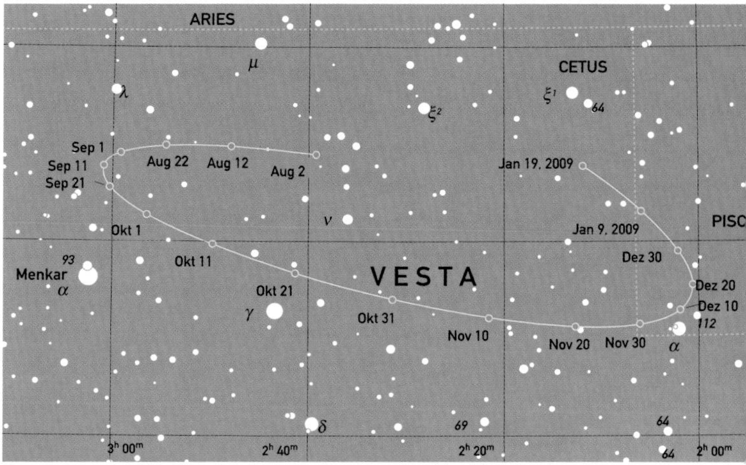

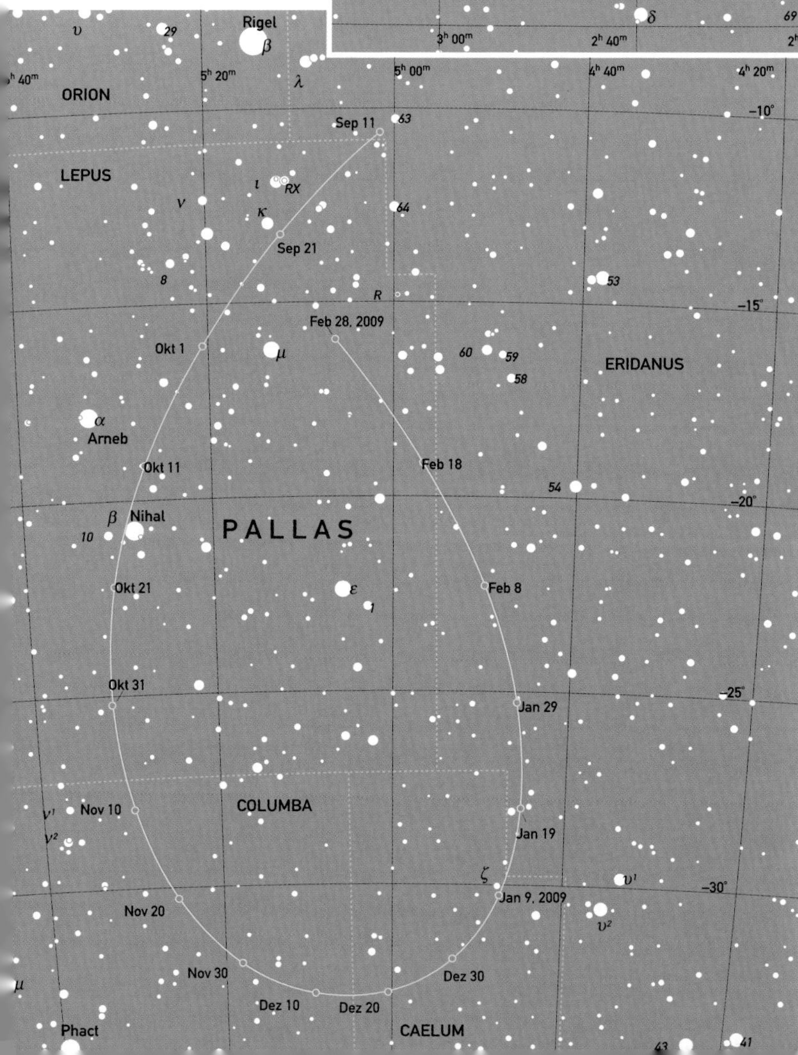

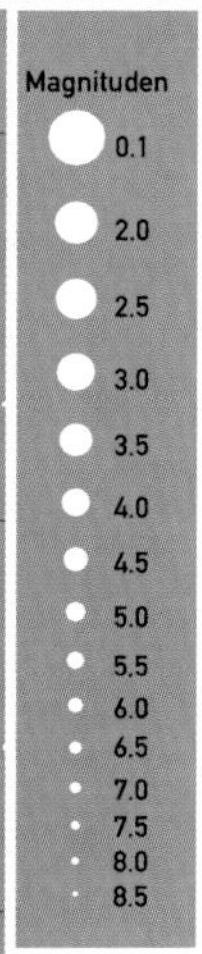

Oppositionen 2008	
Vesta 2008	31. Okt.
Pallas 2008	26. Nov.

PERLMUTT- UND LEUCHTENDE NACHTWOLKEN

In der Abenddämmerung oder auch nachts sieht man ab und zu ungewöhnliche Wolkentypen. Diese befinden sich in viel höheren Luftschichten als normale Wolken und sind für Wissenschaftler, die sich mit der oberen Atmosphäre und dem Klimawandel beschäftigen, von erheblichem Interesse, denn beide Wolkenarten treten offenbar seit einigen Jahren häufiger auf.

Am tiefsten reichen die Perlmuttwolken herab, deren wissenschaftliche Bezeichnung „Polare Stratosphärenwolken" lautet. Man sieht sie in den gemäßigten Breiten – oberhalb von etwa 45° Nord oder Süd –, wo sie in der Stratosphäre in Höhen zwischen 15 und 30 km auftreten. Dort werden sie lange nach Sonnenuntergang bzw. vor Sonnenaufgang angestrahlt, wenn tiefere Wolken schon bzw. noch im Dunkeln liegen. Wie ihr volkstümlicher Name andeutet, fallen sie besonders durch ihre schönen, irisierenden Farben auf, die meist in Bändern um die Wolken herumlaufen. Diese Farben entstehen durch Lichtbrechung an Eiskristallen und sind dann am reinsten, wenn die Eispartikel alle die gleiche Größe haben. Die lebhaft gefärbten Perlmuttwolken bilden sich, wenn eine Wellenbewegung der Luft bewirkt, dass Wasserdampf rasch gefriert.

Leuchtende Nachtwolken sind die höchsten aller Wolkenformen. Sie stehen in rund 80 – 85 km Höhe in der so genannten Mesosphäre. Man begegnet ihnen in zwei Zonen, die etwa zwischen 45° und 60° Nord oder Süd liegen. Ihr Auftreten lässt sich nicht vorhersagen, jedoch sind sie nur während weniger Wochen vor bzw. nach der Sommersonnenwende sichtbar, wenn die Dämmerung die ganze Nacht über anhält. Im Unterschied zu Perlmuttwolken weisen sie eine charakteristische bläulich-weiße oder schwach gelbliche Färbung auf und sind um Mitternacht Ortszeit herum am eindrucksvollsten, wenn sie im Dämmerungsbogen über dem Horizont in Polrichtung erscheinen. Sie ähneln den viel tiefer angesiedelten Zirrus- und Zirrostratuswolken, entstehen jedoch wie die Perlmuttwolken als Folge einer Wellenbewegung in der oberen Atmosphäre.

Leuchtende Nachtwolken sind extrem langlebig und treten meist in Form einer sehr dünnen, sanft wogenden Schicht auf, die senkrecht über unseren Köpfen mitunter kaum erkennbar ist. Betrachter in einiger Entfernung und schrägem Einblick sehen hellere Bereiche, wo sie infolge der Wellenbewegungen auf eine größere Anzahl von Wolkenpartikeln schauen.

Es gibt vier grundlegende Strukturen:

- TYP 1: SCHLEIER – LANGLEBIGE FLÄCHEN, DIE AN ZIRRUS- ODER ZIRROSTRATUSWOLKEN ERINNERN, MANCHMAL MIT LEICHT FASERIGER STRUKTUR. GEHEN OFT ANDEREN FORMEN VORAUS ODER TRETEN ALS DEREN HINTERGRUND AUF.
- TYP 2: BÄNDER – LANGE STREIFEN, OFT FAST PARALLEL ANGEORDNET, ABER MANCHMAL SICH AUCH IN SPITZEM WINKEL ÜBERKREUZEND. IHRE HELLIGKEIT KANN ÜBER EINEN ZEITRAUM VON 20 – 60 MIN VARIIEREN.
- TYP 3: SCHWADEN – ANNÄHERND PARALLELE, KURZE STREIFEN IN ENGEM ABSTAND. ERSCHEINEN MITUNTER ALLEIN ODER KREUZEN AUCH DIE LÄNGEREN BÄNDER. SCHWADEN ÄNDERN OFT IHRE FORM UND ANORDNUNG UND ZEIGEN HELLIGKEITSSCHWANKUNGEN BINNEN MINUTEN.
- TYP 4: WIRBEL – TEILWEISE ODER VOLLSTÄNDIGE WOLKENSCHLEIFEN ODER -RINGE MIT DUNKLEM ZENTRUM. GESCHLOSSENE RINGE SIND SELTEN.

Bei tief stehender Sonne färben sich Perlmuttwolken in den Tönen des Sonnenuntergangs.

Die östlichen Winde in dieser Höhe tragen die Wolken zwar meist in Richtung Westen, während sich die Strukturen selbst oft in die entgegengesetzte Richtung zu bewegen scheinen. Sie malen flüchtige Bilder an den Himmel – in der einen Nacht voller Leuchtkraft, in der darauffolgenden bleiben sie ganz aus. Über die Gründe für die Entstehung dieser Wolken ist noch wenig bekannt, weshalb regelmäßige Beobachtungen ihres Auftretens und ihrer Struktur von großem Interesse sind.

Leuchtende Nachtwolken sind ein ganz hervorragendes Fotomotiv. Mit einer stativmontierten Kamera, 200-ISO-Filmmaterial und einer Objektivblende von f/2,8 probieren Sie Belichtungszeiten von fünf, drei und einer Sekunde. Die Aufnahmen sollten zu jeder Viertelstunde erfolgen, damit sich später die Fotos mehrerer Beobachter vergleichen lassen. Idealerweise sollten Kameraposition und Blickwinkel fix sein, so dass man mit Hilfe der Fotos von unterschiedlichen Aufnahmestandorten die Wolken triangulieren und somit ihre genaue Höhe bestimmen kann.

Typisch silbrig-weiß leuchtende Nachtwolken, aufgenommen um Mitternacht Ortszeit.

POLARLICHTER

Die Polarlichter (im Norden als Aurora borealis, im Süden als Aurora australis bezeichnet) zählen zu den schönsten Naturerscheinungen überhaupt. Auch wenn sie oft nur in polaren Breiten zu beobachten sind, wo sie in ringförmigen Regionen (den so genannten Aurora-Ellipsen) vorkommen, deren Zentren in etwa den magnetischen Polen der Erde entsprechen, können sie, freilich nur äußerst selten, von beinahe jedem Ort der Welt aus beobachtet werden.

Ein homogener Bogen mit der für Polarlichter typischen Grünfärbung

Polarlichter entstehen, wenn die von der Sonne ausgestoßenen geladenen Teilchen (man bezeichnet sie als Sonnenwind) vom Magnetfeld der Erde eingefangen, beschleunigt und dann so gelenkt werden, dass sie auf die Atome der oberen Atmosphäre treffen. Dies geschieht normalerweise über den polaren Regionen in Höhen zwischen 70 und 300 km; allerdings werden mitunter auch 1000 km erreicht. Durch die Kollisionen werden die Gasatome oder -moleküle angeregt, die dann die Energie als Licht mit ganz spezifischen Wellenlängen abstrahlen. Die Farben, die Betrachter sehen, hängen stark von deren persönlichem Sehvermögen ab; am häufigsten wird jedoch Grün genannt, das von Sauerstoffatomen abgestrahlt wird, gefolgt von Rot, das von Stickstoffmolekülen emittiert wird. Ein violetter Farbton ist oft zu sehen, wenn extrem lange Polarlichtstrahlen bis hoch in die Atmosphäre hinaufreichen.

Das Auftreten von Polarlichtern folgt ziemlich exakt dem so genannten Sonnenfleckenzyklus, der im Grunde ein Zyklus der Sonnenaktivität ist, die über einen Zeitraum von ungefähr elf Jahren zu- und danach wieder abnimmt. Die meisten Polarlichter erscheinen bei hoher Sonnenaktivität und dies kann zu jeder Zeit des Jahres der Fall sein. In hohen Breiten (Nordeuropa, Sibirien, Kanada und Antarktis) sind Polarlichter natürlich während der langen Sommerdämmerung nicht zu sehen – aber dies ist genau die Zeit, wenn Beobachter nach leuchtenden Nachtwolken Ausschau halten sollten.

Es gibt mehrere Haupttypen von Polarlichtern, wovon im Verlauf einer großen Erscheinung einige (oder alle) auftreten können:

- ☐ BOGEN (A): EINE BOGENFÖRMIGE FORMATION, AM HÖCHSTEN IN POLRICHTUNG RAGEND, MIT EINEM KLAR ABGEGRENZTEN UNTEREN RAND, IM OBEREN BEREICH JEDOCH DIFFUSER
- ☐ BAND (B): EINE TIEFE, BANDARTIGE FORMATION, WIE EIN VORHANG GEFALTET; OFT MIT SCHNELLER BEWEGUNG
- ☐ CORONA (C): MEHRERE BREITE STRAHLEN, DIE VON EINEM PUNKT HOCH AM HIMMEL AUSZUGEHEN SCHEINEN
- ☐ GLÜHEN (G): EIN SCHWACHES GLIMMEN AM POLAREN HORIZONT
- ☐ FLECK (P): EINE LEUCHTENDE STELLE, DIE AN EINE KUMULUSWOLKE ERINNERT; GEGEN ENDE EINER ERSCHEINUNG ZU SEHEN, OFT MIT PULSIERENDER INTENSITÄT
- ☐ STRAHL (R): EIN ANNÄHERND SENKRECHTER LICHTSTRAHL; HÄUFIG MIT BÖGEN ODER BÄNDERN ZU SEHEN, ABER AUCH ALS ISOLIERTES STRAHLENBÜNDEL
- ☐ SCHLEIER (V): EIN SCHWACHER, GLEICHMÄẞIGER LICHTSCHIMMER ÜBER EINEM WEITEN TEIL DES HIMMELS

Bögen und Bänder sind entweder

- ☐ HOMOGEN (H): OHNE STRUKTUR, JEDOCH MEIST GLEICHMÄẞIG VON EINER HELLEN, KLAR ABGEGRENZTEN UNTERKANTE NACH EINEM SCHWACHEN, DIFFUSEN OBEREN RAND HIN ABGESTUFT

oder

- ☐ STRAHLENFÖRMIG (R): AUSGEPRÄGTE, SENKRECHTE STREIFEN, AUS DENEN EINZELNE STRAHLEN OFT ÜBER DIE LEUCHTENDE HAUPTZONE HINAUSRAGEN

Ein homogener Bogen wird folglich als HA vermerkt und ein Strahlenband als RB. Erfahrene Beobachter ergänzen dies noch durch Kodierungen für Farben oder Bewegungsschnelligkeit sowie Höhenmessungen für einzelne Bereiche der Erscheinung über dem Horizont.

Polarlichter kann man in ähnlicher Weise fotografieren wie leuchtende Nachtwolken, allerdings empfiehlt sich hierbei wegen der eventuell raschen Veränderungen die Verwendung eines empfindlicheren Films (400 ISO). Machen Sie wiederum zu jeder Viertelstunde eine Aufnahme, damit sich Ihre Bilder später mit denen anderer Beobachter vergleichen lassen. Probieren Sie Belichtungszeiten von 15 – 30 Sekunden bei f/1,8 aus. Die helleren Sterne scheinen oft durch eine Aurora hindurch und bilden somit wertvolle Referenzpunkte für Winkel- und Höhenschätzungen.

SIEHE AUCH
Messwinkel (S. 12)
Leuchtende Nachtwolken (S. 110)

Eine frühe Phase in der Entstehung einer Strahlenformation in einem roten Polarlichtband

RAKETEN UND SATELLITEN

SIEHE AUCH
Feuerkugeln (S.120)
Meteore (S.116)
Perlmuttwolken (S.110)
Leuchtende Nachtwolken (S.110)

Nicht alles, was am Nachthimmel sichtbar ist, hat einen natürlichen Ursprung. Flugzeuge, Raketen, Satelliten und sogar Wetterballons sind oft in der Dämmerung zu sehen und können, zumindest spontan, für Verwirrung sorgen, obgleich ihre wahre Natur meist schon nach kurzer Beobachtung offenbar wird.

Flugzeuge lassen sich in der Regel am einfachsten ausschließen. Bei der Landung und zu Übungszwecken können sowohl Zivil- als auch Militärmaschinen grelle Landescheinwerfer einschalten, die, falls sich das Flugzeug direkt auf den Betrachter zu bewegt, an einen hellen, unbeweglichen Stern erinnern. Normalerweise driften sie jedoch nach irgendeiner Richtung ab und enthüllen so ihre wahre Natur. Die roten und grünen Leuchten in den Tragflächenenden (für Backbord und Steuerbord) und die hellen Blinklichter, wie sie alle Flugzeuge mitführen, können mit einem Fernglas schon aus beträchtlicher Entfernung entdeckt werden. Wetterballons sind mitunter schwer zu identifizieren und können, je nach Helligkeit des Hintergrundhimmels und wie kräftig sie angestrahlt werden, hell oder dunkel erscheinen. Sie bewegen sich im Allgemeinen träge und sind nur für kurze Zeit sichtbar.

Tausende vom Menschen gefertigte Objekte umkreisen ständig die Erde, von denen viele schon mit bloßem Auge zu entdecken sind. Die meisten Satelliten sind nur sichtbar, weil sie das Sonnenlicht reflektieren, weshalb man sie häufig nur in der Morgen- oder Abenddämmerung sieht, wenn sie von der Sonne angestrahlt werden. In hohen Breiten, wo es im Sommer selbst nach Mitternacht nie ganz dunkel wird, ist ihre Beobachtung die ganze Nacht über möglich. Die Sichtbarkeit wird außerdem durch die Umlaufbahnen der Satelliten beeinflusst, insbesondere durch deren Neigung zum Erdäquator, was die geografische Zone

Von Winden in der oberen Atmosphäre verwischt wurde diese Spur eines großen Meteors (Standort Falkland-Inseln mit Blick gen Süden in Richtung der Antarktischen Halbinsel).

definiert, innerhalb derer die Satelliten auszumachen sind.

Anstatt konstant zu leuchten oder in der Helligkeit an- und abzuschwellen, kann das Licht von Satelliten auch aus einer Folge heller Blitze bestehen. Dies ist dann der Fall, wenn sich der Satellit dreht und in Abständen große, stark reflektierende Flächen der Sonne zukehrt. Die Iridium-Satelliten drehen sich nicht, besitzen jedoch mehrere extrem reflexionsstarke Oberflächen. Ihr Licht nimmt allmählich an Intensität zu, bis sie (neben Sonne und Mond) die hellsten Objekte am Himmel sind, danach verblasst es langsam wieder bis zur Dunkelheit. Die Internationale Raumstation ISS ist ebenfalls sehr hell, und sie wird noch heller, wenn neue Module hinzugefügt werden. Voraussagen für solche Objekte stehen oft in den Zeitungen und sind, wie auch für viele der schwächeren Objekte, problemlos im Internet (www.heavens-above.com) abrufbar.

Ein helles Aufleuchten (mit -7^m deutlich heller als jeder Planet), hervorgerufen von einem der Iridium-Satelliten.

Forschungs- und Trägerraketen zum Aussetzen von Satelliten erzeugen zuweilen langlebige Kondensstreifen, die man für hohe Wolken halten könnte. Vor allem zeigen sie mitunter ein helles Schillern (wodurch sie Perlmuttwolken ähneln) oder eine ausgefranste Struktur (womit sie ein

Der Wiedereintritt des vom Spaceshuttle abgeworfenen großen Treibstofftanks (Aufnahmeort Hawaii; im Hintergrund das Glühen des Vulkans Mauna Kea).

wenig an leuchtende Nachtwolken erinnern). Im Allgemeinen jedoch verwischen die Winde in der oberen Atmosphäre diese Spuren schon nach kurzer Zeit in typische Schleifen und Bögen. Ähnliche Streifen hinterlassen manchmal auch Satelliten, wenn sie wieder in die Atmosphäre eintreten und verglühen. Diese Spuren ähneln denen von leuchtenden Meteoren, und es lässt sich mitunter nur schwer entscheiden, ob eine solche Spur von einem Satelliten beim Wiedereintritt oder von einem Meteor stammt. Im Internet finden sich wiederum Vorhersagen für solche Wiedereintritte.

Viele Wiedereintritte sind äußerst spektakuläre Ereignisse, vor allem, wenn es sich um sehr große Objekte handelt. Für Beobachter der äquatornahen Breiten ist der Wiedereintritt des großen Treibstofftanks, der immer wenige Minuten nach dem Start eines Spaceshuttles abgeworfen wird, oftmals hochdramatisch.

METEORE UND DAS ZODIAKALLICHT

Fast jeder Betrachter des Firmaments hat wohl schon mal einen quer über den Nachthimmel zischenden Meteor – eine Sternschnuppe – gesehen. Und mancher hatte vielleicht auch das Glück mitzuerleben, wie ein gleißend heller Feuerball den Himmel für Sekunden taghell erleuchtete. Doch nur sehr wenige Menschen dürften je das geisterhafte Zodiakallicht gesehen (oder bemerkt) haben, das eigentlich eng mit Meteoren zusammenhängt.

Die meisten Meteore entstehen, wenn Partikel von Kometen- oder Planetoidenmaterie mit hoher Geschwindigkeit auf die oberen Schichten der Erdatmosphäre treffen. Durch die enorme Reibungshitze, welche sich infolge der Zusammenstöße mit den Atomen und Molekülen der Lufthülle aufbaut, werden die äußeren Materieschichten bis zur Weißglut erhitzt und schließlich abgesprengt, wobei sie den bekannten Leuchtstreifen hinterlassen. In den allermeisten Fällen sind diese Partikel winzig – ihre Größe liegt zwischen einem Sandkorn und einer kleinen Erbse – und verglühen in einer Höhe von ca. 70 – 100 km vollständig. Größere Partikel können es bis zur Erdoberfläche schaffen, wo man sie mit viel Glück bergen kann; die Fundstücke bezeichnet man als Meteoriten.

METEORSCHAUER

Meteore, die man in jeder beliebigen klaren Nacht sehen kann, nennt man sporadisch. Sie erscheinen urplötzlich irgendwo am Himmel und können in jede Richtung fliegen. Sie sind somit vollkommen unvorhersehbar. Je nach Klarheit des Himmels und ob eventuelles Mondlicht stört, kann man bei geduldiger Beobachtung mit 5 – 10 solcher Vagabunden pro Stunde rechnen.

Sehr viel interessanter sind Meteorschauer. Diese treten alljährlich zu regelmäßigen Terminen auf, weil Partikelwolken auf ähnlichen Bahnen durch das All kreisen wie die Erde. Perspektivisch bedingt scheinen ihre Flugbahnen von einem Punkt am Himmel auszugehen, dem so genannten Radianten. Ganz selten kann ein Beobachter, der während eines Meteorschauers genau in Richtung des Radianten blickt, einen Meteor direkt von vorne sehen, wenn er als Lichtpunkt auftaucht, der rasch heller wird, um gleich darauf zu verglühen.

Ein Meteorschauer wird nach dem Sternbild benannt, in dem sein Radiant liegt: so befindet sich z. B. der Radiant der Ursiden in Ursa

Major und derjenige der Perseiden in Perseus. Ein Schauer, die Quadrantiden, ist nach einem veralteten Sternbild benannt, Quadrans Muralis. Dieser Radiant liegt in der Nordregion des heutigen Sternbildes Rinderhirte. Obwohl sich die Position eines Radianten im Verlauf eines Schauers von Tag zu Tag geringfügig verschiebt, mag sie für unsere Zwecke als fix gelten. Radiantenpositionen sind auf den Karten der jeweiligen Sternbilder angegeben.

Da die Umlaufbahnen relativ raumfest sind, erlebt die Erde jeden Meteorschauer alljährlich zur selben Zeit. Die meisten dieser Partikelströme wurden von Kometen abgeworfen, und in vielen Fällen lassen sich einzelne Schauer mit bestimmten Kometen in Verbindung bringen: beispielsweise die Orioniden mit dem Halleyschen Kometen oder die Leoniden mit dem Kometen Tempel-Tuttle. Bei den im Dezember sichtbaren Geminiden sind deren Bahnen identisch mit dem Orbit des Asteroiden Phaeton, von dem sie vermutlich stammen.

Manche Ströme sind relativ kompakt, so dass der Meteorschauer nur von kurzer Dauer ist. Viele Ströme bestehen hingegen aus Teilchen, die entweder von Kometen im Laufe etlicher Umläufe weggeschleudert oder

Vier Leoniden-Meteore, darunter eine Feuerkugel. Man beachte das „W“ von Kassiopeia, den Doppel-Sternhaufen und die Sterne von Perseus.

langfristig zerstreut wurden. Derartige Ströme sind oft diffus, so dass ihre Schauer einige Tage lang dauern. Wenn die Erde quasi in einen Strom „hineinfährt“, nimmt die Zahl der Meteore bis zu einem Peak (dem Maximum) zu, welches sich gewöhnlich an einem bestimmten Tag ereignet. Manche dieser Peaks sind extrem steilflankig, mit einem raschen Anstieg und einem ebenso steilen Abfall; einige lassen sich gar bis auf die Minute genau vorhersagen.

Länger anhaltende Ströme können besonders interessant sein, weil hier oft ein Kernbereich aus größeren Partikeln von einer diffuseren Außenzone aus kleineren Teilchen eingehüllt ist. Kleine Teilchen erzeugen lichtschwache Meteore, größere natürlich hellere. Wer also die Hel-

METEORSCHAUER

NAME	MAXIMUM	ZEITRAUM	RADIANT RA	RADIANT DEK	ZHR
Quadrantiden	Jan 04	Jan 01–06	$15^h\ 28^m$	+50°	100
Lyriden	Apr 22	Apr 19–25	18 08	+32	10
η-Aquariden	Mai 05	Apr 24–Mai 20	22 20	-01	35
δ-Aquariden	Jul 28 (zweiter Radiant)	Jul 15–Aug 20 Aug 06	22 36 22 04	-17 +02	20 10
Perseiden	Aug 12	Jul 23–Aug 20	03 04	+58	80
Pisciden	Sep 08 (dreifacher Radiant)	Sep–Okt Sep 21 Okt 13	00 36 00 24 01 44	+07 00 +14	10 5 ?
Orioniden	Okt 21	Okt 16–26	06 24	+15	25
Tauriden	Nov 03	Okt 20–Nov 30	03 44	+14	10
Leoniden	Nov 17	Nov 15–20	10 08	+22	?
Geminiden	Dez 13	Dez 07–15	07 28	+32	100
Ursiden	Dez 22	Dez 17–25	14 28	+78	10

ligkeit von Meteoren beachtet, erhält damit eine Vorstellung, wie die unterschiedlich großen Partikel im Weltraum auf Ihrer Umlaufbahn verteilt sind.

Die Häufigkeitsberechnung für Meteore ist nicht ganz einfach, da lichtschwache Meteore in Horizontnähe, wo ihr Licht von der Atmosphäre absorbiert wird, schwer erkennbar sind. Auch kann man einen lichtschwachen Meteor übersehen, wenn er am Rand des Blickfelds auftaucht, wogegen ein heller unweigerlich die Aufmerksamkeit auf sich lenkt. Zudem sind nach Mitternacht mehr Meteore sichtbar, weil sich durch die Bahngeschwindigkeit der Erde in Verbindung mit deren Rotation die relative Geschwindigkeit des Meteors und der Atmosphäre und damit die Anzahl der Begegnungen erhöht. Organisationen, die Beobachtungen von Amateuren sammeln, haben Methoden zur Korrektur dieser Effekte entwickelt und können eine stündliche Zenitrate (ZHR) berechnen, welche die Zahl angibt, die innerhalb einer Stunde von einem idealen Beobachter unter optimalen Bedingungen verzeichnet würde, wenn sich der Radiant im Zenit befände. Die in der Tabelle genannte ZHR ist daher eine idealisierte Rate. In der Praxis dürfen Sie weniger Meteore pro Stunde sowie beträchtliche Schwankungen von Jahr zu Jahr erwarten.

Die Leoniden haben normalerweise eine ZHR von etwa 15, gelegentlich aber steigert sich diese Zahl dramatisch zu einem wahren Meteorsturm. Die Leoniden werden mit dem Kometen Tempel-Tuttle assoziiert, dessen Umlaufzeit rund 33 Jahre beträgt; Leonidenstürme treten demnach in 33-jährigen Intervallen auf. Sie wurden in 1799, 1833 und 1866 beobachtet, vor allem aber in 1966, als die ZHR so extrem anstieg, dass Zählungen unmöglich wurden. Schätzungen ergaben jedoch später eine Zahl von mindestens 100 000 für rund 40 Minuten. Hohe Zahlen sind oft auch in den Jahren unmittelbar vor und nach der Hauptwiederkehr zu verzeichnen. Die Peakrate der Leoniden betrug in 1999 ungefähr 2500 – 3000 für rund 15 Minuten; in 2000 gab es ein breites Plateau von ca. 200 – 250 mit zwei schmalen, unabhängigen Peaks von ca. 300 und 500.

METEORE BEOBACHTEN

Idealerweise sind die besten Bedingungen für die Beobachtung von Meteoren gegeben, wenn sich der Radiant hoch am Himmel befindet, wir gerade Neumond haben und die Uhr kurz nach Mitternacht Ortszeit zeigt. Natürlich herrschen nur selten ideale Bedingungen, und in manchen Jahren sind selbst bedeutende Schauer nur schwer zu beobachten. Am besten wählt man einen Himmelsausschnitt weg vom Horizont, in einer Höhe von ca. 45° sowie 45° beiderseits des Radianten. Notieren Sie Uhrzeit, Schauerzugehörigkeit (oder Vagabund) sowie Helligkeit, entweder auf $0\overset{\mathrm{m}}{.}5$ geschätzt oder im Vergleich zu bestimmten Sternen im Blickfeld.

Woher weiß man, ob ein bestimmter Meteor zu einem bestimmten Schauer gehört oder nur ein Vagabund ist? Dazu müssen Sie nur die Flugrichtung des Meteors ermitteln und rückwärts verlängern. Entspringt die Spur einem runden Gebiet mit einem Radius von 4° mit dem Radianten im Zentrum, dann dürfte dieser Meteor vermutlich zu selbigem Schauer gehören. Es bedarf einiger Erfahrung, um dies korrekt zu machen, denn die strichförmigen Flugspuren sind in Wahrheit große Kreise am Himmel. Richtige Meteorfans verwenden besondere, mit einer speziellen Projektion gezeichnete Sternkarten, auf denen die Flugbahnen der Meteore als gerade Linien abgebildet sind. Leider erscheinen hier die Sternbilder stark verzerrt, so dass sich diese Karten ausschließlich zur Beobachtung von Meteoren eignen.

Leichter geht es, wenn Sie ein Stück Schnur oder einen Stock parallel zur sichtbaren Leuchtspur zum Himmel hochhalten. Dann können Sie im Geist die Flugspur nach hinten verlängern. Wenn Sie Anfang Januar beobachten und einen hellen, bläulichen Meteor sehen, der oben aus Bootes zu kommen scheint und dazu einen schwächeren rötlichen, der tiefer aus derselben Konstellation kommt, dann können Sie ziemlich sicher sein, dass der erste ein Quadrantid ist und der zweite ein Vagabund.

FEUERBÄLLE

Feuerbälle oder Boliden sind gleißende Meteore mit einer Helligkeit von $> -5^{m}$, die damit selbst heller als die Venus oder Jupiter sind. Die allerhellsten Exemplare können sogar den Mond überstrahlen oder bei Tageslicht sichtbar sein.

Beobachtungen dieser Objekte sind ausnehmend wichtig, weil sie u. U. Meteoriten hervorbringen, deren Aufschlagpunkt und somit Fundort sich bei präziser Kenntnis ihrer Flugbahn recht genau eingrenzen lässt. Notieren Sie neben der Uhrzeit auch Höhe und Azimut vom Anfangs- und Endpunkt der Leuchtspur. Große Feuerbälle produzieren mitunter ein tiefes Donnergrollen; warten Sie daher einige Minuten ab und vermerken Sie den Zeitpunkt, falls Sie irgendetwas hören. Auf diese Weise lässt sich die Entfernung zur Flugbahn berechnen.

DAS ZODIAKALLICHT

Manchmal kann man im Frühjahr bei klarem Himmel etwa 90 Minuten nach Sonnenuntergang einen schwachen Lichtkegel sehen, der vom Westhorizont senkrecht emporragt. Dies ist das Zodiakallicht, welches eigentlich eine elliptische Zone mit der Sonne als Mittelpunkt ist, deren Längsachse sich entlang der Ekliptik erstreckt. Es ist auch im Herbst rund 90 Minuten vor Sonnenaufgang am Osthorizont zu beobachten. Zu diesen Zeiten des Jahres bildet die Ekliptik den größten Winkel mit dem Horizont, und das Zodiakallicht ist am besten sichtbar. Es entsteht als Folge der Lichtstreuung durch winzige interplanetare Teilchen.

Unter besonders guten Sichtbedingungen, wie sie heutzutage meist nur noch im Hochgebirge vorkommen, erkennt man mitunter direkt der Sonne gegenüber ein schwaches Leuchten am Himmel. Dies ist der Gegenschein, welcher ebenfalls durch Lichtstreuung an interplanetaren

Bei dieser Aufnahme kam ein spezieller Rotationsverschluss zum Einsatz, um die Leuchtspur dieses grellen, explodierenden Feuerballs oder Boliden zu unterteilen, so dass seine Geschwindigkeit ermittelt werden konnte.

Teilchen entsteht, diesmal jedoch an solchen, die sich außerhalb der Erdumlaufbahn befinden. In den extrem seltenen Nächten, wo es absolut dunkel ist und perfekte Sichtbedingungen herrschen, können Menschen mit hervorragenden Augen ein äußerst schwaches Lichtband ausmachen, das parallel zur Ekliptik verläuft und den Gegenschein mit dem Zodiakallicht verbindet.

Das schwache Zodiakallicht in einer Langzeitbelichtung, bei der die Sternspuren infolge kleiner Vibrationen im Antrieb des Teleskops als zittrige Linien abgebildet wurden.

KOMETEN

Richtig helle Kometen wie Hale-Bopp, der im Frühjahr 1997 über lange Zeit hin für jeden sichtbar war, sind sehr rar. Höchstens ein- bis zweimal pro Jahrhundert ist mit solch einem Ereignis zu rechnen. Allerdings sind zu jeder Zeit meist mehrere Kometen am Himmel, von denen freilich die meisten zu lichtschwach sind, um sie mit bloßem Auge betrachten zu können.

Die Mehrzahl aller Kometen kreist auf extrem ellipsenförmigen Bahnen um die Sonne mit Umlaufzeiten, die auf Jahrhunderte oder gar Jahrtausende berechnet wurden. Manche Kometenbahnen ähneln einer offenen Parabel oder Hyperbel; solche Kometen kehren auch tatsächlich nie mehr ins innere Sonnensystem zurück. Etwas willkürlich werden Kometen mit einer Umlaufzeit von weniger als 200 Jahren als „periodisch" bezeichnet. Von diesen ist allerdings nur der Halleysche Komet (seine Umlaufzeit beträgt rund 76 Jahre) normalerweise hell genug, um bei jeder Wiederkehr mühelos sichtbar zu sein.

Im Unterschied zu den Planeten haben Kometenbahnen eine zufällige Ausrichtung im All. Als Folge davon können nichtperiodische Kometen jederzeit irgendwo am Himmel auftauchen. Aufgrund dieser zufälligen Orientierungen können Kometen über den gesamten Himmel ziehen, oder sich längere Zeit in der einen oder anderen Hemisphäre aufhalten wie Hale-Bopp, der über Wochen ein beeindruckendes Bild bot.

Kometen werden anschaulich als „schmutzige Schneebälle" beschrieben – Himmelskörper aus Eis und Staub von nur wenigen Kilometern

Der Komet Hyakutake von 1996 hatte einen geraden Schweif aus blauem Gas und eine den unsichtbaren Kern umgebende sphärische Koma.

Der Komet Hale-Bopp, der 1997 für zwei Monate beobachtet werden konnte, zeigte zwei unabhängige Schweife: einen blauen Gasschweif und einen gelblichen Staubschweif.

Durchmesser. Wenn sich ein Komet der Sonne nähert, sublimiert das Eis – d. h. es wird gasförmig ohne Übergangsphase –, wobei aus dem Kometenkern Ströme aus Gas und Staub entweichen.

Die herausgelöste Materie bildet eine annähernd kugelförmige Zone um den Kometen, die in der Mitte am hellsten ist und zum Rand hin dunkler und diffuser wird. Diese Region wird als Koma bezeichnet und ist bei allen Kometen sichtbar. Im Gegensatz zu dem klitzekleinen Kometenkern misst die Koma in der Regel viele tausend Kilometer im Durchmesser. In Ferngläsern oder Kleinteleskopen erscheint sie normalerweise als konturloser, verwaschener Fleck am Himmel. Bei manchen Kometen sind die Ströme aus Gas und Staub besonders hell, wodurch der Kern im Inneren der Koma zu einem strahlenden Lichtpunkt wird.

Der Schweif ist meist der auffälligste und vielgestaltigste Teil eines Kometen. Wenn sich ein Komet der Sonne nähert, werden aufgrund der zunehmenden Hitze immer mehr Gas- und Staubpartikel freigesetzt. Diese werden vom Sonnenwind – einem unablässigen Strom aus geladenen Teilchen von der Sonne – weggetragen und bilden den Schweif. Da diese vom Sonnenwind gelenkt werden, zeigt der Schweif stets von der Sonne weg und eilt dem Kometen auf dessen Weiterreise in die Tiefen des Alls nach seinem Perihel sogar voraus.

Manche Kometen haben überhaupt keinen oder bestenfalls einen äußerst schwach ausgeprägten Schweif. Ein berühmtes Beispiel hierfür ist der Komet IRAS-Araki-Alcock, welcher der Erde 1983 extrem nahe kam und nur wie ein verschwommener, runder Fleck von rund 2° Durchmesser aussah, während er über den Himmel der nördlichen Hemisphäre raste. Andere Kometen können einen oder mehrere Schweiftypen aufweisen. So zeigte beispielsweise der Komet Hyakutake 1996 einen einzelnen geraden, blauen Gasschweif. Solche Gasschweife werden durch den Sonnenwind und das Magnetfeld der Sonne gelenkt und sind in der Regel gerade; allerdings können Änderungen des Magnetfelds Knicke hervorrufen, die parallel zum Schweif „mitreisen".

Einige Kometen haben nur einen Staubschweif. Obgleich dieser in vielen Fällen nur eine kleine Verlängerung der Koma darstellt, sind manche weitaus auffälliger als Gasschweife. Helle Exemplare zeigen in der Regel eine gelbliche Färbung, die im Prinzip der Farbe des Sonnenlichts entspricht, das von den winzigen Staubpartikeln im Schweif reflektiert wird. Je nachdem, wie Erde, Sonne und Komet zueinander positioniert sind, können Staubschweife als breite, gebogene Fächer oder nur als relativ gerade Streifen erscheinen. Die Staubpartikel bilden eine dünne Schicht, die auf der Bahn des Kometen liegt. Ab und zu kann unsere Sichtlinie durch einen Teil des Schweifs passieren, was dem Kometen einen sonnenwärts gerichteten „Stachel" (Gegenschweif) verleiht.

Neben einer strahlend hellen Koma zeigte der Komet Ikeya-Zhang im Jahr 2002 markante blaue Strahlen in seinem Schweif.

Viele Kometen besitzen beide Schweiftypen, und obwohl die Farben mit bloßem Auge oftmals schwierig zu erkennen sind, fangen Fotos (wie jene von Hale-Bopp) häufig den markanten Unterschied zwischen Gas- und Staubschweifen ein. Ersterer ist gewöhnlich der schmälere und kann bei manchen Kometen doppelt auftreten. Gelegentlich sind auch mehrfache Staubschweife zu beobachten.

Neben dem Winkel, unter dem wir einen Kometenschweif sehen, hängt dessen Größe auch in hohem Maß von der Aktivität des Kometen ab. Kometen, die sich zum ersten Mal der Sonne nähern, sind meistens aktiver und haben auffälligere Schweife, wogegen periodische Kometen, die viele Umläufe vollendet haben, einen Großteil ihrer flüchtigen Eismassen verlieren und relativ untätig sind oder schließlich sogar erlöschen. Manche Kometen brechen in einzelne Trümmer auseinander, wodurch ganze Kometenfamilien entstehen, die auf ähnlichen Bahnen um die Sonne kreisen.

Die einzelnen, von Kometen abgeworfenen Staubpartikel folgen ähnlichen Bahnen wie ihre Mutterkometen. Wenn die Erde auf einen relativ kompakten Staubstrom trifft, ist ein Meteorschauer die Folge. Im Laufe der Zeit werden die Teilchen jedoch zu weit verstreut, als dass man sie noch irgendeinem bestimmten Kometen zuordnen könnte. Dies ist der Ursprung der allermeisten sporadischen Meteore, die in jeder klaren Nacht zu beobachten sind sowie auch der winzigen Partikel, die das Sonnenlicht streuen und das Zodiakallicht hervorrufen.

Die Schwankungen in der Aktivität eines Kometenkerns sind der Hauptgrund, warum exakte Voraussagen prinzipiell schwierig zu treffen sind, welche Helligkeit ein Komet vermutlich erreicht und ob sein Schweif auch schön ausgeprägt sein wird. Selbst für intensiv studierte Kometen sollten jegliche Prognosen zu ihrer wahrscheinlichen Helligkeit mit Vorsicht genossen werden.

Äußerst schwierig gestaltet sich auch die tatsächliche Helligkeitsschätzung eines Kometen, denn im Unterschied zu einem Stern handelt es sich bei diesem um ein ausgedehntes Objekt. Prognostizierte Helligkeiten basieren normalerweise auf einer über die gesamte Koma gemittelten Helligkeit. Erfahrene Beobachter können recht genaue Schätzungen vornehmen: hierbei werden im Teleskop Vergleichssterne absichtlich unscharf eingestellt, bis sie dem ausgefransten Rand der Koma ähneln; jedoch ist mit visuellen Methoden nur eine Genauigkeit von bestenfalls $0^{m}\!,5$ möglich.

BEOBACHTUNG VON KOMETEN

Die meisten Handbücher und astronomischen Jahrbücher enthalten Ephemeriden (vorausgesagte Positionen) für die hellsten periodischen Kometen. Allerdings ist der größte Teil davon zu lichtschwach, um mit einem Kleinteleskop oder Fernglas sichtbar zu sein. Helle, nichtperiodische Kometen kommen ohne jede Vorwarnung, jedoch kann man sich in den diversen astronomischen Fachblättern über Einzelheiten informieren, und die spektakulärsten – oder solche, die es angeblich werden sollen – können durchaus den Sprung in die Nachrichten schaffen.

Für die Beobachtung eignet sich jede Ausrüstung, doch oftmals lässt sich die Ausdehnung des Schweifs mit bloßem Auge oder einem Fernglas leichter ermitteln als mit einem Teleskop. Achten Sie darauf, dass Ihre Augen richtig an die Dunkelheit angepasst sind, und denken Sie daran, dass es auch hilfreich sein kann, wenn man bewusst vorbeischaut. Der Versuch lohnt sich, ein paar Fotos zu schießen. Damit wird sowohl die tatsächliche Position des Kopfs festgehalten als auch der Schweif oder ein Teil seiner Struktur abgebildet, wenn dieser für das unbewaffnete Auge zu lichtschwach ist. Für diese Arbeit sind lichtstarke Weitwinkel-Objektive erforderlich, wogegen man ein Teleskop benötigt, um Details der Koma abzulichten. Für optimale Ergebnisse sollte die Ausrüstung eine automatische Nachführung besitzen, um der Bewegung des Kometen zu folgen. Bei kurzen Brennweiten genügt es, die Nachführung auf die Sterne abzustimmen.

Einige Hobbyastronomen widmen sich der Suche nach Kometen; es erfordert jedoch eine immense Portion Geduld, die Sternbilder und möglicherweise verwirrende Objekte wie Sternhaufen und Galaxien über einen weit gespannten Bereich des Himmels zu lernen. Für solche Arbeiten verwendet man starke Ferngläser mit großem Gesichtsfeld oder kurzbrennweitige Teleskope, und die Suche konzentriert sich oft auf die unmittelbare Umgebung der Sonne (Dämmerung), wo ein Komet, ohne entdeckt zu werden, Sonne und Erde sehr nahe kommen kann.

SIEHE AUCH
Indirektes Sehen (S.135)
Dunkelanpassung (S. 8)
Meteore (S.116)
Zodiakallicht (S.120)

STERNE

R Leporis (ein langperiodischer Veränderlicher) ist eine tiefroter Stern.

Für das ungeschulte Auge sind Sterne nichts weiter als Lichtpunkte am Himmel. So ziemlich das einzige, was dem flüchtigen Betrachter auffällt, ist die Tatsache, dass sie nicht gleich hell sind und ein paar von ihnen unterschiedliche Farben zeigen. Tatsächlich gibt es viele verschiedene Typen von Sternen in verschiedenen Farben, in den unterschiedlichsten Größenklassen und die einzeln, paarweise oder als Mehrfachsterne sowie in diversen Haufenformen vorkommen. Einige weisen merkliche Helligkeitsschwankungen auf.

Die Farben von Sternen stehen in einem direkten Zusammenhang mit ihrer Oberflächentemperatur, diese wird in Grad Kelvin (K) gemessen. Auf den heißesten, blau-weißen Sternen herrschen enorme Temperaturen von bis zu 50 000 K; weiße Sterne wie die Wega sind etwa 10 000 K heiß; gelbe Sterne wie unsere Sonne haben eine Temperatur von ca. 6000 K und die kühlsten, dunkelroten Sterne bringen es immerhin auf 2500 – 3000 K. In der Tabelle finden sich die Temperaturen einiger bekannter Sterne.

STERNFARBEN UND TEMPERATUREN		
Rigel	blauweiß	11 550 K
Wega	weiß	9960 K
Sonne	gelb	5800 K
Arktur	orange	4420 K
Beteigeuze	rot	3450 K

Sterne zeigen auch ganz enorme Unterschiede hinsichtlich ihrer physikalischen Größe. Aus historischen Gründen werden sie in Zwerge (wie die Sonne), Riesen und Überriesen eingeteilt. Die Sonne ist ein Stern mittlerer Größe von rund 1,4 Mio. km Durchmesser. Riesen sind etwa zehnmal so groß, und Überriesen erreichen gar den tausendfachen Sonnendurchmesser. In den Tabellen sind einige gut sichtbare Riesen und Überriesen aufgelistet. Am anderen Ende der Skala finden sich Weiße, Rote und Braune Zwerge, deren Durchmesser lediglich einige tausend Kilometer beträgt.

ÜBERRIESENSTERNE			
α Aquarii	β Aquarii	η Aquilae	ζ Aurigae
α Camelopardalis	δ Cephei	α Cygni	μ Cephei
R Coronae Borealis	ζ Geminorum	α Herculis	α Orionis
β Orionis	ϵ Pegasi	α Scorpii	α Ursae Minoris

SIEHE AUCH
Planetarische Nebel (S.139)

Keiner von diesen Ministernen und schon gar nicht die noch kleineren Neutronensterne (20 – 30 km Durchmesser) sind mit Hobbygeräten sichtbar. Allerdings sind auf manchen Digitalbildern, die mit großen Amateurteleskopen geschossen wurden, selbst die Weißen Zwerge im Zentrum bestimmter Planetarischer Nebel erkennbar.

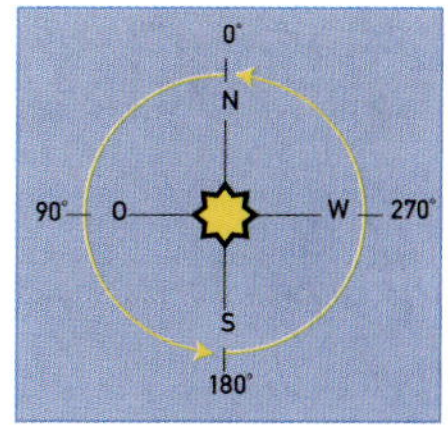

Positionswinkel

RIESENSTERNE			
α Aurigae	W Boötis	β Cancri	ι Cancri
α Ceti	o Ceti	ν Coronae Borealis	η Geminorum
ν Geminorum	α Hydrae	R Hydrae	U Hydrae
ζ Leonis	α Lyncis	δ^2 Lyrae	π Pegasi
94 Piscium	α Tauri	γ Ursae Minoris	α Vulpeculae

DOPPEL- UND MEHRFACHSTERNE

Viele Sterne, die mit bloßem Auge oder in bescheidenen Instrumenten als einzelne Lichtpunkte erscheinen, stellen sich als Doppel- oder gar Mehrfachsterne heraus, sobald man sie durch größere Teleskope unter höherer Vergrößerung betrachtet.

Manchmal sind zwei Sterne sehr weit voneinander entfernt und liegen nur zufällig auf derselben Sichtachse. Solche Objekte heißen optische Doppelsterne. In vielen Fällen aber sind die Sterne tatsächlich durch gravitative Anziehung verbunden und kreisen um ein gemeinsames Massezentrum; solche bezeichnet man als physikalische Doppelsterne. Die relativen Positionen der Sterne am Himmel verändern sich indes extrem langsam und selbst nach jahrelanger Beobachtung wären nur die vernarrtesten und erfahrensten Sterngucker in der Lage, mit Hilfe starker Instrumente irgendwelche Veränderungen zu entdecken.

Man kennt durch Gravitationskräfte verbundene Mehrfachsterne mit drei, vier, fünf oder noch mehr Sternen. In binären Systemen gilt der hellere Stern immer als Primär- und der schwächere als Sekundärkomponente. Alternativ dazu kann man die Sterne auch mit A und B bezeichnen. Für Mehrfachsysteme wird die Buchstabensequenz entsprechend fortgesetzt. Die Positionen der Sekundär- oder anderer Komponenten relativ zum Primärstern werden durch den Positionswinkel angegeben, welcher in Grad von Nord über Ost, Süd und West gemessen wird, sowie durch den Abstand (gewöhnlich in Bogensekunden). Sehr enge Doppelsterne können nur durch spektroskopische Methoden entlarvt werden.

Gamma Leporis ist ein weites Doppelsternsystem, dessen Komponenten auffallend verschieden gefärbt sind.

VERÄNDERLICHE STERNE

Veränderliche Sterne zählen zu den faszinierendsten Himmelskörpern. Ihr Studium ist ein Gebiet, auf dem Amateure mit Instrumenten jeder Größenklasse – selbst mit einem schwachen Fernglas – einen wissenschaftlichen Beitrag leisten können, weshalb es sich lohnt, an dieser Stelle näher darauf einzugehen. Es gibt jedoch so viele Typen von Veränderlichen, dass wir hier nur einige wenige vorstellen können.

Bei manchen Veränderlichen variiert die Helligkeit über einen Zeitraum von vielen Jahren, bei anderen binnen Tagen, und wieder andere pulsieren so schnell, dass es das Auge nicht mehr wahrnimmt. Manche (darunter einige mit dem Fernglas sichtbare Sterne) schwanken gleich um mehrere Helligkeiten und sind somit leicht zu entdecken, wogegen andere so minimale Schwankungen aufweisen, dass sie nur von den hochempfindlichen Detektoren professioneller Riesenteleskope registriert werden können. Supernovae, die als Veränderliche klassifiziert werden, sind gigantische Sternexplosionen, bei denen der gesamte Stern auseinander gerissen wird, und wo für kurze Zeit ein einzelner Stern seine gesamte Muttergalaxie überstrahlen kann.

BEDECKUNGSVERÄNDERLICHE

Es gibt zwei Hauptklassen von veränderlichen Sternen, und wir wollen mit denjenigen Sternen beginnen, deren Helligkeitsschwankungen großenteils durch mechanische Ursachen hervorgerufen werden, und zwar meist durch die Bahnbewegungen in Zwillingssystemen. Am häufigsten sind Bedeckungsveränderliche, also Doppelsterne, deren Bahnebene mehr oder weniger mit unserer Sichtlinie zusammenfällt. Da sich die beiden Sterne umkreisen, schiebt sich regelmäßig einer vor den anderen, was einen Helligkeitsabfall in der gemeinsamen Lichtstärke des Paars bewirkt. Der berühmteste Vertreter solcher Systeme ist Algol (β Persei), wo der schwächere Sekundärstern alle 2,87 Tage vor dem helleren Primärstern vorüberzieht.

Je nach der relativen Größe der Sterne, ihrem Abstand zueinander und der Bahnneigung kann auch der hellere Stern den schwächeren Sekundärstern bedecken und dadurch einen kleinen Abfall in der Gesamthelligkeit bewirken. Diese Sekundärminima treten nicht in jedem bedeckungsveränderlichen System auf und sind mitunter zu schwach für eine eindeutige Wahrnehmung.

In einem Algol-typischen System haben die Komponenten einen recht großen Abstand, und die Sterne sind meist sphärisch. Dies produziert Bedeckungen, die relativ abrupt beginnen und enden. Wenn der Sekundärstern den primären vollständig bedeckt, weist das Minimum einen flachen Boden auf, während dem die Helligkeit konstant bleibt.

Viele andere bedeckungsveränderliche Doppelsterne haben indes einen so geringen Abstand, dass die beiden Komponenten durch Gravitationskräfte verzerrt werden und nicht länger sphärisch sind. Sie besitzen auf Äquatorhöhe einen Wulst, der zum jeweiligen Begleiter hinüberzeigt. Eine kurze Überlegung wird zeigen, dass sich, während die zwei Sterne um ihr gemeinsames Schwerezentrum kreisen, die sichtbare Oberfläche fortlaufend ändert, weshalb die Helligkeit selbst außerhalb von Bedeckungen schwankt. Zwar finden sowohl Primär- als auch Sekundärbedeckungen statt, doch zeigen sie einen sanfteren Anstieg und Abfall als Systeme des Algoltyps. Ein Paradebeispiel für diese Klasse von Veränderlichen ist β Lyrae, bei dem alle 12 Tage und 22 Stunden ein Primärminimum auftritt und jeweils eine halbe Umlaufperiode später ein ausgeprägtes Sekundärminimum folgt.

Der Komet Hale-Bopp und Perseus. Der berühmte Veränderliche, Algol (β Persei), ist der helle Stern links oberhalb (nordöstlich) vom Kopf des Kometen. Der orangefarbene Stern südöstlich von Algol ist ρ Persei, ein halbregelmäßiger Veränderlicher.

Es gibt eine weitere Klasse, bei der die Sterne nur einen extrem geringen Abstand haben – in der Tat teilen sie sich eine gemeinsame äußere Hülle – und ungefähr gleich groß sind. Von stetigen Schwankungen abgesehen, sind die Primär- und Sekundärminima hier von annähernd gleicher Intensität. Solche Sterne werden im Allgemeinen mit Hilfe fotoelektrischer Methoden studiert. Der Prototyp hierfür ist W Ursae Majoris mit einer Periode von etwa 0,3336 Tagen.

Physikalisch Veränderliche

Die physikalisch Veränderlichen bilden die zweite große Gruppe. Hier beruhen die Helligkeitsschwankungen auf dem Umstand, dass sich die Leuchtkraft eines Sterns tatsächlich ändert. Es gibt diverse Mechanismen, durch welche so etwas entstehen kann, und so werden physikalisch Veränderliche grob in Eruptive, Pulsierende und Kataklysmische Veränderliche unterteilt.

Eruptive Veränderliche

Viele der unter dieser Überschrift zusammengefassten Veränderlichen sind noch junge Sterne, die unregelmäßige Abweichungen mit sehr geringen Amplituden zeigen, die mit optischen Mitteln nur schwer zu studieren sind. Bei anderen handelt es sich um Flare-Sterne, auf denen sich unvermittelt Ausbrüche ereignen, die höchstens einige Minuten dauern. Es gibt jedoch eine Klasse, die R Coronae Borealis-Veränderlichen, die überaus bedeutend ist. Diese Sterne sind dem Wesen nach pulsierende Überriesen, allerdings ist dieses Pulsieren nicht ihr vorrangiges Kennzeichen. In völlig unvorhersehbaren Abständen nimmt die Helligkeit der Sterne dramatisch ab, da das Licht von einer in der Nähe des Sterns befindlichen Wolke aus Kohlenstoffteilchen verschluckt wird. Dieser Schwund beträgt je nach Stern $1 - 9^{m}$ und kann einige Wochen bis mehrere Jahre anhalten. Hobbyastronomen leisten einen wichtigen Beitrag, indem sie diese Sterne unter Beobachtung halten und eine Alarmmeldung verbreiten, sobald sie zu verblassen beginnen. Auf diese Weise werden die professionellen Astronomen informiert, die sie dann mit großen Teleskopen und modernsten Geräten untersuchen können.

Pulsierende Veränderliche

Zahlreiche Sterne ändern stetig ihre Leuchtkraft, weil sie pulsieren, d. h. sich aufblähen und schrumpfen wie riesige Ballons. Die wichtigste Klasse sind hier die Cepheiden-Veränderlichen, so benannt nach δ Cephei. Diese Sterne sind extrem leuchtstarke Überriesen, die in fernen Galaxien entdeckt werden und als Entfernungsindikatoren dienen können: ein wesentlicher Schritt zur Entfernungsbestimmung im Universum. Es gibt mehrere verwandte Klassen, und der Polarstern, α Ursae Minoris, zeigt ähnliche Schwankungen, aber mit einer geringeren Amplitude, die optisch nicht zu erkennen ist.

Die langperiodischen Veränderlichen gehören mit zu den interessantesten Sternen, und ihre Beobachtung lohnt sich wirklich. Viele zeigen große Amplituden ($2^{m}\!,5 - 10^{m}$.), so dass ihre Schwankungen leicht zu entdecken sind. Es sind Rote Riesen, deren Periode zwischen 100 und 1000 Tagen beträgt. Anders als bei den Cepheiden zeigen diese Sterne Abweichungen sowohl in der Helligkeit als auch in ihren Perioden. Im langfristigen Durchschnitt bleiben diese indes konstant, wobei eine typische Periode zwischen 300 Tagen und einem Jahr dauert. Dies ist der Fall bei Mira, dem typischen Vertreter, auch bekannt unter dem Namen

SIEHE AUCH
Doppelsterne
(S. 127)

o Ceti. Er war der erste veränderliche Stern, der überhaupt entdeckt wurde, und zwar 1638 von Holwarda, als dieser feststellte, dass die Helligkeit des Sterns mit einer Periode von 330 Tagen auf- und abschwoll.

Semireguläre Veränderliche ähneln den langperiodischen in dem Punkt, dass sie Rote Riesen und Überriesen sind. Obwohl sie Phasen der Periodizität aufweisen und man, über einen langen Zeitraum gemittelt, Durchschnittsperioden erhält, zeigen sie dennoch Unregelmäßigkeiten. Viele sind hell und ihr nur teilweise vorhersehbares Verhalten macht sie zu idealen Objekten für Hobbyastronomen. V465 Cas und W Cyg sind typische Beispiele. Es gibt diverse Unterklassen, die hier nicht eingehend beschrieben werden können.

Eine gewisse Ähnlichkeit zu den Semiregulären weisen die RV-Tauri-Sternen auf. Diese zeigen häufig alternierende Primär- und Sekundärminima, die auch gelegentlich die Plätze tauschen. Mit einer Durchschnittsperiode von 146,5 Tagen ist R Scuti ein hervorragendes Beispiel für die Unterklasse RVa. Eine zweite Unterklasse (RVb) zeigt eine überlagerte, längere Sekundärperiode, die sowohl Maxima als auch Minima beeinflusst. RV Tauri selbst gehört zu diesem zweiten Typus, in kleinen Instrumenten aber ziemlich lichtschwach.

Vergleichssterne für o Ceti (Mira)

A = α Ari	2,2	J = ξ^2 Cet	4,4	S	6,4
B = β Cet	2,4	K = μ Cet	4,6	T	6,7
C = α Cet	2,7	L = λ Cet	4,9	U	7,3
D = β Ari	3,0	M = ν Cet	5,1	W	8,0
E = γ Cet	3,6	N = 75 Cet	5,4	X	8,6
F = α Psc	3,8	P = 70 Cet	5,5	Y	8,8
G = δ Cet	4,1	Q	5,7	Z	9,2
H = ξ^1 Cet	4,3	R	6,1	AA	10,0

LINKS UNTEN: Übersichtskarte für Mira
RECHTS UNTEN: Detailkarte für Mira.

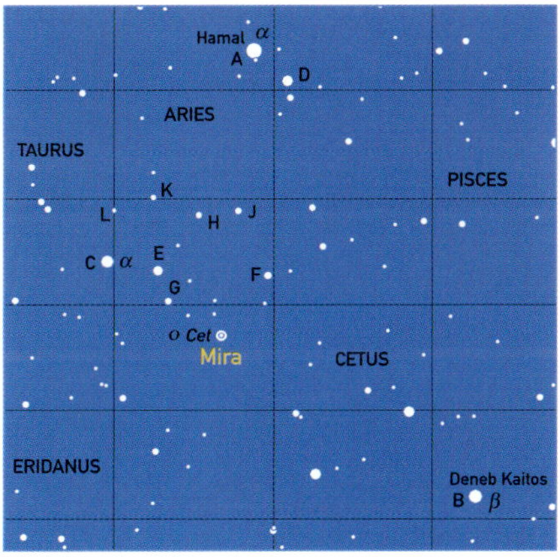

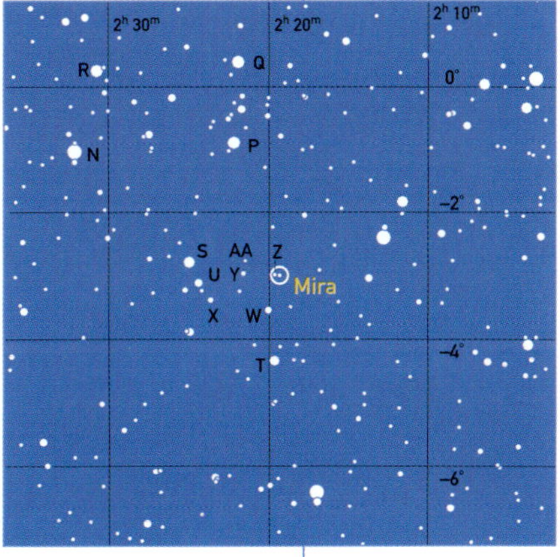

Corona Borealis mit R CrB im Maximum. Der Stern und seine Vergleichssterne lassen sich anhand der Karte und Referenzsterne auf S.174 – 175 bestimmen.

Kataklysmische Veränderliche

Eine weitere, äußerst vielgestaltige Gruppe veränderlicher Sterne zeigt plötzliche Helligkeitsausbrüche. Bei den meisten handelt es sich um Doppelsterne, wo die Eruptionen von dem Materieaustausch zwischen den beiden Komponenten herrühren. Leider sind mit Ausnahme von Novae und Supernovae die meisten dieser Sterne zu schwach für eine Beobachtung mit kleinen Instrumenten. Einer Klasse, den Zwergnovae oder U Geminorum-Sternen, widmen sich zwar erfahrene Hobbyastronomen intensiv, doch der hellste, SS Cygni, hat normalerweise eine Helligkeit von $12\overset{m}{,}4$ und erreicht während eines Ausbruchs höchtens $7\overset{m}{,}7$. Eine verwandte Klasse von Sternen, die symbiotischen oder Z Andromedae-Sterne, sind Binärsysteme, welche aus einem sehr heißen und einem kühlen Stern bestehen. Ihr hellster Vertreter, CH Cygni, ist schon im Fernglas ohne weiteres zu erkennen und zeigt gelegentliche lang anhaltende Ausbrüche.

Novae

Novae sind Doppelsternsysteme, bei denen der eine Stern Materie abstößt, die auf die Oberfläche des anderen (eines Weißen Zwergs) stürzt. Schließlich erreicht die Wasserstoffhülle des Weißen Zwergs eine so hohe Dichte und Temperatur, dass eines guten Moments die Kernfusion einsetzt, was den plötzlichen Ausbruch bewirkt. Hierdurch nimmt die Helligkeit des Sterns rasch zu und steigert sich binnen weniger Tage typischerweise zu einem um 7 – 11 Magnituden größeren Wert. (Der Rekord beträgt 19^{m} für die Nova Cygni 1975.) Leider treten derartige Novaexplosionen völlig unvorhersehbar auf; niemand weiß, wo oder wann sich eine Beobachtung empfiehlt. Manche eifrigen Hobbyastronomen halten beharrlich nach Novae Ausschau, teilweise mit beachtlichem Erfolg; allerdings erfordert eine solche Arbeit eine beträchtliche Erfahrung.

Nach ihrer Entdeckung sind Novae Gegenstand intensiver Beobachtung sowohl durch Profi- wie Hobbyastronomen, wobei Letztere oftmals alte Novae wegen ihres späteren Verhaltens weiter beobachten. Novae werden in drei Klassen unterteilt: Schnelle Novae mit einem raschen Anstieg und einem schnellen Abklingen, bei denen die Helligkeit innerhalb von 100 Tagen oder weniger um 3^m zurückgeht; Träge Novae, bei denen das Abklingen ab dem Maximum um 3^m mindestens 150 Tage dauert, und die oft eine charakteristische „Delle" und Erholungsphase im Verlauf ihres Erlöschens zeigen; und schließlich superträge Novae mit einem sehr langsamen Anstieg, der sich über etwa ein Jahrzehnt erstreckt, und einem extrem langsamen Abklingen. Ein solches Objekt, bei dem 1870 ein Ausbruch stattfand (AG Peg), kann bereits mit einem Fernglas beobachtet werden.

SIEHE AUCH
Doppelsterne (S.127)
Überreste einer Supernova (S. 140)

Supernovae

Wie bei den Novae, so sind auch Supernova-Explosionen, die einen Anstieg um 20^m oder mehr verursachen und in deren Verlauf der Stern vollständig zerstört wird, unmöglich vorhersagbar.

Es gibt zwei Arten von Supernovae: Beim Typ I verbrennt im Weißen Zwerg eines Binärsystems explosionsartig Kohlenstoff , was diesen Stern vollständig zerstört und das Doppelgefüge auseinander reißen kann; beim Typ II, einem Einzelstern von mindestens der zehnfachen Sonnenmasse, gehen irgendwann die nuklearen Brennstoffvorräte zur Neige. Als Folge davon kollabiert sein Kern, die äußeren Schichten der stellaren Materie stürzen anfangs Richtung Zentrum, werden dann jedoch mit unvorstellbarer Gewalt zurückgeworfen und in den Weltraum geschleudert. Supernova-Explosionen sind in unserer Milchstraße selten zu sehen, weil der Staub in der galaktischen Ebene viele von Ihnen verdeckt; in anderen Galaxien kann man sie dagegen recht häufig beobachten. Die letzte helle Supernova (vom Typ II) wurde 1987 in der Großen Magellanschen Wolke beobachtet.

Leidenschaftliche Amateure widmen sich gezielt der Suche nach Supernovae. In der Vergangenheit war für visuelle Suchen viel Geduld erforderlich, doch seit dem Aufkommen erschwinglicher Digitalkameras haben Hobbyastronomen schon eine respektable Anzahl von Erfolgen verbuchen können. Wie die Novae, so sind auch diese Sterne für Astronomieprofis ein höchst interessantes Gebiet, weshalb eine frühe Benachrichtigung über ein solches Ereignis extrem wertvoll ist.

VERÄNDERLICHE STERNE BEOBACHTEN

Einen Stern zu überwachen, um zu sehen, ob er seine Helligkeit ändert, klingt vielleicht etwas langweilig, doch sobald man die ersten Schwankungen entdeckt hat, kann dies zu einer faszinierenden Beschäftigung geraten. Wer einen Stern wie ein Leuchtfeuer strahlen sieht, nachdem er wochenlang nur schwach geleuchtet hat, oder wer umgekehrt R Coronae Borealis über Monate hinweg mit maximaler Leuchtkraft beobachtet hat und nun plötzlich feststellen muss, dass er vollkommen verschwunden ist, erlebt dies als schockierend und aufregend zugleich.

Um Änderungen in der Helligkeit eines Sterns zu entdecken, muss man diesen mit Referenzsternen von bekannter (konstanter) Helligkeit in der Nähe vergleichen. Zur Vermeidung von Irrtümern benützen Organisationen, die sich mit veränderlichen Sternen beschäftigen, eine spezielle Referenztabelle für jeden Veränderlichen, in der die Vergleichssterne aufgeführt sind (die so genannte Sequenz), die es zu verwenden gilt. Eine Reihe solcher Tabellen sind hier und in den Beschreibungen der einzelnen Sternbilder abgebildet.

Es gibt unterschiedliche Schätzmethoden, aber die für Anfänger einfachste ist das so genannte „Bruchverfahren". Hierbei wird zunächst bestimmt, welches Referenzsternpaar den Veränderlichen in seiner Helligkeit eingrenzt und danach das Verhältnis zwischen den Helligkeitsstufen geschätzt: 1:1 (genau dazwischen), 1:2, 1:3, 1:4, 2:3, 2:1 usw. Dies wird sodann als „A(1)V(1)B", „A(1)V(2)B"

Vergleichssterne for R Sct:

A = λ Aql	3,41	E = 14 Aql	5,41	K	7,56
B = α Sct	4,05	F	6,23	L	8,00
C = β Sct	4,40	G	6,50	M	8,31
D = η Sct	4,99	H	7,07	N	8,62

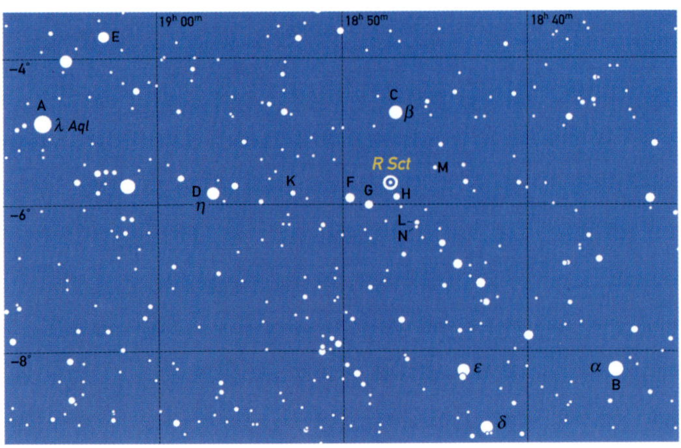

Vergleichskarte für R Sct

usw. notiert, wobei „A“ der hellere Stern ist, „B“ der schwächere und „V“ der Veränderliche ist. Halten Sie diese Informationen mitsamt Datum und Uhrzeit (auf die Minute genau) fest. Zu einem späteren Zeitpunkt können Sie dann anhand der bekannten Helligkeiten der Vergleichssterne die tatsächliche Helligkeit des Veränderlichen berechnen.

Achten Sie unbedingt darauf, stets die Referenzsterne mit zu notieren, anstatt die Helligkeit direkt zu schätzen und nur diese festzuhalten. Anhand von Vergleichsdetails kann man die Beobachtung später immer noch korrigieren, falls ein Fehler bei einer Schätzung entdeckt wird oder sich ein Vergleichsstern selber als ein unerwarteter Veränderlicher herausstellt – vielleicht ein bedeckungsveränderlicher Doppelstern mit einer extrem langen Periode.

Diese Methode ist erstaunlich präzise und selbst Einsteiger beherrschen schon nach kurzer Zeit Schätzungen, die auf $0^{m}_{,}1$ – $0^{m}_{,}2$ genau sind. Die Genauigkeit wird beeinflusst durch die Farbe eines Sterns, insbesondere bei roten Sternen, die allmählich immer heller erscheinen, je länger man sie ansieht.

Ein Trick zur Beobachtung lichtschwacher Sterne (und anderer Objekte wie Nebel und Galaxien) besteht im indirekten Sehen. Sehen Sie den Stern nicht direkt an. Blicken Sie stattdessen an einer Seite leicht vorbei, dann ist er auf einmal gut erkennbar. Das funktioniert, weil die Zone rings um das Zentrum unserer Netzhaut lichtempfindlicher ist.

DAS JULIANISCHE DATUM

Um Probleme zu vermeiden, die unser bürgerlicher Kalender aufwirft, aber auch um die Berechnung der Perioden veränderlicher Sterne zu erleichtern und Prognosen herleiten zu können, verwenden Beobachter solcher Himmelsobjekte ein Datierungssystem, das als Julianisches Datum bekannt ist. Dabei handelt es sich um eine fortlaufende Zahlenreihe ab dem 1. Januar 4713 v. Chr., das so gewählt wurde, um alle nur denkbaren Beobachtungen zu datieren. Zu beachten gilt es jedoch, dass das Julianische Datum ab 12:00 UT (Mittag) gerechnet wird, nicht ab Mitternacht. Jahrbücher beinhalten gewöhnlich eine Julianische Datentabelle für jeden ersten Tag eines Monats. Das bedeutet, dass man bei einer Beobachtung nach 12:00 UT am Monatsersten eine 1 zu der angegebenen Zahl addiert, am fünften Tag eine 5 usw. Das JD für den 1. Januar 2002 beispielsweise lautet 2 452 276.

Dementsprechend verwenden Beobachter veränderlicher Sterne auch Dezimaltage und rechnen die Stunden und Minuten in einen Dezimalbruch um. Nun braucht man für die Periodenberechnung zwischen Minima oder Maxima nur noch ein Datum vom anderen abziehen.

STERNHAUFEN

Abgesehen von Doppel- und Mehrfachsystemen treten Sterne auch in Haufen auf. Es gibt zwei Grundtypen: Offene und Kugelsternhaufen, mit jeweils sehr unterschiedlichen Merkmalen.

OFFENE STERNHAUFEN

Offene Sternhaufen sind lose Ansammlungen von einigen Dutzend bis zu mehreren hundert Einzelsternen. Diese Sterngruppen sind alle jeweils in einer einzigen Raumregion entstanden, in einer jener gigantischen Wolken aus Gas und Staub, welche die Brutstätten neuer Sterne sind. Ein Haufen aus heißen, jungen Sternen findet sich oft im Zentrum eines Gasnebels; ein typisches Beispiel hierfür sind die Sterne des Trapezes, die den Wasserstoff des großen Orionnebels durch Ionisierung zum Leuchten anregen. Hier sind die Sterne so jung, dass sie sich noch nicht weit von ihrem Geburtsort entfernt haben. Manche Gruppen wie etwa der Plejadenhaufen in Taurus haben sich inzwischen von ihrem Entstehungsort entfernt, wogegen andere aus isolierten Sternen ohne Hinweise auf Gas oder Staub bestehen.

Der Offene Sternhaufen M 11 („Wildente") im Schild, unweit des veränderlichen Sterns R Sct.

Farbe und Leuchtkraft der Sterne ändern sich mit deren Alter. So enthalten viele Haufen eine Gruppe gelber (oder sogar ins Rot tendierender) Sterne und nur einen oder zwei heiße blaue Sterne. Da die Sterne untereinander nur durch geringe Gravitationskräfte verbunden sind, lösen sich offene Sternhaufen allmählich auf und driften infolge der Rotation unserer Milchstraße auseinander, bis ihre Sterne schließlich in der stellaren Gesamtpopulation aufgehen. Alte Sternhaufen sind daher viel lockerer als junge. Die Beziehungen, die manche Sterngruppen verbinden, sind am Himmel nicht erkennbar, sondern werden erst offenbar, wenn man ihre Entfernungen und Bewegungen inner-

halb der Galaxie bestimmt. Einige der hellsten offenen Sternhaufen sind in der Tabelle auf S. 233 aufgeführt, zu vielen finden sich Einzelheiten bei den jeweiligen Sternbildern.

KUGELSTERNHAUFEN

Kugelsternhaufen sind das genaue Gegenteil zu offenen Sternhaufen, denn sie bestehen aus oftmals sehr kompakten, kugelförmigen Ansammlungen von Sternen, die bis zu Tausende Einzelsterne enthalten können. Daher sehen sich alle Kugelsternhaufen relativ ähnlich. Natürlich gibt es z. B. darin Unterschiede, dass einige ausgedehnter sind als andere und ihre Sterne weniger dicht gepackt erscheinen. Trotz der sehr hohen Sterndichte in Kugelsternhaufen trügt der Schein jedoch etwas, und die allergrößten Teleskope sind in der Lage, selbst im Zentrum der Haufen die Sterne als einzelne Objekte auszumachen.

Im Unterschied zu offenen Sternhaufen sind die Sterne in Kugelsternhaufen über Gravitationskräfte in ihrer Gesamtheit gebunden. Bemerkenswert ist hierbei der Umstand, dass aufgrund der Wechselwirkungen zwischen allen Komponenten manche Sterne über extrem lange Zeiträume eine genügend hohe Geschwindigkeit erreichen, um aus dem Haufen auszuscheren. Hierbei reißen sie einen Teil der Energie mit, wodurch der Haufen als Ganzes schrumpft und kompakter wird.

Ein weiterer grundlegender Unterschied besteht darin, dass die Sterne in Kugelsternhaufen mit einem Alter von rund zehn Milliarden Jahren zu den ältesten der Milchstraße zählen. Kugelsternhaufen befinden sich in einem gigantischen sphärischen Halo, der unsere ganze Galaxis umgibt, und diese Haufen gelten als die frühesten Einheiten, die sich beim Entstehungsprozess der Milchstraße bildeten. Da sich massereiche, leuchtkräftige Sterne viel schneller entwickeln als solche von geringer Masse, handelt es sich bei der Mehrzahl der Sterne in Kugelsternhaufen um alte, schwache, rote, massearme Sterne.

M 13 im Herkules ist der hellste Kugelsternhaufen am nördlichen Firmament.

NEBEL

Zu den schönsten Objekten am Himmel zählen die leuchtenden Gaswolken, wie sie in Gas- und Planetarischen Nebeln zu bewundern sind. Auch die Überreste von Supernovae bestehen aus Gas, allerdings sind nur wenige davon mit Amateurteleskopen sichtbar. Nicht so spektakulär sind die aus dichten Staubwolken entstandenen Dunkelnebel.

GASNEBEL

Gasnebel (manchmal auch als diffuse Nebel bezeichnet) sind Wolken aus glühendem Wasserstoffgas und die Geburtsstätten für neue Sterne. Diese jungen Sterne sind extrem heiß und strahlen hohe Mengen von ultraviolettem Licht ab, welches das Wasserstoffgas ionisiert und dadurch zum Leuchten anregt. In vielen Fällen kann man die Sterne als Offenen Haufen im Zentrum des eigentlichen Gasnebels beobachten. Manche Nebel bilden nur den sichtbaren Teil einer gigantischen interstellaren Wolke aus Gas und Staub. Ein Beispiel hierfür ist der Orionnebel, der nur ein kleiner Teil einer weit größeren, das gesamte Sternbild Orion überdeckenden Wolke ist.

Wie die Offenen Sternhaufen, so sind auch die Gasnebel in Richtung der Hauptebene unserer Galaxis konzentriert. Eine ähnliche Situation trifft man in fernen Spiralgalaxien an, wo die Gasnebel auffällige Objekte in

HELLE GASNEBEL

OBJEKT	STERNBILD	RA	DEK	MAG	NAME
M 8	Sgr	$18^h\ 03\overset{m}{.}8$	-24° 23'	6,0	Lagunennebel
M 17	Sgr	18 20,8	-16 11	7,0	Omeganebel
M 42	Ori	05 35,4	-05 27	4,0	Orionnebel
NGC 2237	Mon	06 32,4	+04 52	4,8	Rosettennebel
NGC 6960	Cyg	20 45,7	+30 43	–	Zirrusnebel
NGC 6992	Cyg	20 56,4	+31 43	–	Zirrusnebel
NGC 7000	Cyg	20 58,8	+44 20	-	Nordamerikanebel

Der größte und auffälligste Gasnebel ist M 42 im Orion, der schon mit bloßem Auge zu erkennen ist.

den Spiralarmen darstellen. Aufgrund ihrer typischen rötlichen Färbung, die von der Wasserstoffemission herrührt, sind diese leicht zu entdecken.

PLANETARISCHE NEBEL

Anders als gasförmige Nebel, die mit Sternentstehungsgebieten assoziiert werden, entsteht ein Planetarischer Nebel gegen Ende der Lebensspanne eines Sterns. Sterne mit einer der Sonne vergleichbaren Masse werden schließlich zu Roten Riesen. Gegen Ende seiner Lebensphase als Roter Riese stößt ein Stern seine Materie wie eine Hülle in den Weltraum ab. In der Folge schrumpft er zu einem kleinen Weißen Zwerg. Planetarische Nebel sind diese Hüllen aus Gas, das durch die Strahlung aus den Überresten des Sterns im Zentrum zum Leuchten angeregt wird. Den Namen „Planetarischer Nebel" regte erstmals Sir William Herschel im 19. Jahrhundert an, weil diese Objekte in den Teleskopen der damaligen Zeit als kleine Scheiben erschienen, vergleichbar denen der Planeten. Moderne Teleskope haben uns ihre phantastischen und schönen Strukturen enthüllt, von denen viele bis heute nur unzureichend erklärbar sind. Leider sind die meisten ziemlich licht-

HELLE PLANETARISCHE NEBEL					
OBJEKT	STERNBILD	RA	DEK	MAG	NAME
M 27	Vul	19 59,^{m}6	+22° 43'	7,4	Hantelnebel
M 57	Lyr	18 53,6	+33 02	8,8	Ringnebel
NGC 7293	Aqr	22 29,8	+07 58	7,0	Helixnebel

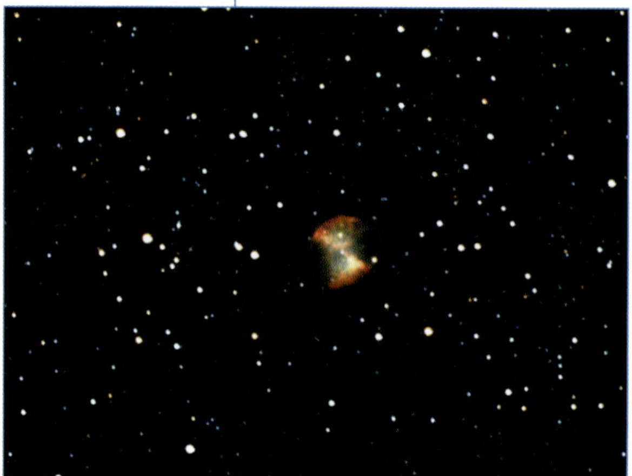

Der Hantelnebel im Füchschen, M 27, ist einer der hellsten Planetarischen Nebel und schon mit einem Fernglas zu erkennen.

schwach und daher mit Amateurfernrohren schwer zu sehen. Der Hantelnebel im Füchschen (M 27) und der Ringnebel (M 57) in der Leier sind die berühmtesten Vertreter am nördl. Sternhimmel.

SUPERNOVA-ÜBERRESTE

SIEHE AUCH

Roter Riese (S. 126)

Überriese (S. 126)

Weißer Zwerg (S.126)

Sterne mit einer mehr als zehnfachen Sonnenmasse beenden ihr Leben als gewaltige Überriesen, nachdem sie in ihrem Inneren Schichten aus verschieden schweren Elementen aufgebaut haben. Sie erreichen ein Stadium, wo die inneren Kräfte aus dem Gleichgewicht geraten und der Stern explodiert. Dabei wird eine enorme Menge an Strahlung freigesetzt, und es entstehen noch schwerere Elemente. Der größte Teil der stellaren Materie wird mit unvorstellbarer Geschwindigkeit in den Weltraum geschleudert, und nur ein kleiner Überrest bleibt in Gestalt eines Neutronensterns oder eines Schwarzen Lochs im Zentrum erhalten. Die intensive Strahlung reagiert mit dem umgebenden Gas und die abgeworfene Materie selbst kann zur Strahlungsemission angeregt werden. Der berühmteste Überrest einer Supernova ist M 1, der Krabbennebel im Stier; der Überrest einer Sternexplosion, die sich im Jahr 1054 ereignete. Er ist relativ lichtschwach, jedoch unter günstigen Bedingungen schon mit kleinen Teleskopen zu entdecken. NGC 6960 und 6992, die beide die Bezeichnung Zirrusnebel tragen, sind Teile der ausgedehnten Überreste einer Supernova, die bereits vor vielen tausend Jahren explodiert ist.

DUNKELNEBEL

Wenn sich große Mengen interstellaren Staubs an einem Ort konzentrieren, schirmen sie das Licht von weiter entfernten Sternen ab. Kleine Dunkelnebel erscheinen oft als Silhouette vor Gasnebeln, und manche bilden so genannte „Globulen", in denen später eventuell Sterne entstehen können. Die größten Dunkelnebel finden sich jedoch entlang der Ebene der Milchstraße, insbesondere vom Schwan aus in Richtung des galaktischen Zentrums im Schützen.

Der Nordamerikanebel unweit von Deneb im Schwan. Der „Golf von Mexiko" wird durch einen Dunkelnebel verursacht, der das Licht von dem glühenden Gas dahinter abschirmt.

SUPERNOVA-ÜBERRESTE

OBJEKT	STERNBILD	RA	DEK	MAG	NAME
M 1	Tau	05 34,^{m}5	+22° 01′	8,4	Krabbennebel
NGC 6960	Cyg	20 45,7	+30 43	–	Zirrusnebel
NGC 6992	Cyg	20 56,4	+31 43	–	Zirrusnebel

GALAXIEN

Galaxien sind die Grundbausteine des Universums. Obwohl sie uns aufgrund ihrer enormen Entfernungen und der damit verbundenen Schwierigkeiten bei der Beobachtung vielleicht nicht so vertraut sind wie Sterne, wissen wir heute, dass sie in den unterschiedlichsten Größen existieren und in ihren individuellen Merkmalen ebenso vielgestaltig sind wie Sterne.

Unsere Heimatgalaxie erscheint uns als ein leuchtendes, den Himmel überspannendes Band: die Milchstraße. Seit der Erfindung des Fernrohrs wissen wir, dass sie in Wirklichkeit aus Millionen von Sternen besteht. In bestimmten Regionen, vor allem im Schützen, der Richtung des galaktischen Zentrums, sowie den benachbarten Sternbildern sind die Sternwolken besonders dicht. Es lohnt sich durchaus, einmal ausgiebig mit einem kleinen Fernglas über die Milchstraße zu bummeln.

Beobachter in südlicheren Breiten, wo der Schütze im Zenit steht, können sogar eine gewisse Vorstellung von der Struktur der Galaxis bekommen. Diese besteht aus einem abgeflachten zentralen Buckel, der im Wesentlichen alte Sterne enthält und von einer riesigen Scheibe aus Sternen, Gas und Staub umgeben ist. Unser Sonnensystem liegt im äußeren Bereich dieser Scheibe, und wenn man in die entgegengesetzte Richtung (also zum Rand hin) blickt, ist die Milchstraße im Orion und den benachbarten Sternbildern längst nicht so spektakulär. Die Galaxienscheibe enthält die Spiralarme, in denen junge Sterne, Offene Sternhaufen, Gas- und Dunkelnebel konzentriert sind. An diesen Orten geht die Bildung neuer Sterne unverändert weiter.

Spiralsysteme ähnlich unserem eigenen beinhalten ungefähr 100 – 200 Milliarden Sterne. Die nächstgelegene Spiralgalaxie, M 31 in Andromeda, ist etwas größer als unsere Milchstraße. Beide werden von kleineren Satelliten-Galaxien begleitet, wobei insgesamt rund zwei Dutzend Galaxien von unterschiedlicher Form und Größe die so

Ein Ausschnitt der Milchstraße im Schwan, in dem rot leuchtende Nebel, Dunkelwolken und viele tausend Einzelsterne erkennbar sind.

genannte Lokale Gruppe bilden. Die Trabanten der Milchstraße, die Große und die Kleine Magellansche Wolke, sind nur von südlichen Gefilden aus sichtbar, und damit sie auch deutlich über den Horizont steigen, muss man sich auf der Südhalbkugel aufhalten.

Zahlreiche Galaxien enthalten nur wenig Gas und Staub und haben daher keine jungen Sterne oder Spiralarme. Unter diesen elliptischen Galaxien finden sich einige der größten bekannten Systeme. Eine riesige elliptische Galaxie, M 87, befindet sich im Zentrum des Virgohaufens. Dieser wiederum befindet sich im Zentrum des Lokalen Superhaufens, einer noch größeren Gruppe von Galaxien, an dessen einem Rand unsere eigene Lokale Gruppe ihren Platz einnimmt.

Galaxien sind offenbar in jenen Himmelsregionen konzentriert, wo wir in Richtung der galaktischen Pole blicken, also im rechten Winkel zur galaktischen Ebene, die große Mengen von Licht schluckendem Staub enthält. Der galaktische Nordpol liegt in Coma Berenices, dem Ort des Coma-Galaxienhaufens. Das Nachbarsternbild Jungfrau enthält den erheblich näheren, gigantischen Virgohaufen, aber auch der Löwe und die Jagdhunde beherbergen viele Galaxien.

Die Spiralgalaxie M 66 im Löwen

M 83 in Hydra zählt zu den hellsten Spiralgalaxien und ist bereits mit dem Fernglas erkennbar.

Bei NGC 4565 blicken wir direkt auf die Kante und sehen dort das Staubband.

Die Mehrzahl der Galaxien ist so lichtschwach, dass sie in kleinen Amateurteleskopen bestenfalls als blasse, verwaschene Flecken erscheinen. Um überhaupt irgendwelche Details erkennen zu können, sind größere Teleskope erforderlich. Sie zu lokalisieren, kann manchmal ganz schön knifflig sein, und wie schon bei den veränderlichen Sternen beschrieben, muss man gegebenenfalls bewusst vorbeisehen, um sie überhaupt zu entdecken. Seit dem Aufkommen erschwinglicher Digitalkameras können Hobbyastronomen verblüffende Bilder von Galaxien erzielen, selbst mit relativ kleinen Teleskopen. Erwarten Sie jedoch bei optischer Betrachtung nicht, irgendwelche feinen Details zu sehen.

STERNBILDER

Die auf den folgenden Seiten beschriebenen Sternbilder enthalten auch südliche Sternbilder, die normalerweise von den mittleren nördlichen Breiten aus nicht zu sehen sind, aber im Mittelmeerraum beobachtet werden können. Einige davon (z. B. das Hinterdeck und die Taube) erscheinen zum Teil auf den Monats- und Jahreszeitenkarten tief am Südhorizont.

Die Sternbilder sind mit den international gültigen lateinischen Namen in alphabetischer Reihenfolge aufgeführt; bestimmte kleine Nachbarsternbilder (wie Aries und Triangulum) sind jedoch auf derselben Tafel mit abgebildet, weil es so einfach praktischer ist. Normalerweise wird das nördlichere Sternbild an seiner korrekten Position in der Reihenfolge angegeben. Die Seitenzahlen für einzelne Sternbilder, die nicht in alphabetischer Reihenfolge stehen, finden sich in der Tabelle gegenüber.

Jedes Sternbild wird gleich dreimal vorgestellt: auf einer Karte zur Orientierung, die auch die umliegenden Sternbilder zeigt; auf einer detaillierten Karte sowie als Foto. Alle drei sind identisch ausgerichtet, um das Erkennen zu erleichtern. Berücksichtigen Sie jedoch bitte, dass die scheinbare Helligkeit von Sternen auf den Fotografien geringfügig abweichen kann. Manche Sterne können daher am Himmel etwas heller oder schwächer erscheinen als auf den Fotos.

Zu allen Sternbildern wird jeweils eine Auswahl interessanter Objekte angegeben. Für besondere Objekte sind zusätzliche Detailkarten vorhanden, einschließlich Sonderkarten für veränderliche Sterne und deren Vergleichssterne.

Die unten stehende Legende enthält die Größenklassen der Sterne sowie die in den Karten verwendeten Symbole.

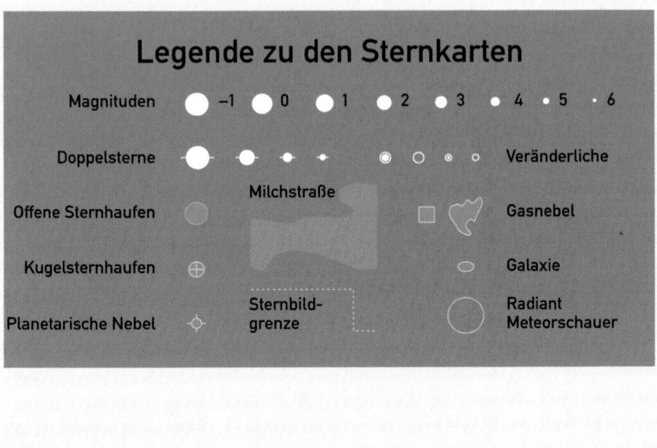

Der hellste „Stern" ist Jupiter, hier in Capricornus (S. 168)

Das Sternbild Aquarius (S. 148) mit dem hellen Planeten Saturn

STERNBILD	SEITE
Corona Australis	204 (mit Lepus)
Corona Australis	230 (mit Sagittarius)
Crater	180 (mit Corvus)
Equuleus	186 (mit Delphinus)
Piscis Austrinus	194 (mit Grus)
Serpens Caput	214 (mit Ophiuchus)
Serpens Cauda	236 (mit Scutum)
Triangulum	152 (mit Aries)
Vulpecula	228 (mit Sagitta)

ANDROMEDA

ANDROMEDAE • AND • ANDROMEDA

IM SÜDEN UM 22:00 Ortszeit:	10. Nov.
SICHTBAR UM 22:00 Ortszeit:	Juli–Dez.
FLÄCHE:	722 Quadratgrad (19.)

Obwohl kein Stern in diesem Sternbild besonders hell leuchtet, ist es leicht zu entdecken, wenn man vom großen Herbstviereck in nordöstlicher Richtung blickt. Der Stern α Andromedae (Alpheratz) bildet den „Kopf" von Andromeda und zugleich die linke obere Ecke des Pegasusquadrats. Im Volksmund heißt dieses Sternbild auch „Die Prinzessin" und „Die Jungfrau in Ketten", weil sie in der Mythologie Andromeda verkörpert, die Tochter von Cepheus und Cassiopeia, die nach den Verheißungen eines Orakels an einen Felsen gekettet wurde als Opfer für Cetus, jenes Meerungeheuer, das damals die Küste heimsuchte. Andromeda wurde aber von Perseus gerettet, der den Cetus mit dem Kopf der von ihm zuvor erschlagenen Medusa zu Stein verwandelte.

γ And ($02^{h}10^{m}$, +39°02′), Alamak, ist der schönste Doppelstern am Herbststernhimmel. Seine beiden Komponenten besitzen die Helligkeiten $2{,}^{m}3$ und $4{,}^{m}8$; der hellere leuchtet orange, der schwächere bläulich. Das 355 LJ entfernte Doppelsternsystem ist bereits in kleinen Teleskopen gut zu trennen.

μ And ($01^{h}37^{m}$, +41°25′) ist ein Stern ($4{,}^{m}1$), der etwas massereicher und heller als die Sonne ist. Wie man heute weiß, besitzt er einen Planeten, dessen Masse mindestens 65 % der Jupitermasse entspricht und der den Stern extrem nahe (in nur etwa 0,056 AE) und mit einer Periode von lediglich 4,61 Tagen umkreist. Wie die Planeten, die τ Boo und 51 Peg umkreisen, erhielt er die Bezeichnung „heißer Jupiter". Es gibt Hinweise auf noch zwei große Planeten in diesem System.

56 And ($01^{h}56^{m}$, +37°16′) ist ein visueller Doppelstern, der aus zwei Sternen besteht: einem orangefarbenen Riesen ($5{,}^{m}7$) und einem weiter entfernten Roten Riesen ($5{,}^{m}9$). Der Doppelstern ist schon mit einem Fernglas gut erkennbar.

M 31 ($00^{h}43^{m}$, +41°16′), der große Andromeda-Nebel, der mit bloßem Auge als verschwommener Lichtfleck sichtbar ist, ist eine Spiralgalaxie, die etwas größer und massereicher als unsere Milchstraße ist. M 31 ist leicht zu finden, indem man eine gedachte Linie von β And (Mirach) durch μ und weiter bis knapp nordwestlich von μ verlängert. Die Andromedagalaxie besitzt mehrere Satellitengalaxien, am bekanntesten sind M 32 und M 110 ($00^{h}40^{m}$, +41°41′), die man mit einem Teleskop sehen kann.

M 32 ($00^{h}47^{m}$, +40°52′) ist eine elliptische Zwerggalaxie, die, eigentlich mit einem Fernglas sichtbar, irrtümlich für einen Stern gehalten werden kann. Ihre Helligkeit beträgt $8{,}^{m}5$.

NGC 752 ($01^{h}58^{m}$, +37°41′) ist ein großer Offener Sternhaufen nordöstlich von 56 And. Er ist am besten mit dem Fernglas zu betrachten, allerdings können ihn Sterngucker unter dunklem Himmel angeblich auch mit bloßem Auge erkennen.

ANDROMEDA
im Detail →

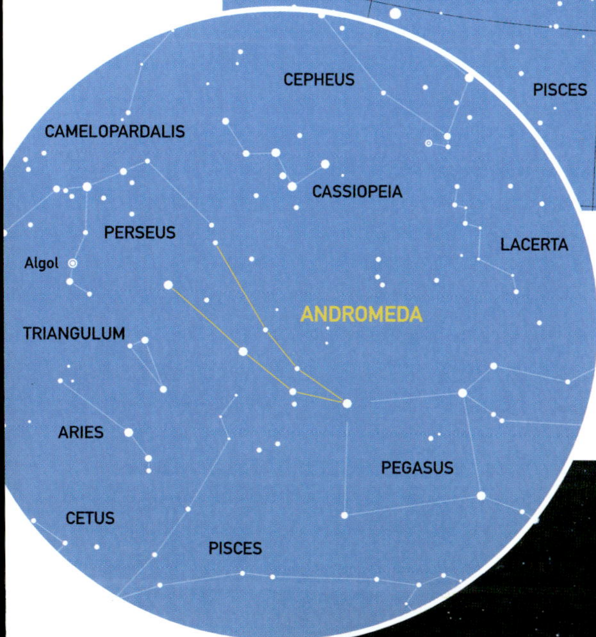

← ANDROMEDA
in der Übersicht

Foto von
ANDROMEDA →

AQUARIUS

AQUARII • AQR • WASSERMANN

IM SÜDEN UM 22:00 Ortszeit: 10. Okt.

SICHTBAR UM 22:00 Ortszeit: Juli–Nov.

FLÄCHE: 980 Quadratgrad (10.)

Dieses antike Sternbild stellt einen Wasserträger dar, der Wasser aus einem Krug (bestehend aus den drei Sternen um ζ Aqr) gießt. Das Wasser wird immer gezeichnet, wie es abwärts in Richtung Fomalhaut (α PsA) fließt, dem hellsten Stern in Piscis Austrinus. So wie man ihn vom Mittleren Orient aus sieht, erscheint der helle Stern Sadalsud (β Aqr) im Osten kurz vor Morgengrauen zu Beginn der Regenzeit. Dies mag der Grund sein, warum dieses Sternbild mit lebensspendendem Wasser assoziiert wird. Das Sternbild sollte außerdem Ganymed darstellen, den Zeus entführen ließ und der dann als Mundschenk den Göttern diente.

α Aqr ($22^{h}06^{m}$, –00°19′), Sadalmelik, ist ein extrem heller gelber Überriese mit einer scheinbaren Größe von $2\overset{m}{,}9$. In Wirklichkeit ist er rund 30 000-mal leuchtkräftiger als die Sonne bei einer ähnlichen Oberflächentemperatur.

β Aqr ($21^{h}32^{m}$, –05°34′), Sadalsud, ist α Aqr insofern bemerkenswert ähnlich, als es sich auch bei ihm um einen hellen gelben Überriesen handelt. Obwohl er uns ein bisschen näher ist, ist seine scheinbare Größe nahezu identisch ($3\overset{m}{,}0$). Beide Sterne haben ungefähr den 120fachen Sonnendurchmesser.

M 2 ($21^{h}34^{m}$, –00°49′), ein großer, heller Kugelsternhaufen ($6\overset{m}{,}5$), ist zwar leicht mit dem Fernglas zu entdecken, erfordert jedoch zur Erkennung irgendwelcher Details ein mittelgroßes Teleskop. Man findet ihn am leichtesten, wenn man von β Aqr aus fast senkrecht nordwärts wandert.

M 72 ($20^{h}54^{m}$, –12°31′) ist mit einer Helligkeit von rund $9\overset{m}{,}5$ ein erheblich lichtschwächerer Kugelsternhaufen als M 2 und liegt damit selbst für die meisten guten Ferngläser an der Sichtbarkeitsgrenze.

M 73 ($20^{h}59^{m}$, –12°38′) ist eine Y-förmige Gruppe aus vier Sternen, die vermutlich in keiner Beziehung stehen und daher nicht mal die Bezeichnung als kleiner Offener Sternhaufen rechtfertigen. Es ist unklar, warum Messier eine solche Gruppe in seinen Katalog aufnahm.

NGC 7293 ($22^{h}30^{m}$, –20°48′), der Helix-Nebel, ist von uns aus gesehen der nächstgelegene Planetarische Nebel und mit einem Durchmesser von ca. $0\overset{\circ}{,}25$ (immerhin halber Monddurchmesser) auch der größte. Man kann ihn mit dem Fernglas westlich von υ Aqr finden; er ist allerdings ziemlich lichtschwach und verlangt extrem günstige Sichtbedingungen.

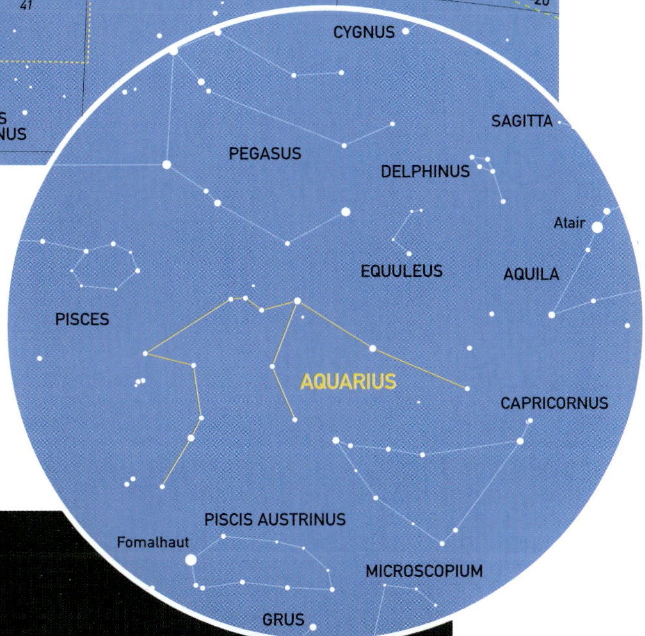

METEORSCHAUER

Die η-Aquariden (Radiant bei 22^h20^m, –01°) sind ein schöner Meteorschauer, jedoch von den meisten nördlichen Breiten aus schwer zu beobachten. Ihren Auftritt haben sie vom 24. April bis 20. Mai, das Maximum findet am 4. Mai statt. Die Meteore sind manchmal sogar zu sehen, obwohl der Radiant unter dem Horizont liegt.

Die δ-Aquariden (Radianten nahe 22^h36^m, –17°) sind ein Meteorschauer mit einem doppelten Radianten, zu sehen zwischen 15. Juli und 20. August. Ebenfalls von nördlichen Breiten aus schwer zu beobachten.

AQUILA

AQUILAE • AQL • ADLER

IM SÜDEN UM 22:00 Ortszeit:	30. Aug.
SICHTBAR UM 22:00 Ortszeit:	Jun–Sept.
FLÄCHE:	652 Quadratgrad (22.)

Ein weiteres Sternbild aus der Antike, das in der griechischen Mythologie mit dem Adler assoziiert wurde, der die Blitze für Zeus verwahrt hielt. Es sollte sich dem Bekunden nach auch um jenen Adler handeln, der Ganymed (Aquarius) entführte und zum Olymp brachte. α Aql, Atair, ist einer der drei prominenten Sterne, die das Sommerdreieck bilden. Mit einer Entfernung von nur 17 LJ ist er auch einer unserer nächsten Nachbarsterne.

η Aql ($19^{h}53^{m}$, +01°01′) ist einer der ersten veränderlichen Sterne, die entdeckt wurden. Er gehört zu den Cepheiden-Veränderlichen (siehe S. 172) und bewegt sich zufällig genau im selben Bereich ($3\overset{m}{,}5$ – $4\overset{m}{,}4$) wie δ Cep, nach dem diese Klasse benannt ist, jedoch mit einer längeren Periode von 7,2 Tagen.

VERGLEICHSSTERNE FÜR η AQL	
A = ϑ Aql 3,21	D = ι Aql 4,36
B = δ Aql 3,36	E = ν Aql 4,67
C = β Aql 3,72	

R Aql ($19^{h}04^{m}$, +08°09′) ist ein langperiodischer Veränderlicher, der im Fernglas deutlich und bei seinem Maximum von etwa $5\overset{m}{,}5$ sogar mit bloßem Auge sichtbar ist, jedoch bei seinem Minimum auf etwa $12\overset{m}{,}0$ verblasst, was zur Beobachtung schon ein mittelgroßes Teleskop erfordert. Die Lichtwechsel vom Miratyp weisen eine Periode von 284 Tagen auf.

15 Aql ($19^{h}05^{m}$, –04°02′), ein direkter Nachbar von 1 Aql, ist ein Doppelstern mit einer Helligkeit von $5\overset{m}{,}4/7\overset{m}{,}1$, der bei guten Bedingungen so eben mit dem Fernglas zu sehen ist. Allerdings ist er ein ziemlich schwieriges Objekt.

57 Aql ($19^{h}55^{m}$, –08°13′) ist ein weiterer Doppelstern, der mit Helligkeiten von $5\overset{m}{,}7$ und $6\overset{m}{,}5$ allgemein als etwas leichter gilt als 15 Aql.

NGC 6709 ($18^{h}52^{m}$, +10°20′) ist ein Offener Sternhaufen mit einer Gesamthelligkeit von etwa $7\overset{m}{,}5$, dessen Einzelsterne aber für eine Beobachtung im Fernglas zu lichtschwach sind.

NGC 6755 ($19^{h}08^{m}$, +04°14′) ist ebenfalls ein Offener Haufen mit einer Helligkeit von etwa $8\overset{m}{,}0$, der nord-nordwestlich von δ Aql liegt.

Der ADLER
im Detail →

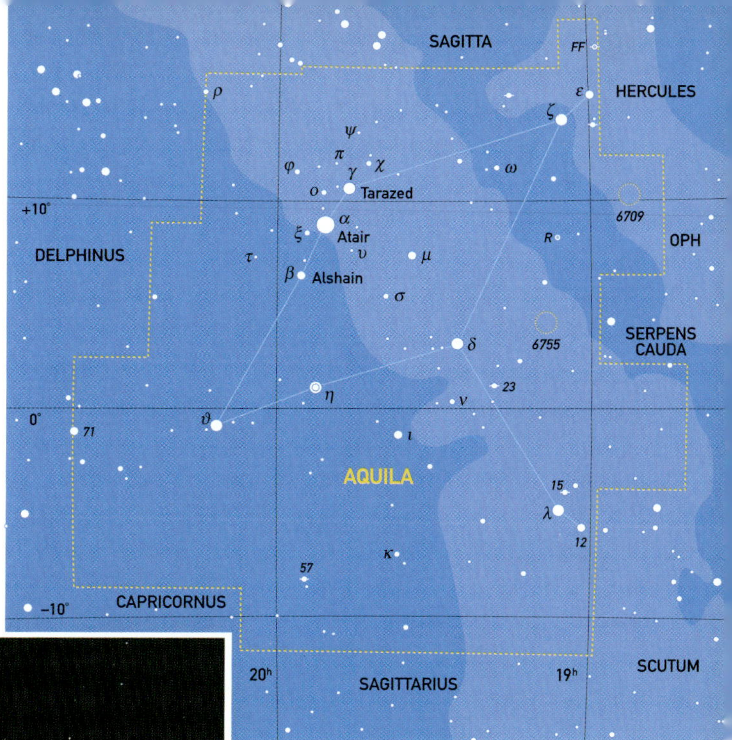

Foto des ADLER ↑

Der ADLER
in der Übersicht ↓

ARIES

ARIETIS • ARI • WIDDER

IM SÜDEN UM 22:00 Ortszeit:	20. Nov.
SICHTBAR UM 22:00 Ortszeit:	Aug.–März
FLÄCHE:	441 Quadratgrad (39.)

In der Mythologie verkörpert Aries den Widder, dessen Fell später zum Goldenen Vlies wurde, nach dem Jason mit seinen Argonauten suchte. In Wirklichkeit dürfte die Sage von dem Brauch herrühren, dass man einst im Norden Kleinasiens wollige Tierfelle am Grund von Flüssen feststeckte, um darin aus dem Flusskies ausgewaschene Goldplättchen zu sammeln.

Zwar sind die drei Hauptsterne dieses Sternbilds, nämlich α (Hamal), β (Sheratan) und γ (Mesarthim), aufgrund ihrer Lage in einem ziemlich leeren Gebiet zwischen Pisces und Taurus recht leicht zu erkennen; dennoch hat das Sternbild an beobachtungswürdigen Objekten leider nur wenig zu bieten.

γ Ari (01^h54^m, +19°18′) ist ein Doppelstern (einer der ersten überhaupt, der 1664 von Robert Hooke mit einem Fernrohr entdeckt wurde), der aus Sternen mit einer Helligkeit von $4^m{,}6$ und $4^m{,}7$ besteht. Zu seiner Beobachtung ist schon ein kleines Teleskop erforderlich, obwohl er unter günstigen Bedingungen auch in einem guten Fernglas gerade eben getrennt erscheint.

γ Ari (01^h58^m, +23°36′) besteht aus einem Sternpaar (scheinbare Größe $4^m{,}8$ bzw. $7^m{,}3$), das mit dem Fernglas gerade noch erkennbar ist, obwohl der Einsatz eines kleinen Teleskops empfohlen wird.

TRIANGULUM

TRIANGULI • TRI • DREIECK

IM SÜDEN UM 22:00 Ortszeit:	20. Nov.
SICHTBAR UM 22:00 Ortszeit:	Juli–März
FLÄCHE:	132 Quadratgrad (78.)

Ein kleines Sternbild aus drei Sternen.

15 Tri (02^h36^m, +34°42′) ist ein weiter Doppelstern, im Fernglas sichtbar, der aus einem roten und einem weißen Stern mit einer Helligkeit von $5^m{,}4$ bzw. $6^m{,}8$ besteht.

R Tri (02^h34^m, +34°03′) ist ein langperiodischer Mira-Veränderlicher mit einer Amplitude von über 7 Größenklassen ($5^m{,}4$ – $12^m{,}6$) und einer Periode von 267 Tagen. Um sein Maximum herum ist er für einige Wochen mit dem Fernglas sichtbar.

M 33 (01^h34^m, +30°40′) ist eine von oben sichtbare Spiralgalaxie mit einer geringen Oberflächenhelligkeit, weshalb sie trotz ihrer Größe schwieriger zu beobachten ist als M 31 in Andromeda. Unter außergewöhnlich klaren Bedingungen ist sie mit bloßem Auge zu sehen. Zur Beobachtung eignet sich am besten ein Feldstecher mit geringer Vergrößerung.

Der Punkt, an dem die Sonne auf ihrer Bahn entlang der Ekliptik zum Frühlings-Äquinoktium den Himmelsäquator kreuzt, heißt Frühlings- oder Widderpunkt, denn vor 3000 Jahren lag er in diesem Sternbild. Die Bezeichnung ist bis heute gebräuchlich, obwohl der Punkt ins Sternbild Pisces gewandert ist und die Sonne Aries erst am 19. April erreicht. Aus ähnlichen Gründen gilt Aries auch als das erste Sternbild im Tierkreis.

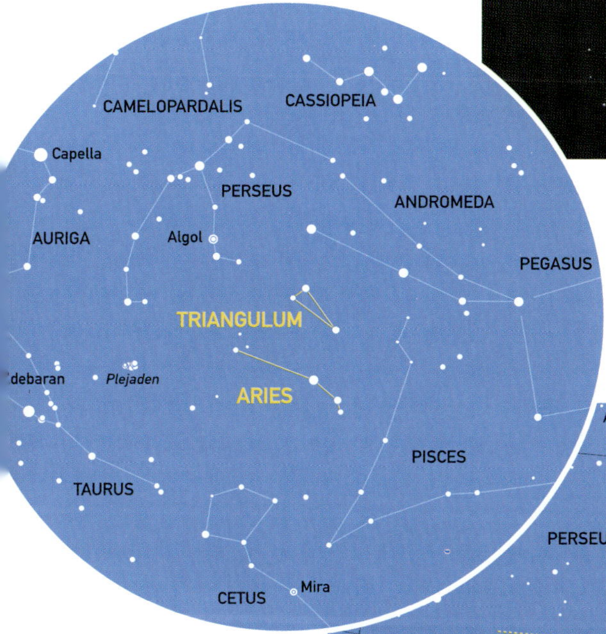

← WIDDER und DREIECK in der Übersicht

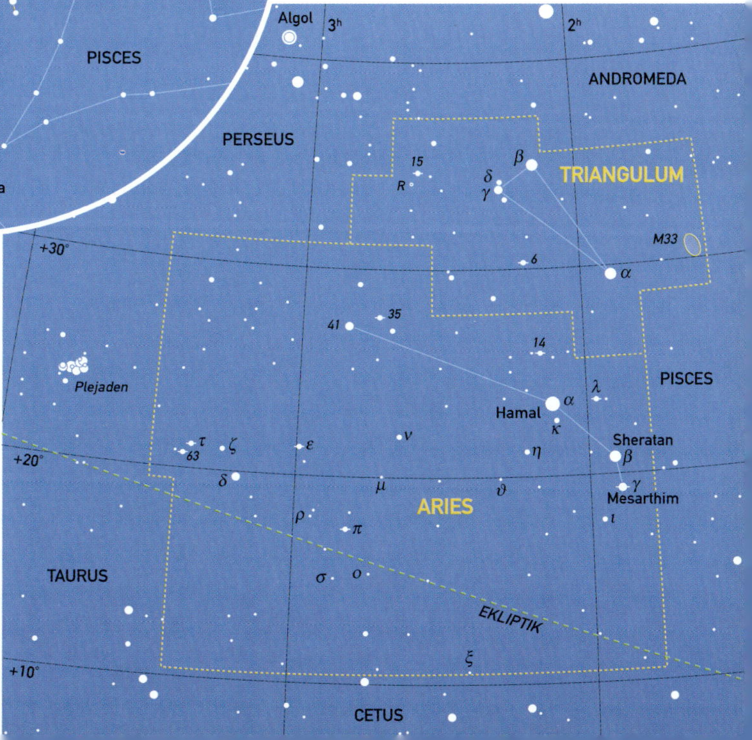

Dieses Sternbild geht auf die Babylonier zurück, doch niemand weiß, warum man gerade in diesen drei schwachen, unbedeutenden Sternen ein Dreieck sah, wo es doch Tausende mögliche Dreiecke am Nordhimmel gibt. Für manche stellte dieses Sternbild angeblich das Nildelta dar, andere erkannten darin die Insel Sizilien.

AURIGA

AURIGAE • AUR • FUHRMANN

IM SÜDEN UM 22:00 Ortszeit: **10. Jan.**
SICHTBAR UM 22:00 Ortszeit: **Sept.–Mai**
FLÄCHE: **657 Quadratgrad (21.)**

Dieses Sternbild wird mit dem legendären athenischen König Erichthonius assoziiert, der wie sein Vater Hephaistos (bei den Römern als Vulkan bekannt) ein Krüppel war und den Wagen erfand. Das Sternbild, so dachte man, wäre ein Vorbote stürmischer Winde. Der Begriff hierfür wurde zu Capella („Ziegenbock") verfälscht, und dieses Wort wurde schließlich auf den hellsten Stern in diesem Sternbild übertragen. In der Folge erhielten die drei Sterne östlich von Capella den passenden Namen „Geißlein", von denen zwei durchaus bemerkenswert sind.

Capella ist überall nördlich von 50° Nord zirkumpolar, und das restliche Sternbild ist den größten Teil des Jahres über zu sehen. Die Milchstraße verläuft hindurch, daher enthält diese Region mehrere Offene Sternhaufen.

ε Aur ($05^{h}02^{m}$, +43°50′) ist ein bedeckungsveränderlicher Stern mit der extrem langen Periode von 27 Jahren (9892 Tagen). Der sichtbare Stern ist ein Weißer Überriese ($3^{m}{,}0$), doch der Bedeckungskörper ist ein Rätsel. Es könnte sich um eine Staubscheibe handeln, die ein unsichtbares Paar Weißer Zwerge umgibt. Es vergehen Jahre, bis der Stern verblasst bzw. von neuem erstrahlt, wobei das Minimum ($3^{m}{,}8$) etwa ein Jahr anhält. Die letzte Bedeckung erfolgte in 1983/84 und die nächste wird ungefähr 2006/07 beginnen.

ζ Aur ($05^{h}03^{m}$, +41°05′) ist ebenfalls ein Bedeckungsveränderlicher, der aus einem Sternpaar mit dem 5- bzw. 200fachen Sonnendurchmesser besteht. Ins Zentrum unseres Sonnensystems verpflanzt, würde letzterer fast den Erdorbit ausfüllen. Die Umlaufzeit beträgt 972,16 Tage, und während einer Bedeckung sinkt die gemeinsame Helligkeit der Sterne von $3^{m}{,}7$ auf $4^{m}{,}0$ ab.

M 36 ($05^{h}36^{m}$, +34°08′) ist ein kleiner, heller ($6^{m}{,}5$) Offener Sternhaufen, der problemlos im Fernglas zu sehen ist.

M 37 ($05^{h}52^{m}$, +32°33′) ist ein ausgedehnter Offener Sternhaufen 6. Größe, der fast den Durchmesser des Mondes besitzt und als verwaschener Fleck im Fernglas erscheint, sich aber schon mit kleinen Teleskopen in zahlreiche Einzelsterne auflöst. Er besteht aus ca. 150 Sternen.

M 38 ($05^{h}29^{m}$, +35°50′) ist mit $7^{m}{,}0$ etwas lichtschwächer als M 36, dafür jedoch größer und manchmal schon im Fernglas erkennbar.

NGC 2281 ($06^{h}49^{m}$, +41°03′) ist ein weiterer, mit dem Fernglas sichtbarer Offener Sternhaufen, der mit $6^{m}{,}5$ ungefähr so hell erscheint wie M 36.

← Der FUHRMANN in der Übersicht

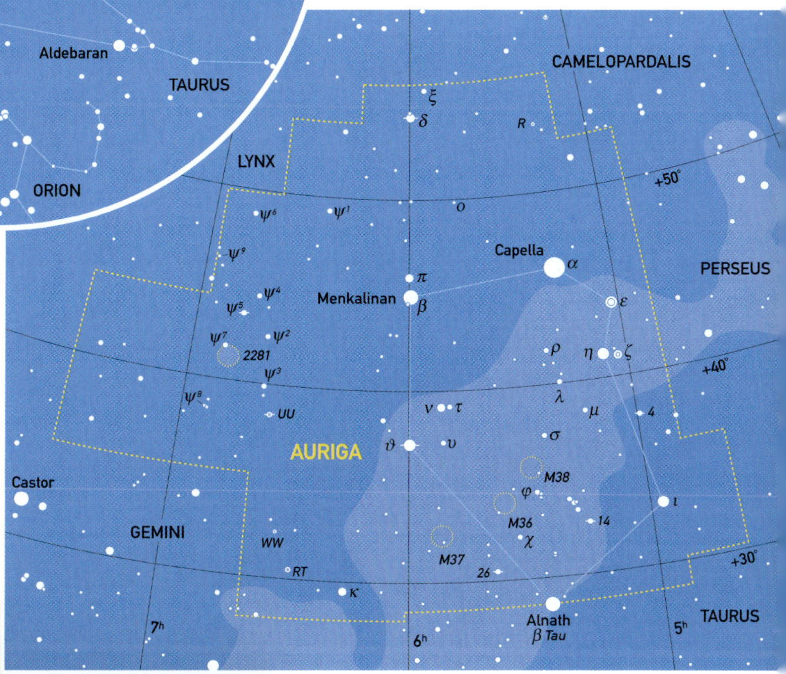

Der FUHRMANN im Detail →

← Foto des FUHRMANN

BOOTES

BOOTIS • BOO • RINDERHIRTE

IM SÜDEN UM 22:00 Ortszeit:	30. Mai
SICHTBAR UM 22:00 Ortszeit:	Feb.–Sept.
FLÄCHE:	907 Quadratgrad (13.)

Um dieses Sternbild ranken sich verschiedene Legenden. Einer Erzählung nach wurde Bootes dafür am Himmel verewigt, dass er den Pflug erfunden hatte. In einer anderen hält er zwei Hunde (Canes Venatici) an der Leine und verfolgt den Bären (Ursa Major). Wieder eine andere besagt, dass er ein Bärenhüter war, und der Name Arcturus (was „Wächter des Bären" bedeutet) wurde ursprünglich auf das gesamte Sternbild und nicht bloß auf dessen hellsten Stern angewandt. Das Sternbild umfasst den größten Teil der Fläche, die einst mit einem veralteten Sternbild verknüpft war: Quadrans Muralis (der Mauerquadrant – ein astronomisches Instrument), dessen Name im Meteorschauer der Quadrantiden überlebt hat.

α Boo (14^h16^m, +19°11′) Arcturus ist der hellste Stern am Nordhimmel mit einer Helligkeit von $-0^{m}{,}5$. Er ist ein orangefarbener Riese, und für das bloße Auge erscheint er mit diesem Farbton etwas dunkler als α Lyrae (Wega), die mit $0^{m}{,}03$ eine etwas geringere Helligkeit aufweist.

ι Boo (14^h16^m, +51°22′), mitunter auch Asellus Secundus genannt, ist ein weiter Doppelstern, der schon mit dem Fernglas zu sehen ist und dessen Komponenten eine Helligkeit von $4^{m}{,}8$ bzw. $7^{m}{,}7$ aufweisen. (Asellus Primus und Asellus Tertius sind ϑ Boo bzw. κ Boo.)

μ Boo (15^h25^m, +37°22′), Alkalurops, ist ein Mehrfachstern. Schon der Feldstecher zeigt einen weiten Doppelstern ($4^{m}{,}3$ bzw. $6^{m}{,}5$), dessen Komponenten auf manchen Sternkarten getrennt als μ^1 und μ^2 Boo genannt werden. Bei dem schwächeren Stern handelt es sich seinerseits um ein Binärsystem, doch um dies zu erkennen, bedarf es eines großen Teleskops.

υ Boo (15^h31^m, +40°50′) ist ein optischer Doppelstern, bestehend aus zwei Sternen 5. Größe in Kontrastfarben: der eine ist weiß, der andere, weiter entfernte, ein Roter Riese.

τ Boo (13^h47^m, +17°27′) ist der Zentralstern eines extrasolaren Planetensystems. Der eigentliche Stern ($4^{m}{,}5$) ist etwas massereicher und heller als die Sonne – sehr ähnlich zu υ And, ebenfalls ein extrasolares System. Der Planet besitzt mindestens die 3,7fache Masse von Jupiter und umkreist den Stern in lediglich 0,045 AE Abstand mit der überaus kurzen Periode von nur 3,31 Tagen.

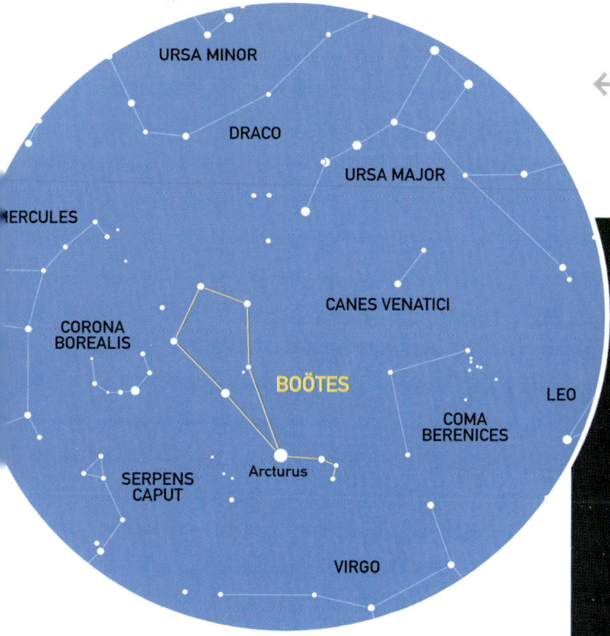

← Der RINDERHIRTE in der Übersicht

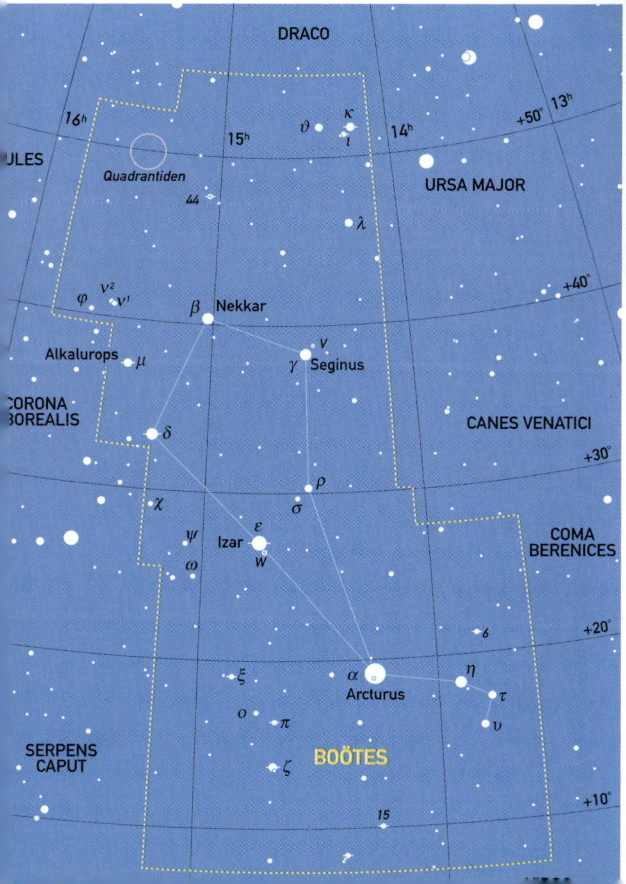

METEORSCHAUER

Die Quadrantiden (Radiant bei 15^h 28^m, +50°) sind ein kurz auftretender, aber verlässlicher Meteorschauer, der vom 01. bis 06. Januar zu beobachten ist, mit einem Maximum am 03. Januar. Die Meteore sind in der Regel bläulich-weiß oder gelblich-grün.

← Der RINDERHIRTE im Detail

CAMELOPARDALIS

CAMELOPARDALIS • CAM • GIRAFFE

IM SÜDEM UM 22:00 Ortszeit: 1. Jan.

ZIRKUMPOLAR: IMMER SICHTBAR

FLÄCHE: 757 Quadratgrad (18.)

Der Name für dieses Sternbild wurde erstmals von dem holländischen Astronomen Petrus Plancius im Jahr 1613 vorgeschlagen. Dies geschah hauptsächlich, um ein großes, nur dünn besiedeltes Gebiet in der nördlichen Zirkumpolarregion zu füllen. Die erste Abbildung in einem Atlas wurde 1624 von Jakob Bartschius veröffentlicht.

β Cam ($05^{h}04^{m}$, +60°27′) ist mit einer Helligkeit von $4^{m}{,}0$ der hellste Stern in diesem Sternbild und dazu ein Doppelsystem mit einem Begleiter der Größe $7^{m}{,}4$.

11 Cam ($05^{h}06^{m}$, +58°58′) hat eine Helligkeit von $5^{m}{,}1$ und bildet ein extrem weites Doppelsystem mit 12 Cam, der mit seiner Helligkeit von $6^{m}{,}3$ knapp unter der Sichtbarkeitsgrenze für das bloße Auge liegt, jedoch mit einem Fernglas mühelos zu sehen ist.

VZ Cam ($07^{h}31^{m}$, +82°25′) ist ein unregelmäßiger und stets mit bloßem Auge sichtbarer Veränderlicher, dessen Helligkeit zwischen $4^{m}{,}8$ und $5^{m}{,}2$ schwankt. Dieser kleine Bereich macht seine präzise Beobachtung allein mit optischen Schätzungen schwierig.

NGC 1502 ($04^{h}08^{m}$, +62°20′) ist ein kleiner, aber relativ heller Offener Sternhaufen 6. Größe, der bereits mit dem Fernglas zu erkennen ist.

NGC 2403 ($07^{h}37^{m}$, +65°35′) ist eine Spiralgalaxie, die unter günstigen Bedingungen trotz ihrer angegebenen Helligkeit von $8^{m}{,}5$ ziemlich leicht im Fernglas sichtbar ist.

Die GIRAFFE in der Übersicht →

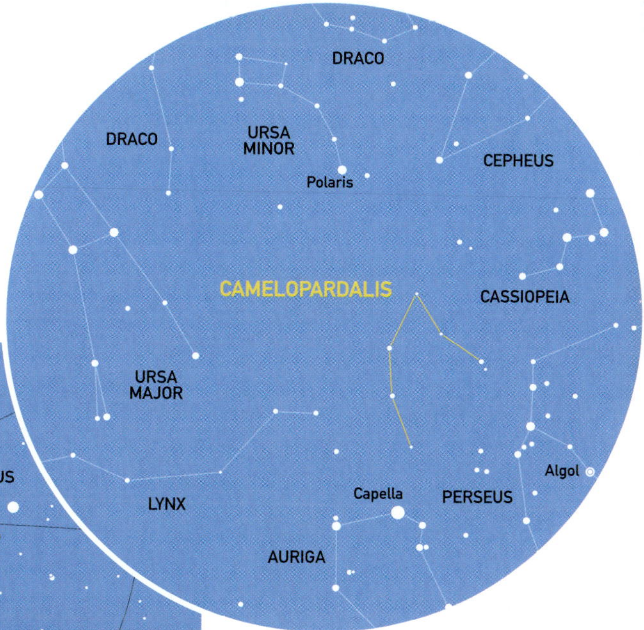

← Die GIRAFFE im Detail

Foto der GIRAFFE →

CANCER

CANCRI • CNC • KREBS

IM SÜDEN UM 22:00 Ortszeit: 5. März
SICHTBAR UM 22:00 Ortszeit: Nov.–Mai
FLÄCHE: 506 Quadratgrad (31.)

Der Krebs ist ein uraltes Sternbild, dem trotz seiner schwachen Helligkeit eine besondere Bedeutung zukam, weil er die Position der nördlichen Sommersonnenwende markierte. Der Name ist heute im „Wendekreis des Krebses" verewigt, jenem Breitengrad, an dem die Sonne zur Sommermitte im Zenit steht. Infolge der Präzession erreicht sie nun ihre höchste Deklination genau an der Grenze zwischen Gemini und Taurus. Der Sage nach soll das Sternbild jenen Krebs darstellen, der von Hera geschickt wurde, um Hercules abzulenken, als dieser mit der Lernäischen Schlange kämpfte. Dies misslang jedoch und der Krebs wurde von Hercules zertreten. Hera versetzte ihn an den Himmel, aber ohne irgendwelche hellen Sterne, weil er versagt hatte.

Der Offene Sternhaufen M 44, die Krippe (Praesepe), erscheint dem bloßen Auge als verwaschener Lichtfleck. Einst hielt man ihn für eine schmale Zone in der Sternensphäre, durch die die Seelen zur Erde schlüpften. Galileo entdeckte, dass er aus einer Gruppe von Sternen bestand. Da diese an einen Schwarm Bienen erinnern, heißt der Haufen auch „Bienenstock".

γ Cnc (08^h43^m, +21°28′), Asellus Borealis („Nördlicher Esel"). Zusammen mit δ Cnc galt dieser Stern als einer der Esel, auf denen Dionysos und Silenus in der Schlacht der Götter gegen die Titanen ritten. Das Geschrei der Esel hatte eine solche Wirkung auf die Titanen, dass die Götter obsiegten.

δ Cnc (08^h45^m, +18°09′), Asellus Australis („Südlicher Esel"). Da sich die zwei Sterne beiderseits von Praesepe befinden, wird der Sternhaufen auch als Krippe bezeichnet, aus der die Esel fressen.

ι Cnc (08^h47^m, +28°45′) ist ein im Fernglas etwas schwierig zu beobachtender Doppelstern mit einem gelben ($4\overset{m}{,}0$) und einem weißen Stern ($6\overset{m}{,}6$).

ρ^1 Cnc (08^h53^m, +28°20′) ist ein weiter Doppelstern, bestehend aus einem gelben und einem roten Stern der Größen $6\overset{m}{,}0$ bzw. $6\overset{m}{,}2$.

R Cnc (08^h14^m, +11°53′) ist ein langperiodischer Veränderlicher, der um sein Maximum herum schon mit dem Feldstecher gut zu sehen ist. Seine Helligkeit schwankt zwischen $6\overset{m}{,}1$ und $11\overset{m}{,}8$ bei einer Periode von 361,6 Tagen.

M 44 (08^h40^m, +19°58′), Praesepe. Zu diesem Haufen, der sich über ein Gebiet von ca. 1,°5 Durchmesser erstreckt und ungefähr 590 LJ entfernt ist, gehören rund 200 Sterne.

M 67 (08^h50^m, +11°48′) ist ein verhältnismäßig großer Offener Sternhaufen ($7\overset{m}{,}0$) mit etwa dem gleichen scheinbaren Durchmesser wie der Mond (0,°5), der mit dem Fernglas problemlos zu beobachten ist.

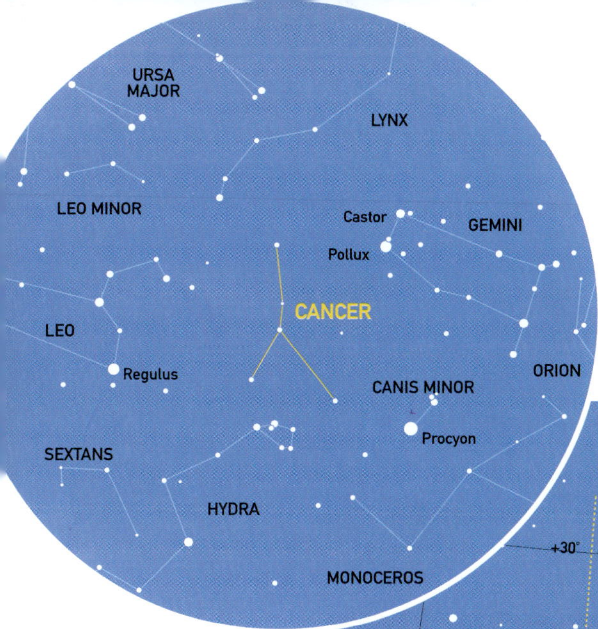

← Der KREBS in der Übersicht

Der KREBS im Detail →

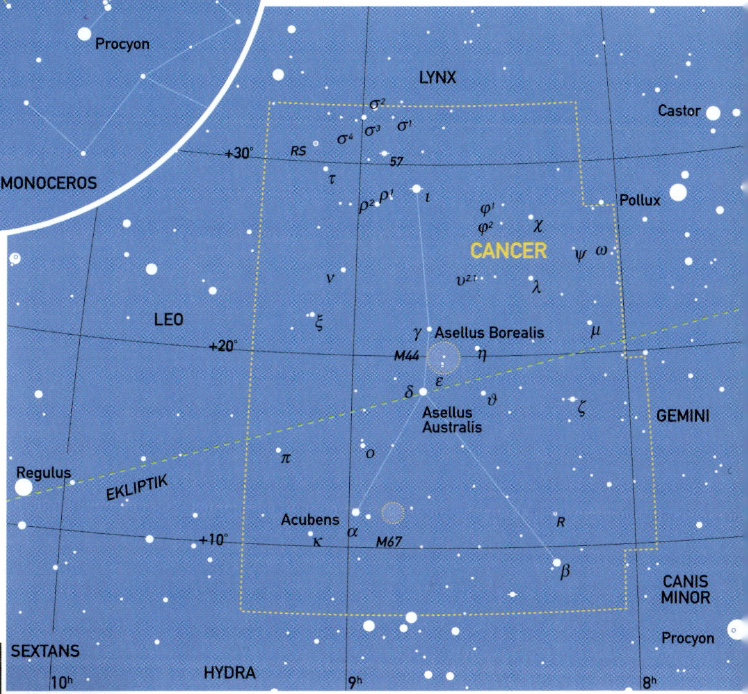

← Foto des KREBS

CANES VENATICI

CANUM VENATICORUM • CVN • JAGDHUNDE

IM SÜDEN UM 22:00 Ortszeit:	5. März
ZIRKUMPOLAR:	IMMER SICHTBAR
FLÄCHE:	465 Quadratgrad (38.)

Hierbei handelt es sich um ein vergleichsweise junges Sternbild, das 1687 von dem Astronomen Jan Helweke (allgemein bekannt als Hevelius) angeregt wurde, dem letzten großen Beobachter, der sich auf rein optische Methoden stützte, anstatt ein Teleskop zu verwenden. Die konventionelle Darstellung ist die zweier Jagdhunde, die von Bootes an der Leine gehalten werden. α CVn heißt Cor Caroli („Charles' Herz“) und erinnert an den hingerichteten König Charles I. von England. β CVn ist auch unter dem Namen Chara bekannt.

α CVn ($12^{h}56^{m}$, +38°18′) ist ein weiter Doppelstern mit Komponenten der Helligkeit $2\overset{m}{,}9$ und $5\overset{m}{,}6$. Der hellere Stern (α^2 CVn) ist im Grunde der Prototyp für eine Klasse magnetischer veränderlicher Sterne mit sehr geringer Amplitude (ungefähr $0\overset{m}{,}1$).

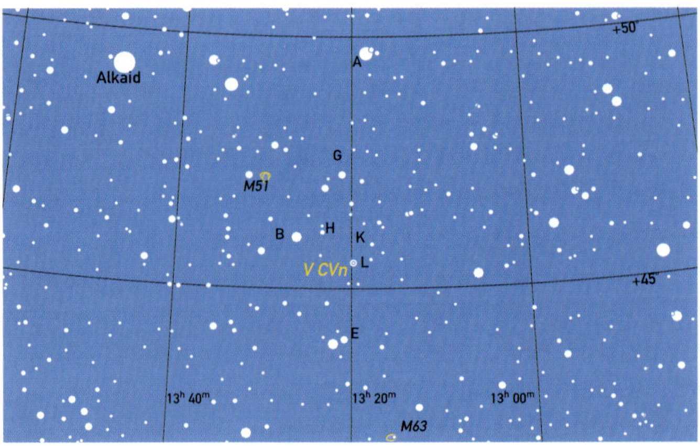

V CVn ($13^{h}20^{m}$, +45°32′) ist ein halbregelmäßiger Veränderlicher, der Intervalle von einer ziemlich exakten Periodizität von rund 192 Tagen aufweist.

VERGLEICHSSTERNE FÜR V cvn	
A = F1 21 = 5.1	H = 7.8
B = 5.9	K = 8.4
E = 6.5	L = 8.6
G = 7.1	

M 3 ($13^{h}42^{m}$, +28°22′) ist ein heller Kugelsternhaufen knapp unter der Sichtbarkeitsgrenze für das bloße Auge ($6\overset{m}{,}3$), der jedoch problemlos im Feldstecher zu beobachten ist. Er liegt in einer sternarmen Region unmittelbar an der Grenze zu Bootes.

M 51 ($13^{h}30^{m}$, +47°15′), die Whirlpool-Galaxie, gelangte zu Berühmtheit, als Lord Rosse gegen Ende des 19. Jahrhunderts ihre Spiralstruktur entdeckte. Sie ist bereits mit dem Fernglas zu sehen, offenbart aber erst durch ein großes Teleskop ihre ganze Schönheit.

Die JAGDHUNDE
im Detail →

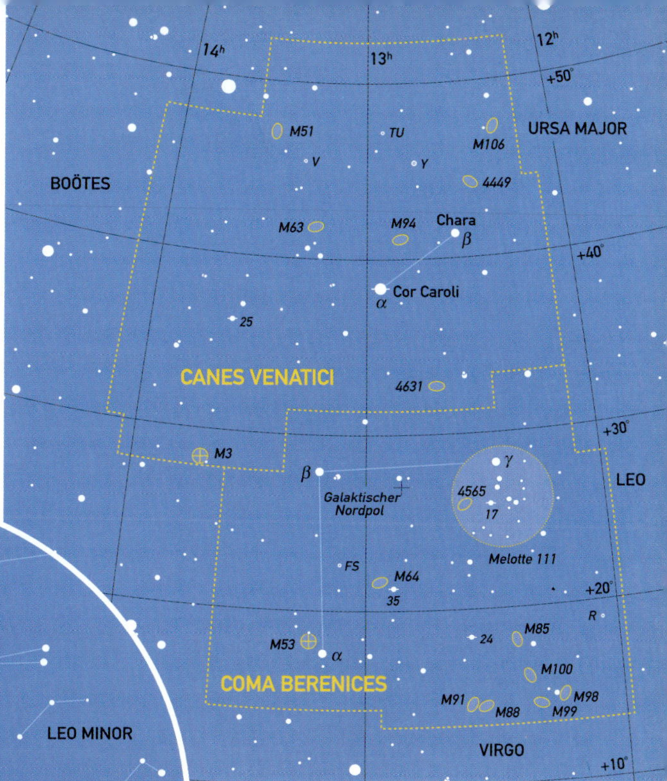

Die JAGDHUNDE
in der Übersicht ↓

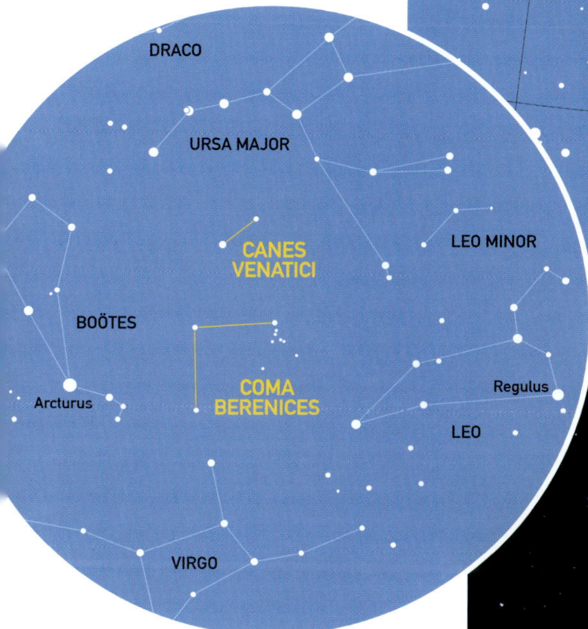

Foto der
JAGDHUNDE →

CANIS MAJOR

CANIS MAJORIS • CMA • GROSSER HUND

IM SÜDEN UM 22:00 Ortszeit:	5. Feb.
SICHTBAR UM 22:00 Ortszeit:	Jan.–März
FLÄCHE:	380 Quadratgrad (43.)

Canis Major ist ein sehr altes Sternbild, das im Laufe der Zeit wohl schon mit so ziemlich jedem mythischen Hund in Verbindung gebracht wurde. Am bekanntesten dürfte die Identifikation mit einem der beiden Hunde sein (der andere ist Canis Minor), die den Jäger Orion begleiten. Einer griechischen Sage nach stellte das Sternbild Laeleps dar, den flinksten aller Hunde, der am Himmel verewigt wurde, nachdem er bei einem Wettlauf gegen einen Fuchs gewonnen hatte.

Für die alten Ägypter markierte Sirius (der Hundsstern) ein überaus wichtiges Datum in ihrem Kalender, wenn er bei Tagesanbruch unmittelbar vor der Sonne über den Horizont stieg, was den Beginn des Nilhochwassers ankündigte. Auch noch in jüngeren Zeiten glaubte man, die spätsommerlichen „Hundstage" mit ihrer drückend heißen Witterung entstünden, weil Sirius seine eigene Hitze noch jener der Sonne dazugab, wenn beide zur gleichen Zeit am Himmel standen.

α CMa (06^h45^m, –16°43′), Sirius, ist mit seiner Helligkeit von $-1\overset{m}{,}4$ der hellste Stern am gesamten Himmel: zum einen, weil er wirklich bedeutend heller als die Sonne strahlt, aber auch, weil er mit einer Entfernung von gerade mal 8,6 LJ uns relativ nahe ist. Astronomisch ist er wichtig, weil er ein Binärsystem darstellt, bei dessen Begleitstern es sich um einen lichtschwachen Weißen Zwerg handelt – dem ersten, der je entdeckt wurde -, der allerdings nur in leistungsstarken Teleskopen zu sehen ist.

ζ CMa (06^h20^m, –30°04′), Furud, ist ein weiträumiger Doppelstern, dessen Komponenten (Helligkeit $3\overset{m}{,}0$ bzw. $7\overset{m}{,}6$) sich mit ihrer weißen bzw. orangenen Färbung in einem auffälligen Farbkontrast präsentieren.

η CMa (07^h24^m, –29°18′), Aludra, ist ebenfalls ein ausgedehnter, schon mit dem Fernglas sichtbarer Doppelstern. Die zwei weißen Sterne haben eine Helligkeit von $2\overset{m}{,}4$ bzw. $7\overset{m}{,}0$.

M 41 (06^h47^m, –20°43′) ist ein Offener Sternhaufen von etwa der Größe des Monddurchmessers ($0\overset{\circ}{,}5$), der aus rund 50 Sternen besteht. Unter günstigen Bedingungen ist er schon mit bloßem Auge erkennbar.

NGC 2362 (07^h19^m, –20°42′) ist ein Offener Haufen, der sowohl mit bloßem Auge als auch durchs Fernglas oder Teleskop betrachtet werden kann. Er ist rund 5000 LJ entfernt, umgibt jedoch scheinbar τ CMa, der jedoch in Wirklichkeit ein Vordergrundstern in nur 3200 LJ Entfernung ist.

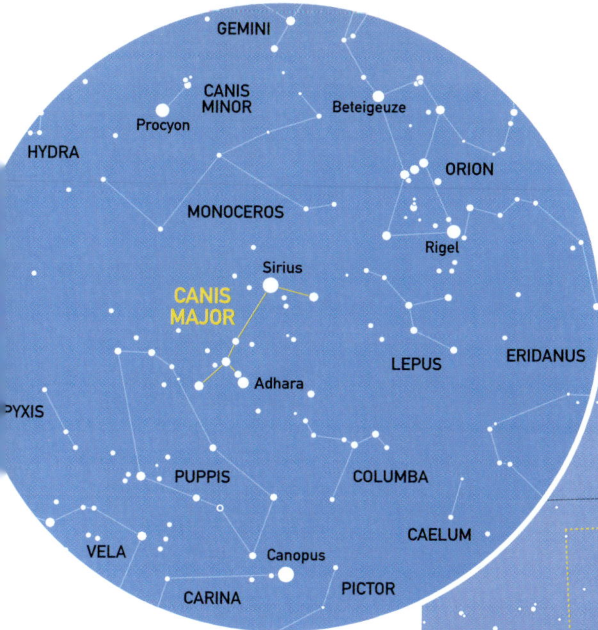

← Der GROSSE HUND in der Übersicht

Der GROSSE HUND im Detail →

← Foto des GROSSEN HUNDES

CANIS MINOR

CANIS MINORIS • CMI • KLEINER HUND

IM SÜDEN UM 22:00 Ortszeit:	15. Feb.
SICHTBAR UM 22:00 Ortszeit:	Nov.–Mai
FLÄCHE:	183 Quadratgrad (71.)

Mythologisch wurde dieses kleine Sternbild allgemein als Paarergänzung zu Canis Major gesehen, die beide Orions Jagdhunde darstellen. Das Sternbild ist so klein, dass es nur aus wenigen Sternen besteht und keine nennenswerten Haufen, Nebel oder Galaxien enthält.

α CMi (07^h39^m, +05°13′), Procyon, ist ein griechisches Wort und bedeutet „vor dem Hund". Es wurde diesem Stern verliehen, weil er vor Sirius aufging. Insbesondere für die Menschen im alten Ägypten war er ein Hinweis, dass der aus kalendarischer Sicht überaus wichtige Sirius demnächst über dem Horizont aufgehen würde. Procyon ist mit 11,4 LJ etwas weiter entfernt als Sirius, aber immer noch relativ nahe. Ein merkwürdiger Zufall will es, dass Procyon wie Sirius ein Binärsystem mit einem Weißen Zwerg als Begleitstern ist. Dieser umkreist den strahlend hellen ($0^m\!,4$) gelben Primärstern in so geringem Abstand, dass er noch schwerer zu entdecken ist als der Begleiter von Sirius.

β CMi (07^h27^m, +08°17′), ein weißer Stern der Größe $2^m\!,8$, trägt den Namen Gomeisa. Dieser galt ursprünglich für die gesamte Sternbild, wurde jedoch aus irgendeinem nicht näher bekannten Grund auf den Stern übertragen.

CASSIOPEIA

(*Fortsetzung von S. 170*)

M 103 (01^h33^m, +60°42′) ist ein Offener Sternhaufen der Größe $7^m\!,5$, der im Fernglas teilweise aufgelöst erscheint.

NGC 457 (01^h19^m, +58°20′), ist ebenfalls ein Offener Haufen, vielleicht etwas heller als die zwei Messier-Objekte. Seine hellsten Sterne erscheinen im Feldstecher klar aufgelöst.

NGC 663 (01^h46^m, +60°44′) ist noch ein Offener Haufen, der bereits im Fernglas ein schönes Objekt ist. Er besteht aus zwei unregelmäßig geformten Zonen mit vielen einzeln sichtbaren Sternen.

Der KLEINE HUND
in der Übersicht →

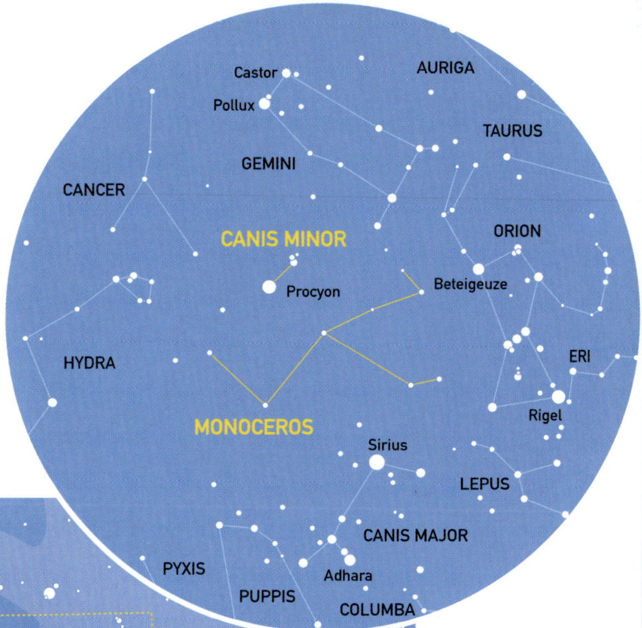

Der KLEINE HUND
im Detail ↓

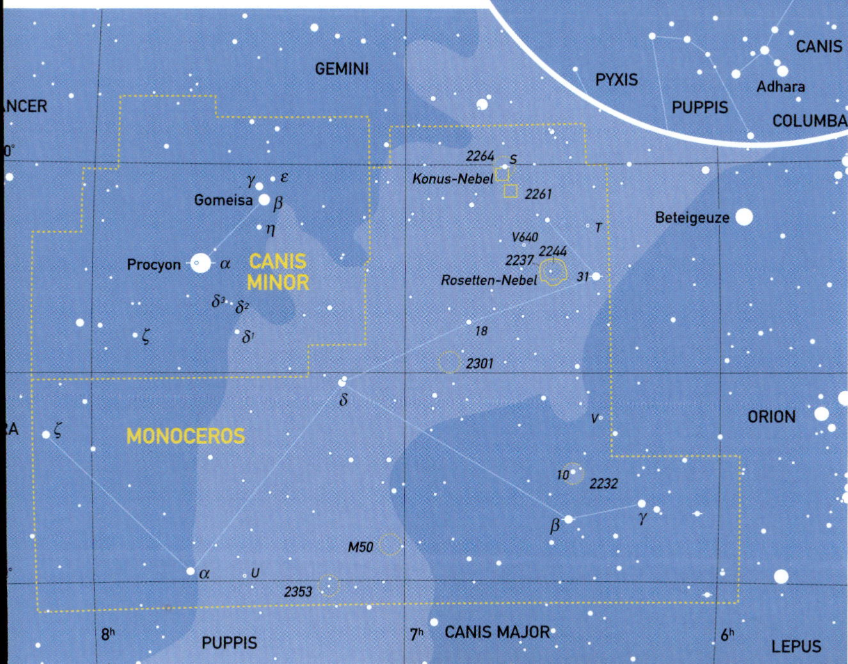

Foto des →
KLEINEN HUNDES

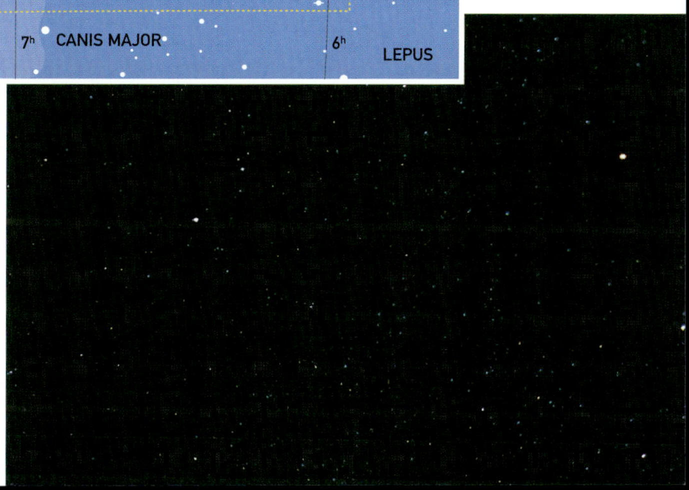

CAPRICORNUS

CAPRICORNI • CAP • STEINBOCK

IM SÜDEN UM 22:00 Ortszeit:	1. Sept.
SICHTBAR UM 22:00 Ortszeit:	Jul.–Okt.
FLÄCHE:	414 Quadratgrad (40.)

Capricornus ist ein uraltes Sternbild, das zumindest in babylonischen Zeiten schon bekannt war, vermutlich aber noch früheren Ursprungs ist. Vor etwas mehr als 2000 Jahren markierte es die südlichste Deklination, welche die Sonne zur Wintersonnenwende erreichte. Obwohl die Position der Sonne zur Sonnenwende präzessionsbedingt in das Sternbild Sagittarius gewandert ist, blieb der Zusammenhang im Namen „Wendekreis des Steinbocks" bis heute erhalten, jenem südlichen Breitengrad, an dem die Sonne am 21. oder 22. Dezember im Zenit steht.

Das Sternbild ist so alt, dass sich zahllose Mythen darum ranken. Viele handeln vom Meer oder von Wasser, und in dieser Region befinden sich denn auch mehrere „Wasser-Sternbilder" (Aquarius, Cetus, Eridanus, Pisces und Piscis Austrinus). Für die Sumerer stand es in Bezug mit dem Gott Ea, der aus dem Meer stieg, um den Menschen die Zivilisation und Kultur zu bringen. Später wurde es mit dem ziegenhaften Gott Pan gleichgesetzt, der zusammen mit anderen Göttern im Nil badete, als das Ungeheuer Typhon sie in Angst und Schrecken versetzte. Auf seiner misslungenen Flucht sprang Pan in Panik ins Wasser, wobei er seine Gestalt zu wechseln versuchte. Die Körperhälfte unter Wasser verwandelte sich in einen Fisch, doch sein Oberkörper, der aus dem Wasser ragte, blieb der einer Ziege.

α^1 Cap (20^h18^m, –12°30′), Prima Giedi, und **α^2 Cap** (20^h18^m – 12°32′), Secunda Giedi, bilden einen sehr weiträumigen Doppelstern, der schon mit bloßem Auge mühelos erkennbar ist. Das Paar befindet sich in ca. 690 bzw. 110 LJ Entfernung; bei beiden handelt es sich wiederum um enge Binärsysteme.

β Cap (20^h21^m, –14°47′), Dabih, ist ebenfalls ein Doppelsystem, bestehend aus einem Paar weißer Sterne der Größe $3\overset{m}{,}1$ bzw. $6\overset{m}{,}1$. Mit einem Feldstecher sind sie verhältnismäßig leicht trennbar.

ρ Cap (20^h29^m, –17°49′) ist ein Doppelsystem mit einem weißen und einem orangen Stern der Größe $4\overset{m}{,}8$ bzw. $6\overset{m}{,}6$, die im Fernglas leicht zu trennen sind.

M 30 (21^h40^m, –23°10′) ist ein Kugelsternhaufen der Größe $7\overset{m}{,}5$, der zwar mit dem Feldstecher entdeckt werden kann, zur detaillierten Beobachtung jedoch ein größeres Instrument erfordert.

Der STEINBOCK im Detail →

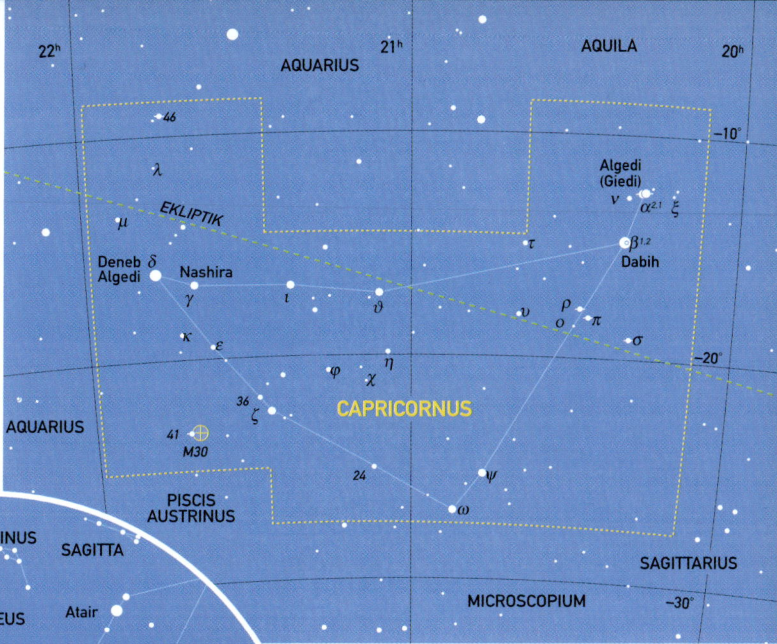

← Der STEINBOCK in der Übersicht

Foto des → STEINBOCKS

CASSIOPEIA

CASSIOPEIAE • CAS • CASSIOPEIA

IM SÜDEN UM 22:00 Ortszeit: **5. Nov.**
ZIRKUMPOLAR: IMMER SICHTBAR
FLÄCHE: **598 Quadratgrad (25.)**

In der griechischen Mythologie stellt dieses auffällige Sternbild die Gemahlin von Cepheus und Königin von Äthiopien dar, die sich damit brüstete, schöner zu sein als die Nereiden, die Meernymphen. Die Nereiden beklagten sich darüber bei ihrem Vater Poseidon, der ein Ungeheuer (Cetus) entsandte, um die Küste von Äthiopien zu verwüsten. Ein Orakel bestimmte, dass Andromeda geopfert werden solle, doch wurde sie von Perseus gerettet. In einer späteren Ausschmückung der Geschichte wurde Cassiopeia an ihren Thron gekettet, damit sie die Schmach erleiden würde, die Hälfte des Tages mit dem Kopf nach unten zu hängen.

Das Sternbild wird von der Milchstraße gekreuzt und enthält viele Sternhaufen, von denen sich einige nur schwer von den Sternwolken im Hintergrund unterscheiden lassen. Die gesamte Region lohnt eine Beobachtung mit einem gering vergrößernden Feldstecher.

γ Cas (00^h57^m, +60°43′) ist ein ungewöhnlicher veränderlicher Stern, dessen Helligkeit normalerweise ca. $2^m,5$ beträgt, manchmal jedoch auch bis auf $3^m,0$ absinkt. In unvorhersehbaren Abständen schleudert er eine Materiehülle ins All und wird dadurch heller. In einem solchen Fall hat er schon $1^m,6$ erreicht. Es ist ziemlich schwer, ihn exakt zu schätzen, weil geeignete Vergleichssterne weit über den Himmel verstreut liegen.

VERGLEICHSSTERNE FÜR γ CAS			
A = α Per	1,80	F = α Cep	2,43
B = α And	2,07	G = ε Cyg	2,46
C = γ Cyg	2,22	H = α Peg	2,48
D = β Cas	2,26	J = γ Peg	2,83
E = β UMa	2,36	K = η Peg	2,94

ρ Cas (23^h54^m, +57°30′) ist ein halbregelmäßiger Veränderlicher mit einer Helligkeit zwischen $4^m,4$ und $5^m,2$ und einer Periodizität von rund 320 Tagen. Zwischen 1945 und 1947 zeigte er einen ungewöhnlichen (und kaum erklärbaren) Helligkeitsrückgang bis auf $6^m,2$.

RZ Cas (02^h44^m, +69°26′) ist ein bedeckungsveränderliches System. Die Bedeckungsphase variiert unregelmäßig, liegt jedoch momentan bei etwa 1,195247 Tagen. Die Gesamthelligkeit schwankt zwischen $6^m,2$ und $7^m,7$.

V465 Cas (01^h18^m, +57°48′) ist ein halbregelmäßiger Veränderlicher mit einer Helligkeit zwischen $6^m,2$ und $8^m,1$. Häufig zeigt er eine konstante Periodizität von rund 60 Tagen, gefolgt von Phasen mit unregelmäßigerer Aktivität.

M 52 (23^h24^m, +61°35′) ist ein Offener Sternhaufen, der im Fernglas als nebliger Fleck erscheint. Seine Helligkeit beträgt etwa $7^m,5$, und er hat an einer Seite einen orangefarbenen Begleiter 8. Größe.

(Fortsetzung auf S. 166)

Vergleichssterne für V465 Cas	
P = 5,7	B = 7,4
C = 6,3	M = 7,9
A = 6,6	N = 8,3
F = 7,0	

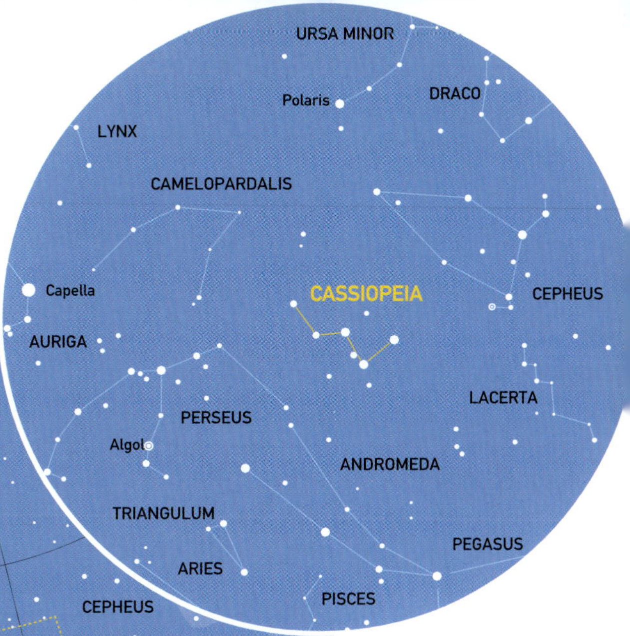

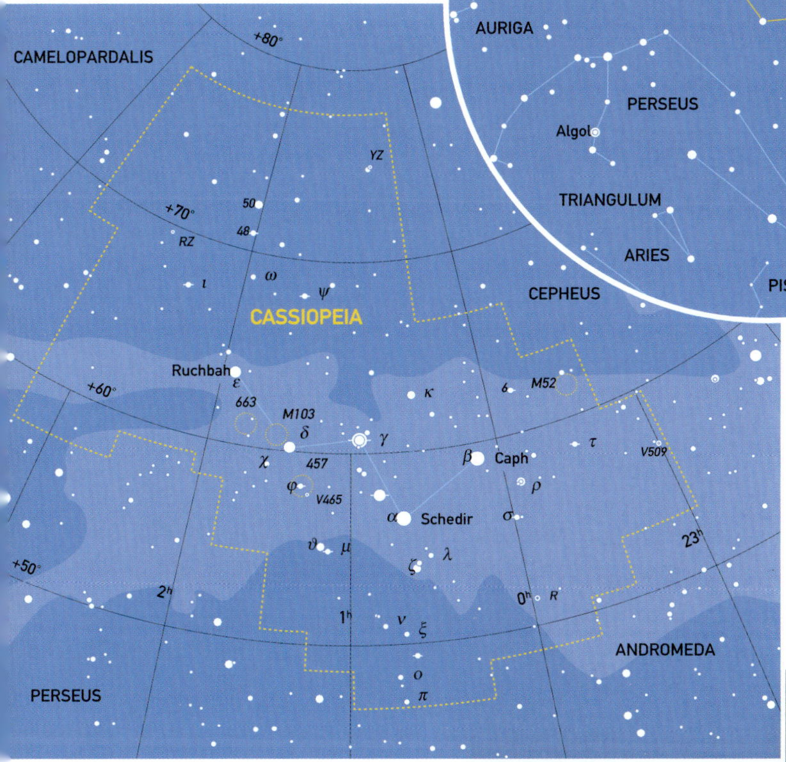

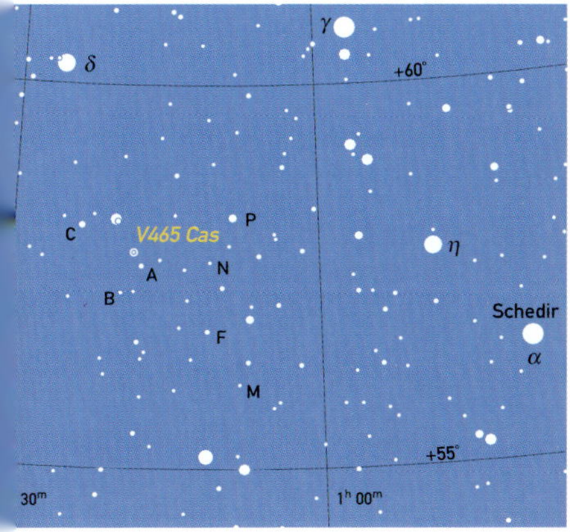

CEPHEUS

CEPHEI • CEP • CEPHEUS

IM SÜDEN UM 22:00 Ortszeit:	20. Sept.
ZIRKUMPOLAR: IMMER SICHTBAR	
FLÄCHE:	588 Quadratgrad (27.)

Dieses unauffällige zirkumpolare Sternbild erstreckt sich fast bis zum Himmelsnordpol. In klaren Nächten erkennt man, wie das Band der Milchstraße seinen südlichen Abschnitt kreuzt, was das Herauspicken einzelner schwächerer Sterne in dieser Region erschwert. In der Mythologie war Cepheus der König von Äthiopien und Vater von Andromeda; seine Gemahlin war die überhebliche Cassiopeia. Obwohl der Cepheus ein recht lichtschwaches Sternbild ist, sind zwei seiner Sterne doch besonders wichtig und interessant.

δ Cep ($22^{h}29^{m}$, +58°25′) ist der Namensgeber für die Klasse der Cepheiden-Veränderlichen. Er schwankt in der Helligkeit zwischen $3\overset{\mathrm{m}}{,}5$ und $4\overset{\mathrm{m}}{,}4$ bei einer Periode von 5,366341 Tagen und ist ein hellgelber Überriese in einer Entfernung von 982 LJ. Sterne dieses Typs weisen äußerst regelmäßige Perioden und Lichtkurven auf. Es besteht ein direkter Zusammenhang zwischen Periode und Leuchtkraft: je länger die Periode, um so größer die Leuchtkraft. Durch Bestimmung der Periode kann man die absolute Helligkeit des Sterns und somit seine Entfernung berechnen.

μ Cep ($21^{h}43^{m}$, +58°47′) ist wegen seiner schon im Feldstecher mühelos erkennbaren auffälligen Rotfärbung auch als der „Granatstern" bekannt. Er ist ein Roter Überriese und mit ungefähr dem 2400fachen Sonnendurchmesser – das sind rund 22 Astronomische Einheiten (AE) – der größte Stern, der bislang entdeckt wurde. In unserem Sonnensystem würde er damit bis weit über die Umlaufbahn des Saturn hinausragen.

Er ist ein halbregelmäßiger Veränderlicher mit einer Helligkeit zwischen $3\overset{\mathrm{m}}{,}4$ und $5\overset{\mathrm{m}}{,}1$ und zeigt Perioden von etwa 740 und 4400 Tagen, obgleich auch gelegentlich Phasen mit nur geringer Veränderung auftreten. Wegen seiner extremen Färbung ist er optisch schwer einzustufen und seine Lichtkurven weisen eine starke Streuung auf.

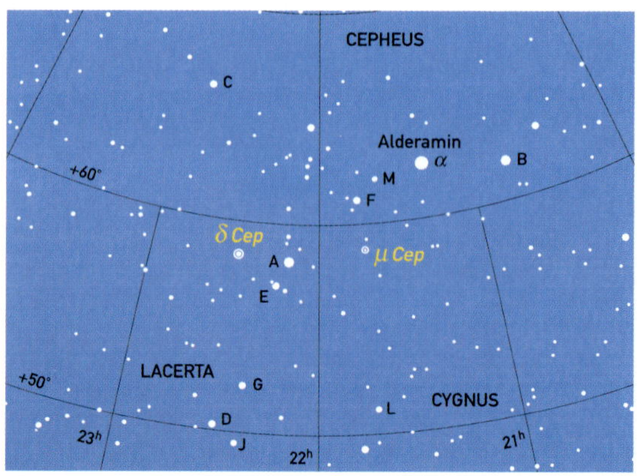

T Cep ($21^{h}09^{m}$, +68°17′) ist ein langperiodischer Mira-Veränderlicher mit einem Helligkeitsbereich zwischen $5\overset{\mathrm{m}}{,}2$ und $11\overset{\mathrm{m}}{,}3$ sowie einer Periode von 388 Tagen.

IC 1396 ($21^{h}39^{m}$, +57°30′) ist ein dünn besiedelter Offener Sternhaufen südlich von μ Cep und am besten mit geringer Vergrößerung zu beobachten.

← Foto des KEPHEUS

Der KEPHEUS in der Übersicht ↓

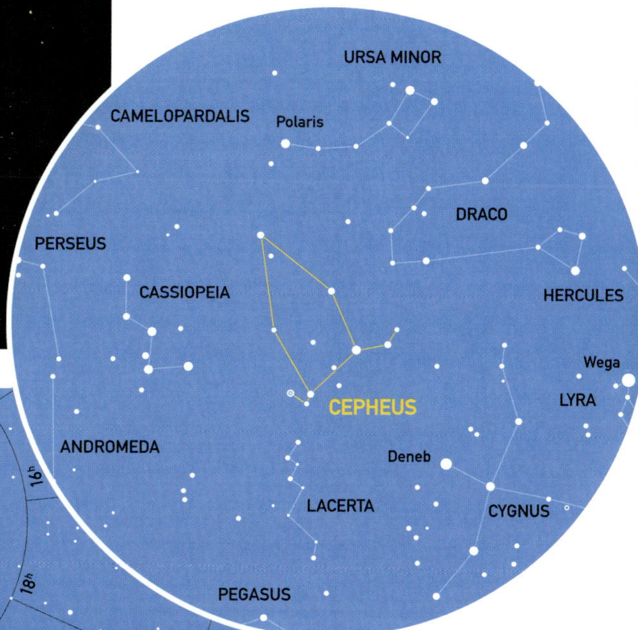

Vergleichssterne für δ Cep	
A = ζ Cep 3,35	E = ϵ Cep 4,19
B = η Cep 3,43	F = ν Cep 4,29
C = ι Cep 3,53	G = β Lac 4,44
D = α Lac 3,77	

Vergleichssterne für μ Cep

Verwenden Sie die selben Referenzsterne wie für δ Cep, nur mit folgenden Ergänzungen am schwächeren Ende:

H = 4,52	L = π^1 Cyg 4,67
J = 4 Lac 4,58	M = 9 Cep 4,75

← Der KEPHEUS im Detail

CETUS

CETI • CET • WALFISCH

IM SÜDEN UM 22:00 Ortszeit:	20. Nov.
SICHTBAR UM 22:00 Ortszeit:	Okt.–Dez.
FLÄCHE:	1231 Quadratgrad. (4.)

Dieses große Sternbild (das viertgrößte Sternbild am Himmel) besitzt leider nur wenige helle Objekte von Interesse. Trotz der verbreiteten Bezeichnung „Walfisch“ sollte es vielleicht besser als das „Meerungeheuer“ bekannt sein, denn mythologisch stellt es jenes Ungeheuer dar, das Poseidon schickte, damit es die Küste von Äthiopien verwüsten sollte.

α Cet (03^h02^m, +04°06′), Menkar, ist eigentlich schwächer als β Cet, Diphda (auch als Deneb Kaitos bekannt), ein Stern 2. Größe. Er ist ein Roter Riese ($2^m,5$) in rund 220 LJ Entfernung, der mit einem bläulichen Stern ($5^m,6$), der fast genau doppelt so weit entfernt ist (446 LJ), einen optischen Doppelstern bildet.

o Cet (02^h19^m, –02°59′) ist der berühmteste veränderliche Stern und der erste, der überhaupt entdeckt wurde. Der erstmals 1596 von dem friesischen Astronomen Fabricius beobachtete Stern wurde für eine „Nova“ gehalten, für einen „neuen“ Stern, der plötzlich auftauchte und dann wieder verblasste. 1638 erkannte Holwarda, dass sich seine Helligkeit in einem beständigen Rhythmus mit einer Periode von ungefähr 330 Tagen änderte. Der Stern erhielt den Namen Mira („die Wunderbare“) und wurde zum Urtyp für eine Klasse von Veränderlichen, den Mira-Sternen, die auch als langperiodische Veränderliche bekannt sind; sie bilden die größte Klasse innerhalb der veränderlichen Sterne. Es sind ausnahmslos pulsierende Rote Riesen oder Überriesen, die sich in einer Spätphase der stellaren Entwicklung befinden. Mira hat eine enorme Amplitude, die von $3^m,5$ (oder noch heller) im Maximum, was für das bloße Auge problemlos erkennbar ist, bis hinunter zu $9^m,5$ oder weniger im Minimum reicht. Zwei Karten und Vergleichssterne für o Ceti finden Sie auf Seite 131.

T Cet (00^h22^m, –20°03′) ist ein halbregelmäßiger Veränderlicher mit einer Helligkeit zwischen $5^m,0$ und $6^m,9$ mit einer Periodizität von rund 159 Tagen.

M 77 (02^h43^m, 00°00′) ist eine Spiralgalaxie, deren Kern schon mit dem Feldstecher relativ leicht zu entdecken ist. Sie ist ein Beispiel für eine so genannte Seyfert-Galaxie, deren Merkmal ein heller Kern sowie eine beträchtliche Aktivität im Inneren ist, verbunden mit einer starken Strahlungsemission. Diese rührt wahrscheinlich von Materie her, die in ein großes Schwarzes Loch im Zentrum stürzt.

Der WALFISCH
in der Übersicht →

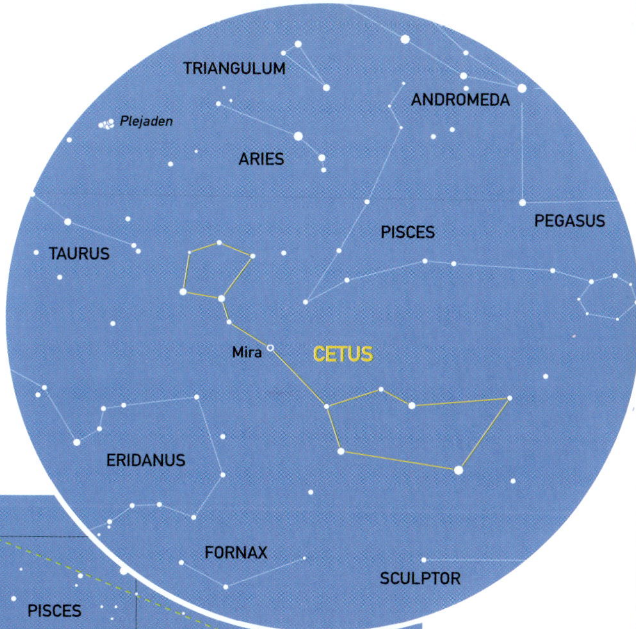

Der WALFISCH
im Detail ↓

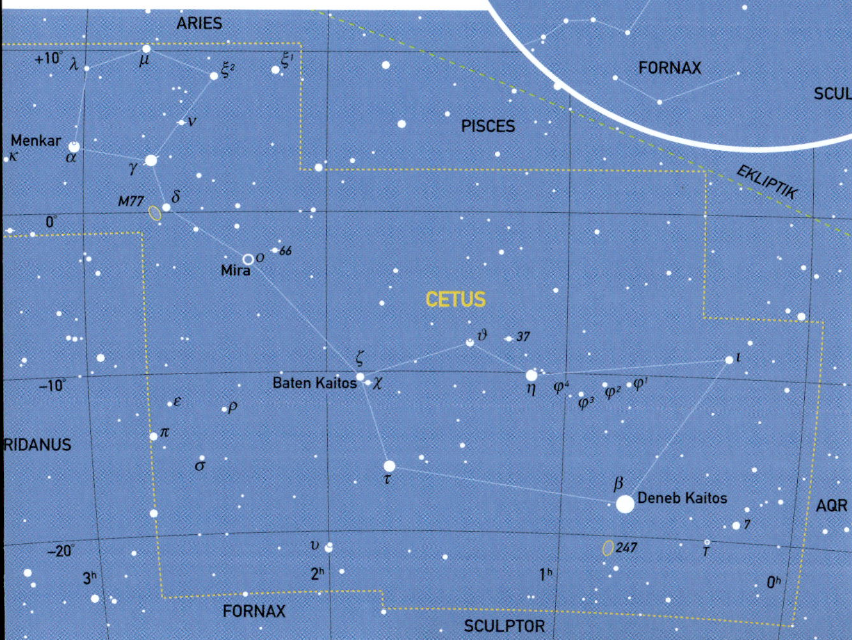

Foto des →
WALFISCHS

COMA BERENICES

COMAE BERENICES • COM • HAAR DER BERENIKE

IM SÜDEN UM 22:00 Ortszeit: 5. Mai

SICHTBAR UM 22:00 Ortszeit: Jan.–Aug.

FLÄCHE: 386 Quadratgrad (42.)

Diese Himmelsregion wurde ursprünglich dem benachbarten Sternbild Leo zugerechnet, von der sie 1551 durch den belgischen Astronomen und Kartografen Gerard Mercator abgetrennt wurde. Sie soll das Haar der ägyptischen Königin Berenike darstellen, das diese aufgrund eines Gelübdes opferte, nachdem ihr Gemahl, Ptolemäus III., Eugertes, unversehrt von einem Feldzug heimgekehrt war.

In dem Gebiet von Coma Berenices liegt der galaktische Nordpol, was bedeutet, dass wir in dieser Richtung aus der Galaxis heraussehen, rechtwinklig zur galaktischen Ebene mit ihrem den Blick verhüllenden Staub. Hier, sowie in den Nachbarsternbildern, gibt es zahlreiche Galaxien. Nahe der südlichen Grenze zu Virgo befindet sich der Coma-Galaxienhaufen; allerdings sind die meisten Objekte für kleine Amateurinstrumente zu lichtschwach.

Melotte 111, auch bekannt als der Coma-Sternhaufen, ist ein sehr loser Offener Haufen, mehr als 5° im Durchmesser, dessen Zentrum ungefähr bei $12^{h}25^{m}$, +26°06′ liegt. Er ist direkt südlich von γ Com, einem Stern 4. Größe zu finden. Man kann ihn zwar mit bloßem Auge entdecken, am besten ist er jedoch mit einem schwachen Feldstecher (oder altmodischen Opernglas) zu beobachten.

17 Com ($12^{h}29^{m}$, +25°54′) liegt am Rand des Sternhaufens und ist ein Binärsystem, bestehend aus einem Paar blau-weißer Sterne der Größe $5^{m},5$ und $6^{m},6$.

R Com ($12^{h}02^{m}$, +19°04′) ist ein Veränderlicher des Mira-Typs, der um sein Helligkeitsmaximum von $7^{m},1$ mit einem Fernglas gesehen werden kann. Seine Periode beträgt 362,82 Tage, und seine Helligkeit schwindet bis auf $14^{m},6$, was zur Beobachtung schon ein ziemlich großes Instrument erfordert.

M 53 ($13^{h}13^{m}$, +18°09′) ist ein Kugelsternhaufen mit einer Helligkeit von $8^{m},0$. Seine Zentralregion ist bereits im Fernglas erkennbar.

M 64 ($12^{h}57^{m}$, +21°40′) ist eine Spiralgalaxie, die unter sehr günstigen Bedingungen in einem starken Fernglas gerade noch sichtbar ist. Die dunkle Staubspur, der sie ihren volkstümlichen Namen „Black-Eye-Galaxie“ verdankt, ist nur in sehr großen Teleskopen erkennbar.

HAAR DER BERENIKE
im Detail →

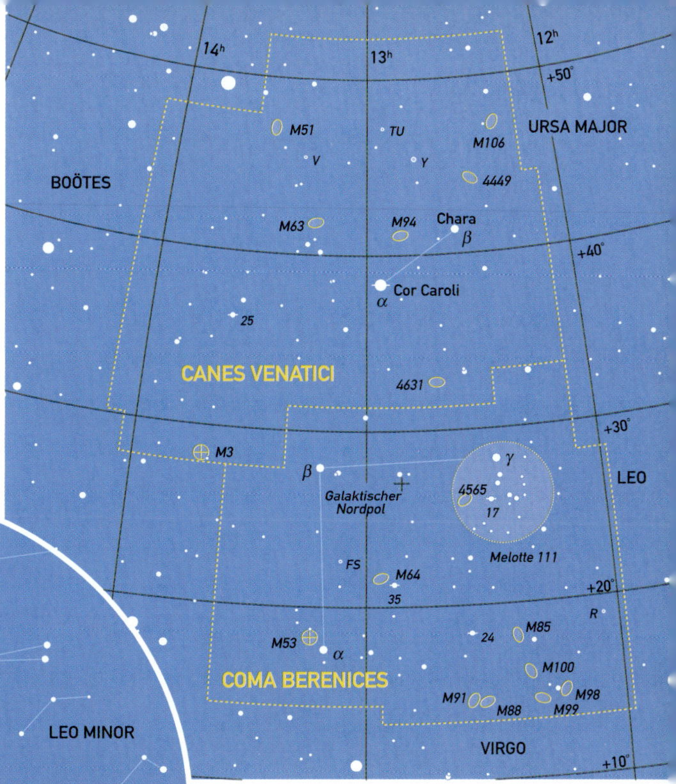

HAAR DER BERENIKE in der Übersicht ↓

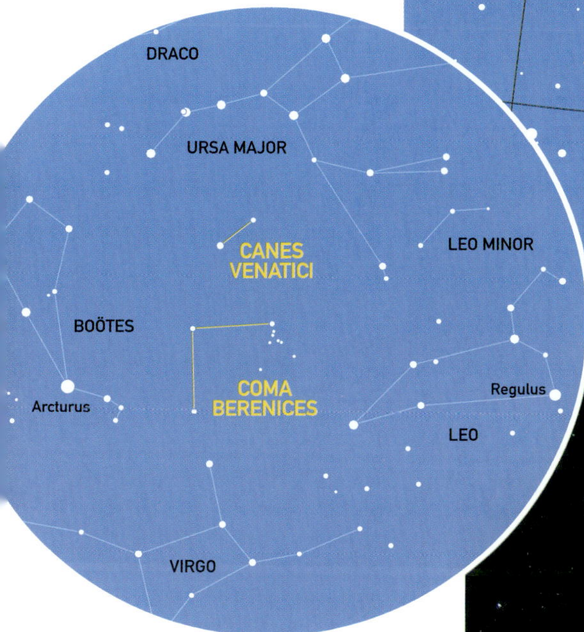

Foto von
HAAR DER BERENIKE →

CORONA BOREALIS

CORONAE BOREALIS • CRB • NÖRDLICHE KRONE

IM SÜDEN UM 22:00 Ortszeit:	15. Juni
SICHTBAR UM 22:00 Ortszeit:	Feb.–Okt.
FLÄCHE:	179 Quadratgrad (73.)

Dieses kleine, sehr markante Sternbild liegt östlich von Bootes. Es besteht im Wesentlichen aus einem Bogen von sieben Sternen. Sechs davon sind Sterne 4. Größe, doch einer, α CrB (Alphecca oder Gemma) ist mit $2^{m}.2$ bedeutend heller. Der Sage nach verkörpert es die Krone der Ariadne, die, nachdem sie von Theseus verlassen wurde, die Gemahlin von Dionysos wurde und von Zeus die Unsterblichkeit gewährt bekam.

ν CrB ($16^{h}22^{m}$, +33°47′), am Ostrand des Sternbildes gelegen, ist ein weiter optischer Doppelstern mit zwei orangefarbenen Riesensternen der Helligkeit $5^{m}{,}2$ und $5^{m}{,}4$.

R CrB ($15^{h}49^{m}$, +28°09′) ist der Namensgeber für die bemerkenswerten RCB-Sterne, jene seltenen Überriesen vom Typ der R-Coronae-Borealis-Veränderlichen. Er ist normalerweise hell, ungefähr mit $5^{m}{,}9$, verblasst jedoch plötzlich und unvorhersehbar. Der unregelmäßige Helligkeitsrückgang kann zwischen 1 und 9 Magnituden betragen und Tage oder Wochen dauern, wogegen sich die langsame Erholungsphase über Wochen oder Monate hinzieht. Zu einer solchen Verdunklung kommt es, wenn Kohlenstoff in der äußeren Atmosphäre des Sterns zu festen Partikeln kondensiert und dadurch dessen Licht absorbiert.

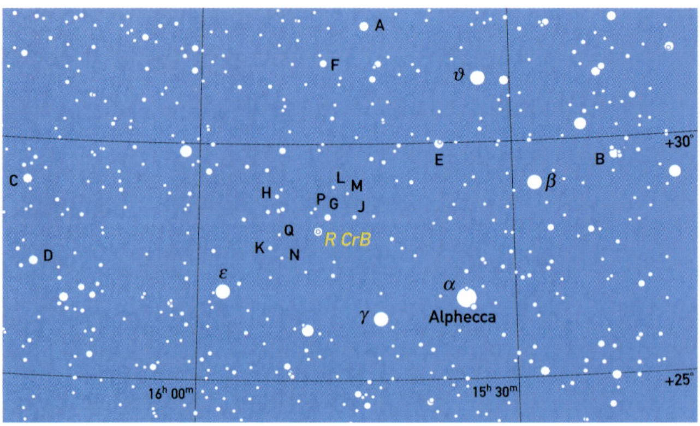

Auch Hobbyastronomen leisten einen wertvollen Beitrag, indem sie diese Sterne überwachen und bei Einsetzen der Verdunklung professionelle Astronomen informieren. R CrB ist ein besonders guter Kandidat, der bei seinem Maximum schon mit dem Feldstecher gut zu sehen ist. Es treten ständig kleinere Schwankungen auf, weshalb Benachrichtigungen in der Regel erst erfolgen, sobald der Stern unter $7^{m}{,}0$ abfällt.

T CrB ($15^{h}57^{m}$, +26°04′) ist eine wiederkehrende Nova, eine Form der kataklysmischen Veränderlichen. Aufgrund seiner Helligkeit von $10^{m}{,}8$ ist er normalerweise zu lichtschwach für die Beobachtung durch ein Fernglas. Jedoch explodierte er 1866 und 1946 und erreichte hierbei $2^{m}{,}0$, mit kleineren Ausbrüchen in 1963 und 1975. Er ist ein Binärsystem mit einer Umlaufzeit von 227,6 Tagen.

← Die NÖRDLICHE KRONE in der Übersicht

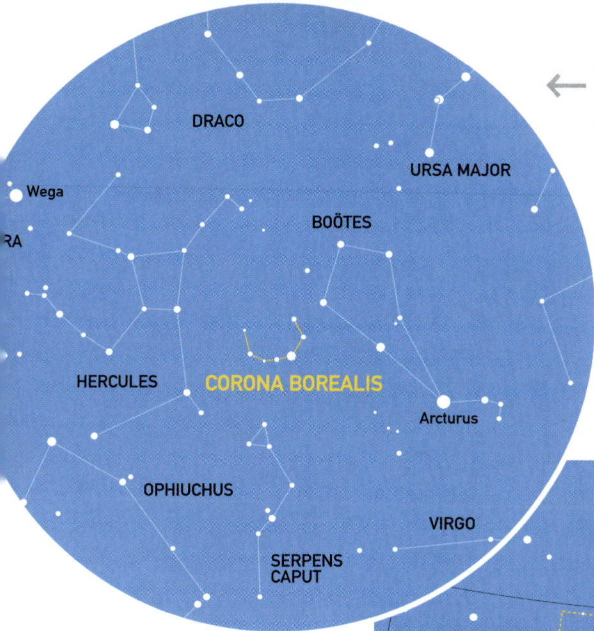

Die NÖRDLICHE KRONE im Detail ↓

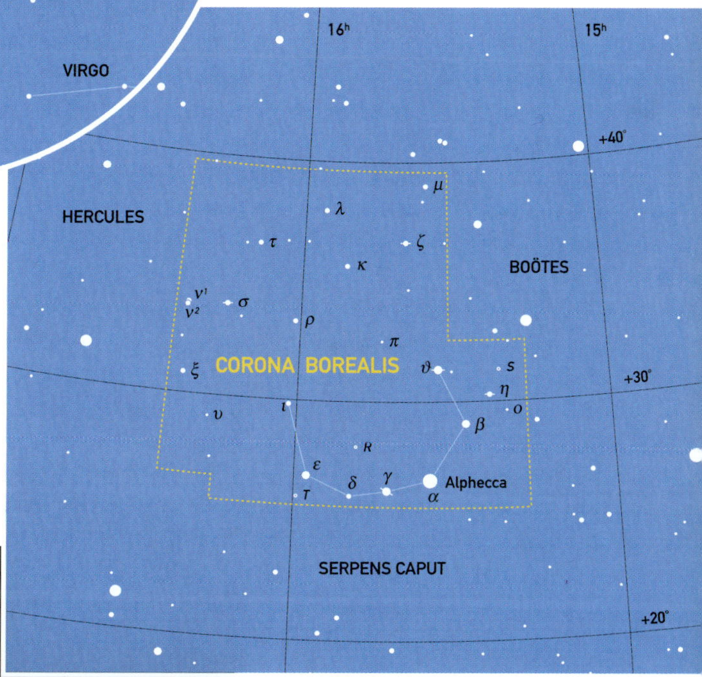

EICHSSTERNE FÜR R CRB		
,56	F = 6,72	L = 8,60
,63	G = 7,18	M = 8,88
,94	H = 7,63	N = 9,20
,28	J = 7,93	P = 9,36
,57	K = 8,28	Q = 9,49

← Foto der NÖRDLICHEN KRONE

CORVUS

CORVI • COR • RABE

IM SÜDEN UM 22:00 Ortszeit:	25. April
SICHTBAR UM 22:00 Ortszeit:	März–Juni
FLÄCHE:	184 Quadratgrad (70.)

Der Sage nach soll Apollo seinen Vogel, einen Raben, ausgesandt haben, damit dieser ihm seinen Becher (Crater) mit Wasser füllen sollte. Auf dem Rückweg trödelte der Rabe und fraß unterwegs erst einige Feigen, kehrte dann aber mit der Schlange (Hydra) in seinen Klauen zurück.

Als Apollo ihn wegen seiner Verspätung tadelte, erwiderte der Rabe, die Schlange habe ihn daran gehindert, zur Quelle zu gelangen. Apollo war über diese Lüge erzürnt und verbannte alle drei zur Strafe an den Himmel. Alle anderen Raben können nur heiser krächzen, weil sie ständig Durst haben.

In diesen beiden Sternbilder finden sich selbst für Beobachter mit großen Instrumenten nur wenige interessante Objekte. Direkt auf der Grenze zwischen Corvus und Virgo liegt M 104, die Sombrero-Galaxie, und diese ist wohl auch am leichtesten von Corvus aus zu entdecken. Sie liegt fast genau auf der nordwärts verlängerten Linie von α Corvi (Alchiba) durch δ Corvi (Algorab). Ebenso findet man M 68, einen Kugelhaufen in Hydra, am besten von Corvus aus. Dieser liegt etwas östlich der ungefähr um ihren halben Abstand verlängerten Linie von δ Corvi (Algorab) durch β Corvi (Kraz).

NGC 4361 (12^h25^m, –18°47′) ist ein schwacher Planetarischer Nebel 13. Größe, der gerade eben mit dem Feldstecher noch erkennbar ist. Damit man jedoch irgendwelche Details oder den Zentralstern sehen kann, benötigt man schon ein großes Teleskop.

CRATER

CRATERIS • CRA • BECHER

IM SÜDEN UM 22:00 Ortszeit:	10. Apr.
SICHTBAR UM 22:00 Ortszeit:	Feb.–Mai
FLÄCHE:	282 Quadratgrad (53.)

In mythologischen Darstellungen der Sternbilder wird Crater normalerweise als ein Trinkgefäß gezeigt, das auf dem Rücken der Schlange (Hydra) ruht. Die von diesen Sternen gebildeten Konturen erinnern eher an einen Kelch als an jene bei den Griechen übliche Weinschale mit zwei Henkeln, die man als Crater bezeichnet.

Crater enthält keinerlei interessante Objekte, die mit dem Fernglas (oder auch mit kleinen Fernrohren) sichtbar wären. Zwar finden sich hier einige veränderliche Sterne, aber diese sind entweder zu lichtschwach oder zeigen nur minimale Schwankungen, die schwer zu erfassen sind.

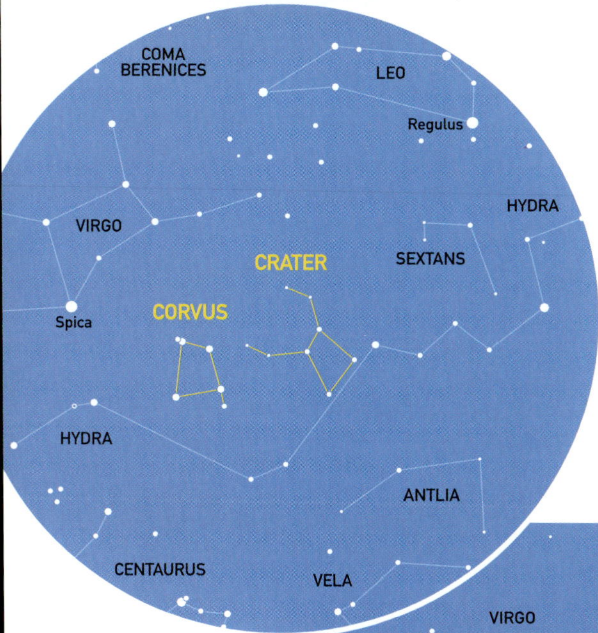

← RABE und BECHER in der Übersicht

RABE und BECHER im Detail ↓

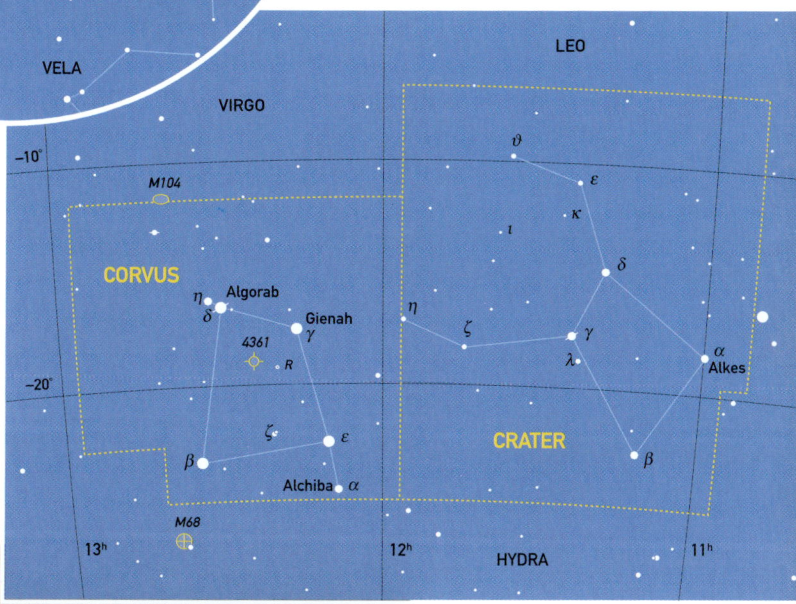

← Foto von RABE und BECHER

CYGNUS

CYGNI • CYG • SCHWAN

Der Schwan ist ein prächtiges Sternbild, das fast ganzjährig in voller Größe sichtbar ist. Deneb (α Cygni) strahlt so hell, dass er schon in Horizontnähe beobachtet werden kann, und ist daher überall ab 50° nördlicher Breite zirkumpolar.

IM SÜDEN UM 22:00 Ortszeit: **25. Aug.**
SICHTBAR UM 22:00 Ortszeit: **Mai–Dez.**
FLÄCHE: **804 Quadratgrad (16.)**

Mythologisch haben viele Zivilisationen seit der Zeit der Chaldäer in diesem Sternbild einen Vogel gesehen. In der griechischen Sagenwelt verkörpert Cygnus den Schwan, dessen Erscheinungsbild Zeus wählte, um Königin Leda von Sparta zu verführen, welche ihm Helena (sie wurde berühmt im Trojanischen Krieg) und Pollux, einen der Himmlischen Zwillinge, gebar.

α Cyg (20^h41^m, +45°17′) ist ein außergewöhnlich leuchtstarker blau-weißer Überriese mit einer Helligkeit von $1\overset{m}{,}3$. Er ist rund 260 000-mal heller als die Sonne und ungefähr 3200 LJ von uns entfernt – weiter als jeder andere Stern 1. Größe.

β Cyg (19^h31^m, +27°58′) ist ein sehr schöner Doppelstern ($3\overset{m}{,}1$ und $4\overset{m}{,}7$), der zwar schon im Fernglas aufgelöst erscheint; allerdings offenbart sich erst durch ein Teleskop der verblüffende Farbunterschied des Paares. Jahrelang war nicht klar, ob sie ein echtes Binärsystem bilden, doch trennen sie in Wirklichkeit mehrere Lichtjahre.

o^1 Cyg (20^h13^m, +46°49′) ist ein weiter Doppelstern, dessen Komponenten in den Farben blauweiß und orange auch als Flamsteed 30 und 31 bekannt sind. Ihre Helligkeit beträgt $4\overset{m}{,}8$ bzw. $3\overset{m}{,}8$. Im Feldstecher erkennt man zudem einen weißen Begleiter 7. Größe.

61 Cyg (21^h07^m, +38°45′) ist ein Binärsystem, dessen schon in einem leistungsstarken Fernglas sichtbares Sternpaar der Helligkeit $5\overset{m}{,}2$ bzw. $6\overset{m}{,}1$ alle 650 Jahre einmal um sein gemeinsames Gravitationszentrum kreist. Der schwächere Stern, **61 Cyg B**, beherbergt ein extrasolares Planetensystem. Die Masse dieses Planeten beträgt rund das 1,7fache von der Jupiters, allerdings ist sein Orbit hochgradig exzentrisch. In unserem Sonnensystem würde eine solche Umlaufbahn den Planeten von der Venusbahn bis fast außerhalb der Jupiterbahn führen. Möglicherweise beruht diese außergewöhnlich hohe Exzentrizität auf der Anwesenheit des massereicheren Sterns im Binärsystem 61 Cygni.

(Fortsetzung auf S. 184)

Der SCHWAN →
in der Übersicht

Der SCHWAN
im Detail ↓

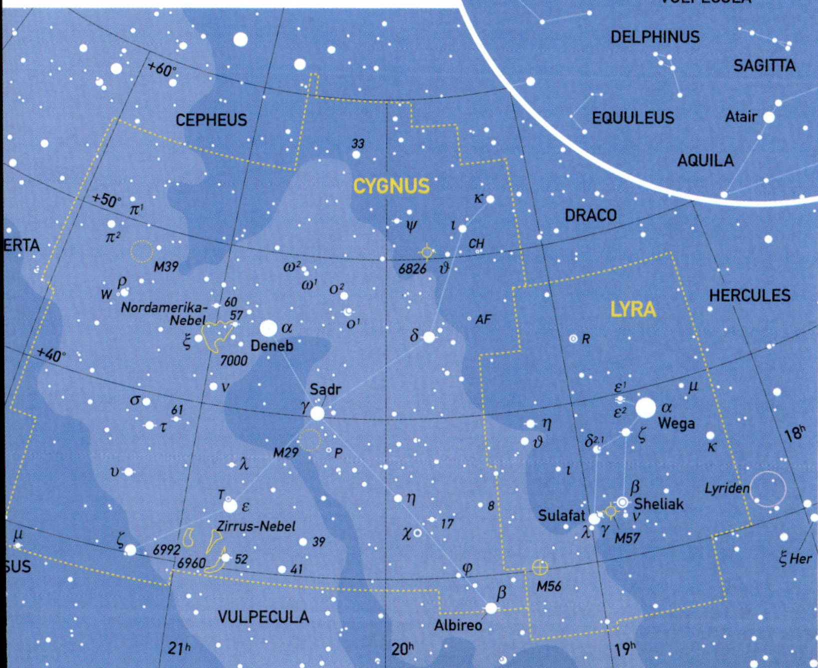

Foto des
SCHWAN →

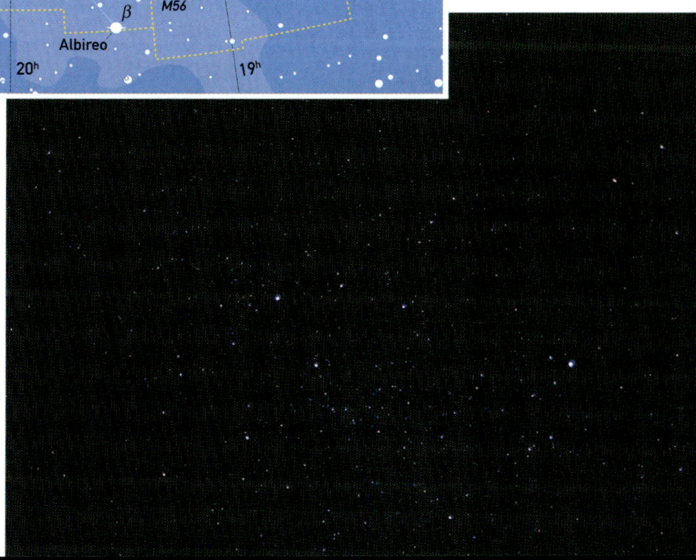

CYGNUS

(Fortsetzung von S. 182)

χ Cyg (19^{h}49^{m}, +32°47′) ist ein langperiodischer Mira-Veränderlicher mit einer Periode von ca. 408 Tagen. Er zeigt eine außergewöhnlich große Amplitude von mindestens zehn Magnituden; seine Extreme liegen bei 3^{m},3 bzw. 14^{m},2. Dies bedeutet, dass seine Helligkeit zwischen Maximum und Minimum um den Faktor 10 000 differiert. Die Karte (siehe rechte Seite) und die Sequenz decken den oberen Wertebereich ab.

VERGLEICHSSTERNE FÜR χ CYG

β Cyg	3,11	Fl17 Cyg	5,06	G	7,32
γ Lyr	3,30	A	5,44	H	7,39
ξ Her	3,85	B	5,55	K	8,11
η Cyg	4,04	C	6,09	L	8,39
ϑ Lyr	4,41	D	6,40	M	8,68
ϕ Cyg	4,74	E	6,76	N	9,01
Fl8 Cyg	4,90	F	6,93	P	9,28

W Cyg (21^{h}34^{m}, +45°09′) ist ein interessanter halbregelmäßiger Veränderlicher, der mit seinem Größenbereich von ungefähr 5^{m},0 bis 7^{m},6 im Feldstecher stets zu sehen ist. Er weist Intervalle mit einer recht klar definierten Periodizität von rund 126 Tagen auf, zwischen denen immer wieder Phasen mit einem unregelmäßigeren Verhalten auftreten (siehe Karte rechte Seite).

VERGLEICHSSTERNE FÜR W CYG

63 Cyg	4,88	F	5,54	K	6,82
E	5,09	A	6,12	5	7,20
D	5,38	I	6,60	L	7,52

CH Cyg (19^{h}23^{m}, +50°09′) ist ein faszinierendes System, da es gleich mehrere Verhaltensmuster präsentiert. Seine Gesamthelligkeit schwankt zwischen etwa 5^{m},0 und 10^{m},7. Es handelt sich hierbei um ein symbiotisches Binärsystem, das in unregelmäßigen Abständen heller wird. Die rote Komponente ist ein halbregelmäßiger Veränderlicher, der anscheinend ebenfalls ein bedeckungsveränderliches System ist (siehe Karte rechte Seite).

VERGLEICHSSTERNE FÜR CH CYG

A	6,5	H	9,2	R	10,8
B	7,4	J	9,4	S	11,0
F	8,5	P	10,1	T	11,7

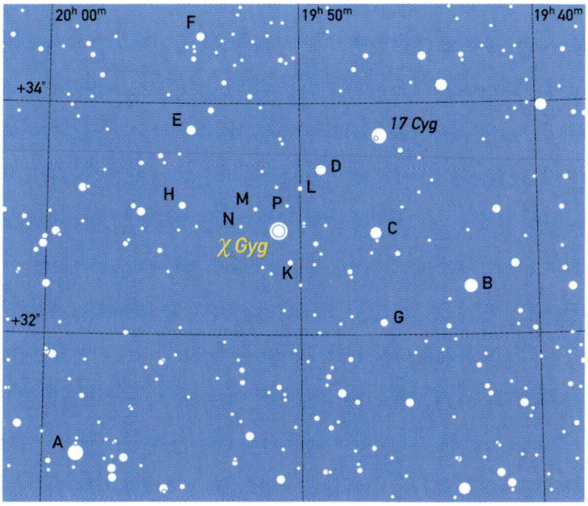

P Cyg ($20^{h}16^{m}$, +37°53′) ist ein extrem heller Überriese mit einer geringen Veränderlichkeit, der Materiehüllen abwirft. Um das Jahr 1600 erstrahlte er bis ungefähr $3^{m},0$, schwankt aber seitdem unregelmäßig zwischen etwa $4^{m},6$ und $5^{m},6$. Die Sternenklasse, zu der er gehört und heute S-Doradus-Sterne genannt wird, enthält die massereichsten und leuchtkräftigsten Sterne einer jeden Galaxie.

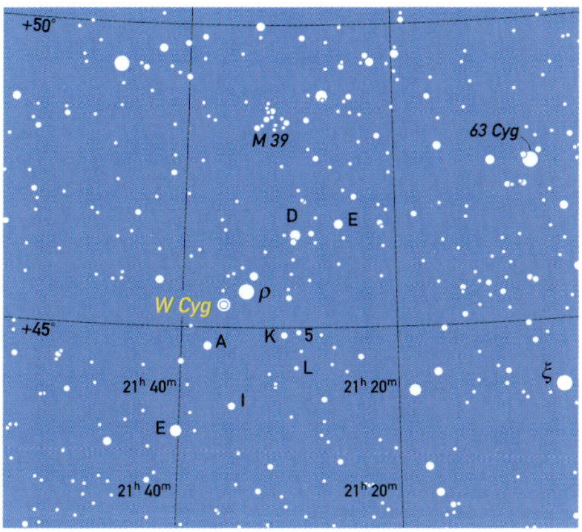

M 39 ($21^{h}32^{m}$, +48°27′) ist ein lockerer Offener Sternhaufen von annähernd dreieckiger Form, der am besten mit geringer Vergrößerung beobachtet wird.

NGC 6992 ($20^{h}56^{m}$, +31°43′) ist ein Gasnebel. Zusammen mit **NGC 6960** kennt man ihn unter dem Namen Zirrus-Nebel. Beide sind Teile eines ausgedehnten Supernova-Überrestes; die Supernova fand vor rund 15 000 Jahren statt. Ein schwieriges Objekt für den Feldstecher, das ausgezeichnete Sichtbedingungen erfordert.

NGC 7000 ($21^{h}02^{m}$, +44°12′), der Nordamerika-Nebel, ist bei perfekt klarem Himmel mit dem Feldstecher erkennbar. Eine Betrachtung im Teleskop mit stärkerer Vergrößerung liefert kein besonders gutes Ergebnis.

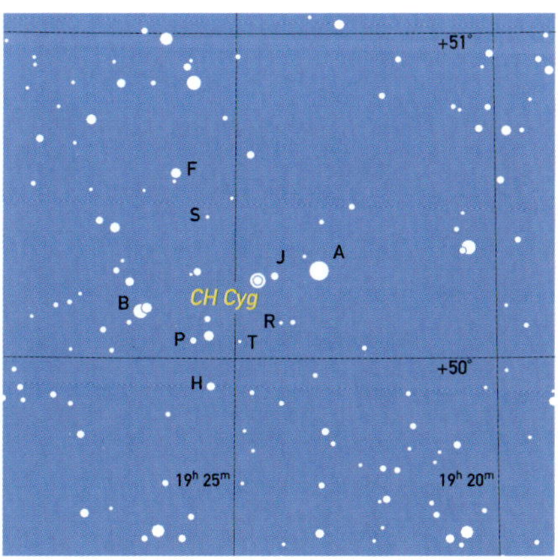

DELPHINUS

DELPHINI • DEL • DELFIN

IM SÜDEN UM 22:00 Ortszeit: 1. Sept.
SICHTBAR UM 22:00 Ortszeit: Sept.–Dez.
FLÄCHE: 189 Quadratgrad (69.)

Schon die alten Griechen glaubten in diesem kleinen, markanten Sternbild einen Delfin zu erkennen (und eine gewisse Ähnlichkeit besteht auch tatsächlich). In der Mythologie verkörpert es jenen Delfin, der den Musiker und Dichter Arion vor dem Ertrinken rettete.

Die beiden hellsten Sterne, α und β Delphini, sind auch unter den recht künstlich wirkenden Namen Sualocin und Rotanev bekannt. Umgekehrt gelesen, ergeben diese den Namen „Nicolaus Venator", die latinisierte Form des Namens von Niccolo Cacciatore, dem Gehilfen und Nachfolger des berühmten italienischen Himmelsbeobachters und Entdeckers von Ceres, Guiseppe Piazzi.

Mit dem Feldstecher oder einem kleinen Teleskop sind hier keine lohnenden Objekte zu sehen. Es gibt zwar einige veränderliche Sterne, die von Hobbyastronomen beobachtet werden, jedoch keine von besonderem Interesse.

EQUULEUS

EQUULEI • EQU • FÜLLEN

IM SÜDEN UM 22:00 Ortszeit: 10. Sept.
SICHTBAR UM 22:00 Ortszeit: Sept.–Dez.
FLÄCHE: 72 Quadratgrad (87.)

Das sehr kleine Sternbild dürfte auf Ptolemäus zurückgehen, den berühmten griechischen Astronomen, der im 2. Jahrhundert v. Chr. lebte und wirkte.

Wie sein größerer Nachbar, Pegasus, wird Equuleus im Allgemeinen auf bildhaften Darstellungen als Teil eines Pferdes gezeigt – üblicherweise nur der Kopf. Zu den Sagen der griechischen Mythologie besteht keine Verbindung.

γ Equ (21^h10^m, +18°08′) ist ein weiter optischer Doppelstern, bestehend aus einem gelblich-weißen Stern der Helligkeit $4\overset{m}{,}7$ mit einem ähnlich gefärbten Begleiter der Größe $6\overset{m}{,}1$.

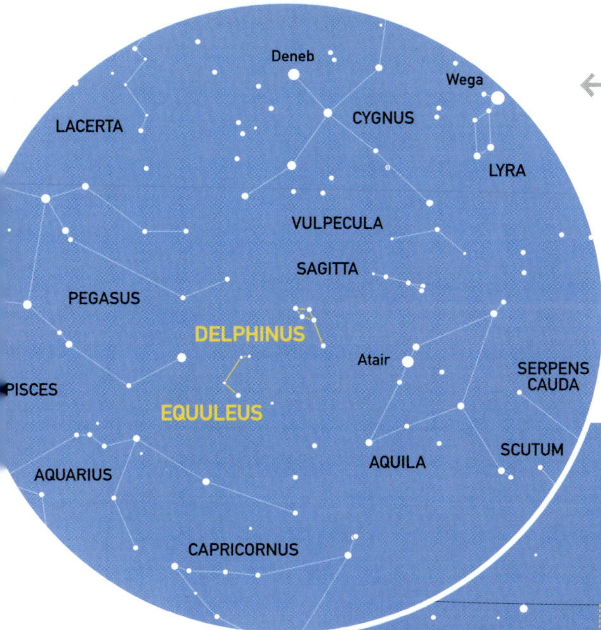

← DELFIN und FÜLLEN in der Übersicht

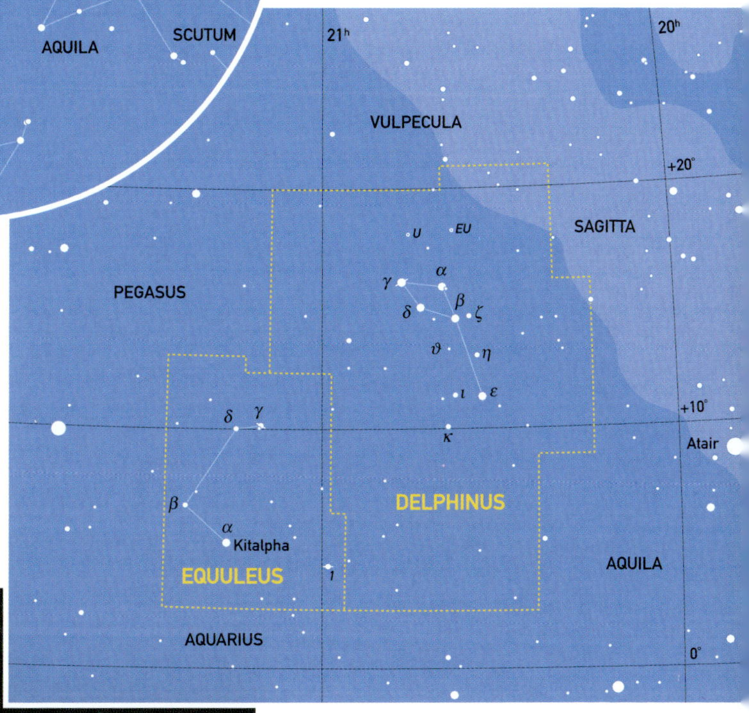

DELFIN und FÜLLEN im Detail →

← Foto von DELFIN und FÜLLEN

DRACO

DRACONIS • DRA • DRACHE

IM SÜDEN UM 22:00 Ortszeit: **20. Juli**

ZIRKUMPOLAR: IMMER SICHTBAR;
VOLLSTÄNDIG SICHTBAR: **90° N bis 4° S**

FLÄCHE: **1083 Quadratgrad (8.)**

Dies ist ein altes Sternbild, das zweifellos schon zur Zeit der Chaldäer bekannt war. Die Griechen verbanden damit mindestens zwei Legenden: Nach der einen stellte es Ladon dar, den Drachen, der den Garten der Hesperiden bewachte und von Herkules erschlagen wurde, als jener von dort die goldenen Äpfel des Lebens als eine seiner zwölf großen Prüfungen holen musste (auf bildlichen Darstellungen des Sternbildes steht Herkules mit einem Fuß auf dem Kopf des Drachen). Einer anderen Sage nach soll dieser Drache von Athene in der Schlacht der Götter gegen die Titanen an den Himmel geschleudert worden sein.

Zu der Zeit, als die Pyramiden erbaut wurden (um 2800 v.Chr.), lag α Draconis (Thuban) nahe des Himmelsnordpols, welcher jedoch inzwischen aufgrund der Präzession in die Nähe des Polarsterns gewandert ist. Luftschächte im Inneren der Pyramiden weisen tatsächlich in Richtung der Polposition.

ν Dra (17^h32^m, +55°11′) ist ein prächtiger, ausladender Doppelstern, der schon im Fernglas schön zu sehen ist und aus einem Paar fast identischer weißer Sterne der gleichen Helligkeit von $4{,}^m9$ besteht.

ψ Dra (17^h42^m, +72°09′) kann bei guten Sichtbedingungen mit dem Fernglas in ein Paar gelblich-weißer und gelber Sterne der Helligkeit $4{,}^m6$ bzw. $5{,}^m8$ aufgelöst werden.

16 Dra (16^h36^m, +52°54′) und **17 Dra** (16^h36^m, +52°55′) bilden ein weites Sternpaar, das mit einer Helligkeit von $5{,}^m1$ bzw. $5{,}^m5$ im Feldstecher mühelos zu sehen ist. 16 Dra besteht seinerseits aus einem Sternpaar der Größe $5{,}^m4$ und $6{,}^m4$, verlangt aber zu seiner Auflösung ein kleines Teleskop.

39 Dra (18^h24^m, +58°48′) ist ein Doppelstern, der im Feldstecher in ein Sternpaar der Helligkeit $5{,}^m0$ und $7{,}^m2$ aufgelöst werden kann. Der hellere Stern hat einen Begleiter 8. Größe, der in einem starken Fernglas oder kleinen Teleskop erkennbar ist.

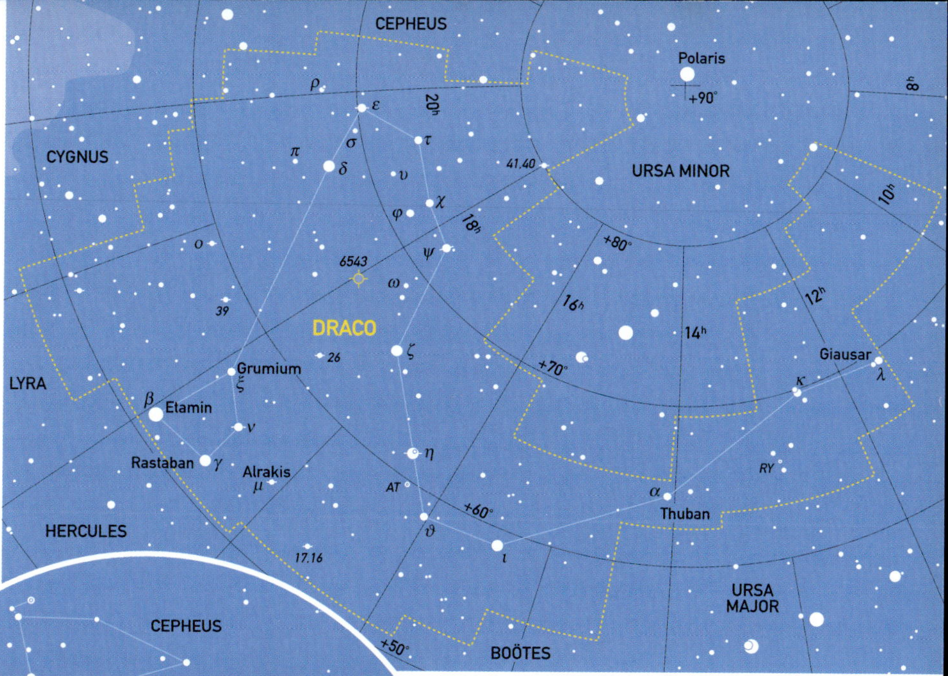

↑ Der DRACHE im Detail

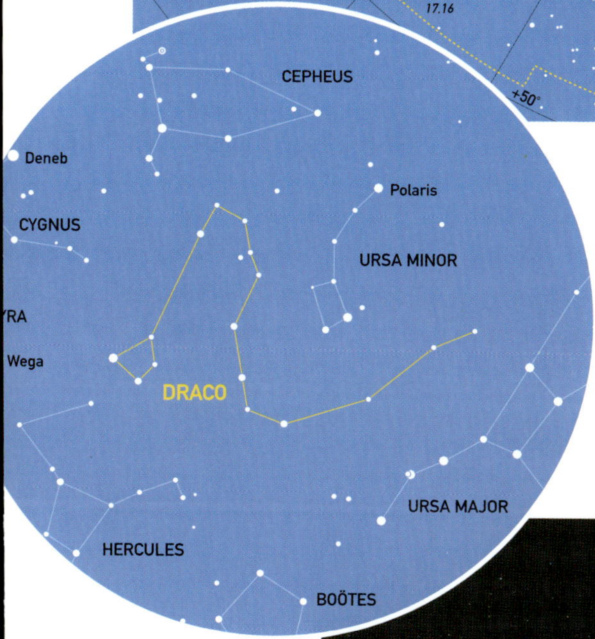

← Der DRACHE in der Übersicht

Foto des DRACHEN →

ERIDANUS

ERIDANI • ERI • FLUSS ERIDANUS

IM SÜDEN UM 22:00 Ortszeit:	20. Dez.
SICHTBAR UM 22:00 Ortszeit:	Okt.–Jan.
FLÄCHE:	1138 Quadratgrad (6.)

Eridanus ist ein sehr großes Sternbild, allerdings eines, das oft unerkannt bleibt: zum einen, weil viele seiner Sterne relativ schwach leuchten, zum anderen, weil es in Nord-Süd-Richtung einen gewaltig großen Raum überspannt und nur etwa zwischen 30° N und 90° S in seiner Gesamtheit zu sehen ist. In der griechischen Mythologie stellte es den Fluss dar, in den Phaeton fiel, nachdem er erfolglos versucht hatte, den Wagen seines Vaters, des Sonnengottes Helios, zu lenken. Auch glaubte man darin den Nil und später gar den Po in Italien zu erkennen.

Ursprünglich beinhaltete das Sternbild auch jene Sterne, die heute Fornax bilden, und endete bei ϑ Eridani, Acamar (vormals Achernar). In der Folge wurde es nach Süden ausgedehnt und der Name Achernar auf den heutigen α Eridani übertragen, einen blau-weißen Stern der Helligkeit $0^{m}_{,}5$ tief unten im Süden. Acamar als auch Achernar entstammen beide der gleichen arabischen sprachlichen Wurzel und bedeuten „Ende des Flusses".

ε Eri ($03^{h}33^{m}$, –09°27′) ist ein noch recht junger, gelb-oranger Stern der Größe $3^{m}_{,}7$. Mit einer Entfernung von nur 10,5 LJ ist er einer der nahesten Sterne überhaupt und wurde von Frank Drake als eines jener Objekte ausgewählt, wo man sich vor rund vier Jahrzehnten erstmals auf die Suche nach außerirdischer Intelligenz (SETI-Programm) wagte. Erst kürzlich fand man heraus, dass er das nächst gelegene extrasolare Planetensystem darstellt. Bei dem entdeckten Planeten dürfte es sich um einen Gasriesen mit der 0,8fachen Jupitermasse handeln, der den Stern in rund 3 AE Abstand umkreist. (Die Umlaufbahn des Jupiter ist 5,2 AE von der Sonne entfernt.)

o² Eri ($04^{h}15^{m}$, –07°39′) ist etwas kühler als die Sonne und erscheint uns mit einer Helligkeit von $4^{m}_{,}4$. Er ist sogar ein Dreifachsystem, und der Blick durch ein leistungsstarkes Teleskop zeigt einen Weißen Zwerg als Begleiter ($9^{m}_{,}5$). Dieser ist zu unserem Sonnensystem der nächst gelegene Stern seiner Art und mit der passenden Ausrüstung am leichtesten aufzufinden. Er bildet außerdem ein Binärpaar mit einem Roten Zwerg 11. Größe, dessen Umlaufzeit rund 250 Jahre beträgt.

ERIDANUS
im Detail →

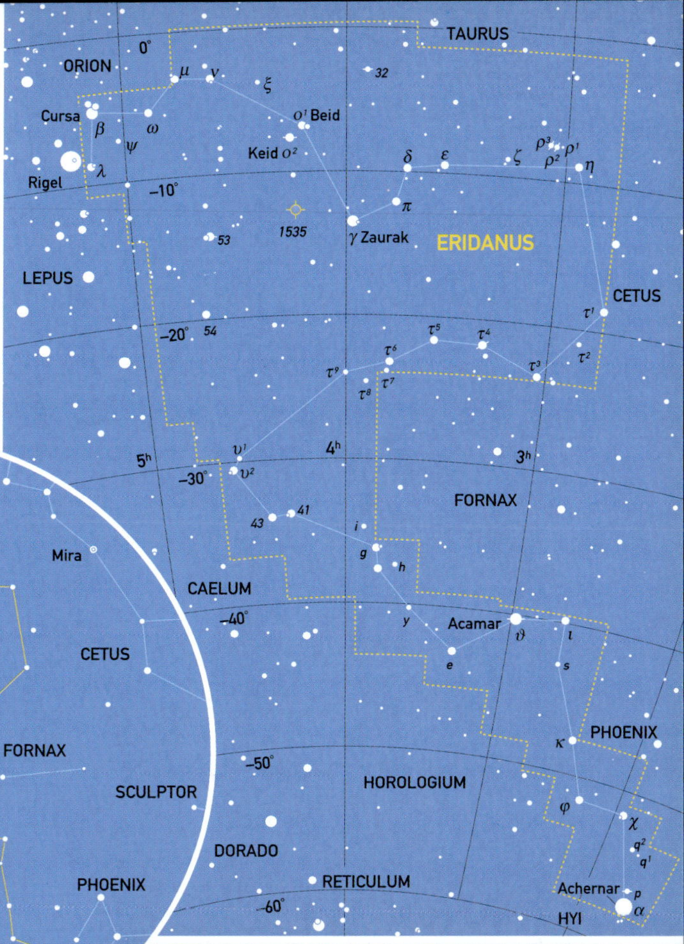

ERIDANUS
in der Übersicht ↓

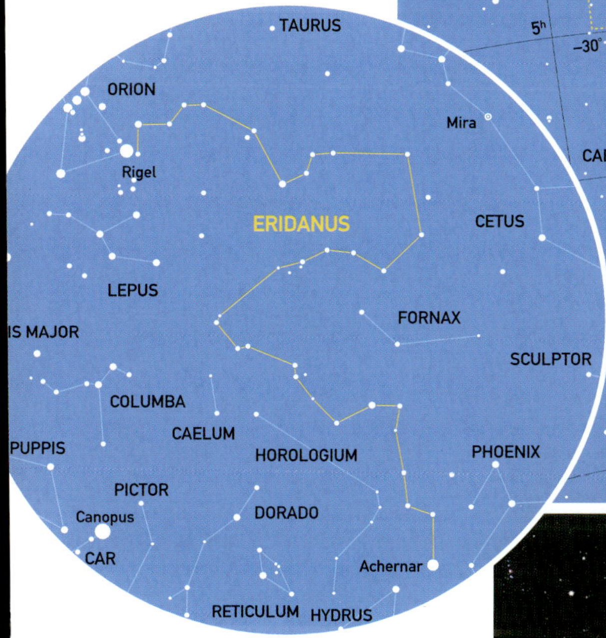

Foto des ERIDANUS →

GEMINI

GEMINORUM • GEM • ZWILLINGE

IM SÜDEN UM 22:00 Ortszeit:	5. Feb.
SICHTBAR UM 22:00 Ortszeit:	Okt.–Mai
FLÄCHE:	514 Quadratgrad (30.)

In der griechischen Mythologie stellt dieses Sternbild die Zwillinge – oder besser gesagt Halbbrüder – Kastor und Pollux dar, die Königin Leda von Sparta gebar. Castor war der sterbliche Sohn von König Tyndareus, Pollux der unsterbliche Sohn von Zeus, dem Göttervater. Die Zwillinge begleiteten Jason auf dessen Suche nach dem Goldenen Vlies (siehe Aries) und wurden später die Schutzheiligen der Seefahrer.

Wie bei menschlichen Zwillingen können die Leute auch diese zwei Sterne oft nur schwer auseinanderhalten. Kastor (α Geminorum) kommt früher im Alphabet, eilt Pollux ein Stückchen voraus und steht höher im Norden. Pollux (β Geminorum) steht „tiefer“ am Himmel und näher zu Prokyon (α Canis Minoris). Er ist auch der hellere der beiden Sterne.

Passenderweise enthält Gemini zahlreiche Doppelstern- und Binärsterne. Leider sind nur wenige von ihnen mit dem Feldstecher oder kleinen Teleskop sichtbar.

α Gem ($07^{h}35^{m}$, +31°53′) ist ein bemerkenswerter Vielfachstern, der bedauerlicherweise erst ab einem mittelstarken Teleskop aufgelöst erscheint. Der blau-weiße Stern der Größe $1^{m}{,}6$ besteht aus zwei Komponenten ($1^{m}{,}9$ und $3^{m}{,}0$) mit einer Umlaufzeit von 470 Jahren. Jede Komponente ist ihrerseits ein enges Binärsystem. Hinzu kommt noch ein Roter Zwerg als bedeckungsveränderlicher Doppelstern, so dass das System aus insgesamt sechs Einzelsternen besteht.

VERGLEICHSSTERNE FÜR ζ UND η GEM	
A = μ Gem 2,86	E = λ Gem 3,59
B = ϵ Gem 2,98	F = ν Gem 4,14
C = ζ Tau 3,03	G = 1 Gem 4,15
D = χ Gem 3,34	

ζ Gem ($07^{h}04^{m}$, +20°34′) ist ein Doppelstern und zugleich ein Veränderlicher. Im Fernglas ist gut zu sehen, dass es sich um ein weites System handelt, das aus einem gelben Stern sowie einem Begleiter der Größe $7^{m}{,}1$ besteht. Der gelbe Überriese ist ein Cepheiden-Veränderlicher, dessen Helligkeit mit einer Periode von 10,2 Tagen zwischen $3^{m}{,}6$ und $4^{m}{,}2$ schwankt.

η Gem ($06^{h}15^{m}$, +22°30′) ist ein roter halbregelmäßiger Veränderlicher mit einem Helligkeitsbereich von etwa $3^{m}{,}2$ bis $3^{m}{,}9$, wobei es Phasen mit einer recht klar formulierten Periodizität von 233 Tagen gibt. Zudem ist er ein Bedeckungsveränderlicher mit einer Periode von 2938 Tagen.

M 35 ($06^{h}09^{m}$, +24°19′) ist ein großer, mit bloßem Auge erkennbarer Offener Sternhaufen, von dem einige Sterne schon im Fernglas aufgelöst erscheinen.

Die ZWILLINGE in der Übersicht →

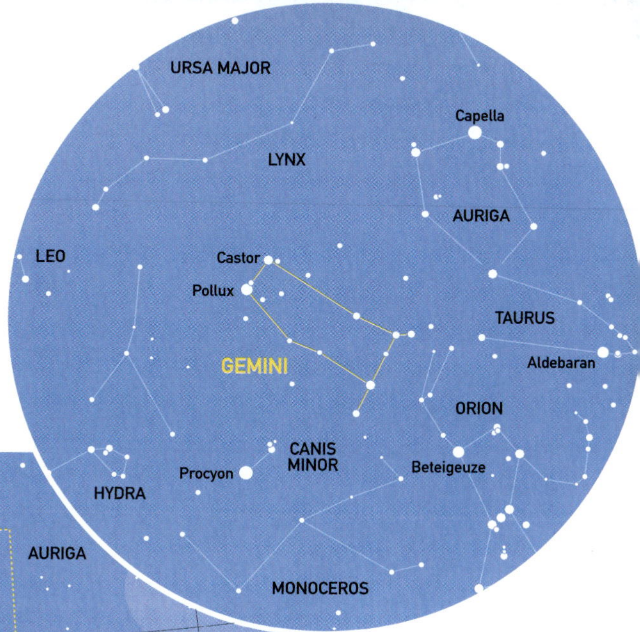

METEORSCHAUER

Die Geminiden (Radiant bei 07^h32^m, +33°) sind ein schöner Meteorschauer mit einer Fülle heller Sternschnuppen, die hervorragende Fotomotive abgeben. Sichtbar vom 7. – 16. Dezember, findet das Maximum am frühen Morgen des 14. Dezember statt.

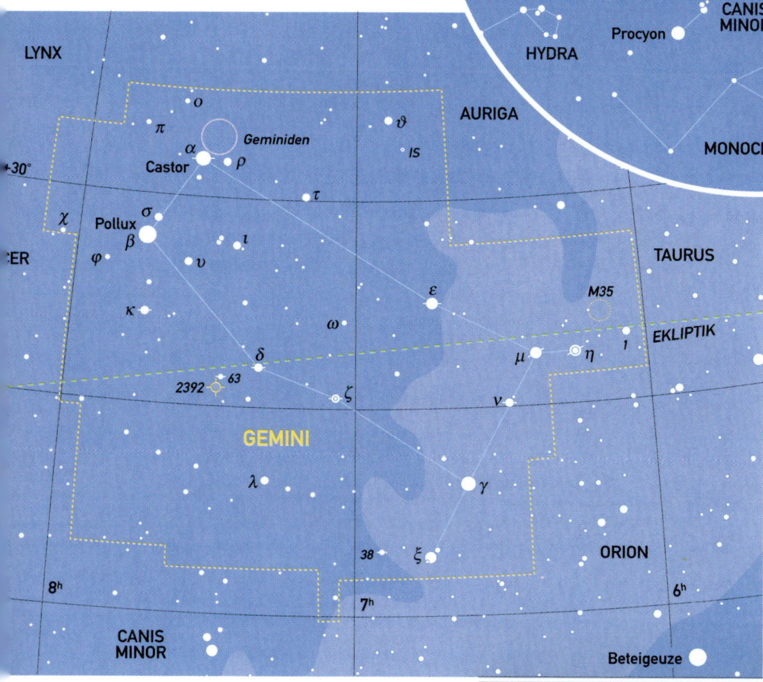

← Die ZWILLINGE im Detail

Foto der ZWILLINGE →

GRUS

GRUIS • GRU • KRANICH

Dieses noch recht junge Sternbild wurde von den holländischen Seefahrern Pieter Keyser und Frederick de Houtman eingeführt und erstmals in Bayers Himmelsatlas Uranometria von 1603 abgebildet.

IM SÜDEN UM 22:00 Ortszeit: 20. Sept.
SICHTBAR UM 22:00 Ortszeit: Aug.–Okt.
FLÄCHE: 366 Quadratgrad (45.)

β Gru (22^{h}43^{m}, –46°53′) ist ein Roter Riese und dazu ein unregelmäßiger, schwer zu beobachtender Veränderlicher, dessen Helligkeit zwischen $2^{m}\!,0$ und $2^{m}\!,3$ schwankt.

δ^1 Gru (22^{h}29^{m}, –43°29′) ist ein gelber Riese, der mit dem Roten Riesen δ^2 Gru (22^{h}30^{m} – 43°45′) einen optischen Doppelstern bildet, bereits mit bloßem Auge erkennbar.

μ^1 Gru (22^{h}15^{m}, –41°20′) und **μ^2 Gru** (22^{h}17^{m}, –41°37′) bilden ein weiteres, mit bloßem Auge erkennbares Doppelsystem, in dem beide Sterne gelbe Riesen sind.

π Gru (22^{h}23^{m}, – 45°56′) ist ein weiter optischer Doppelstern, bestehend aus einem dunkelroten halbregelmäßigen Veränderlichen **π^1 Gru**, dessen Helligkeit zwischen $5^{m}\!,4$ und $6^{m}\!,7$ variiert mit einer Periodizität von etwa 150 Tagen. Seine Entfernung beträgt rund 500 LJ. Der zweite Stern (**π^2 Gru**) ist ein blau-weißer Stern der Größe $5^{m}\!,6$, dessen Abstand zu uns mit etwa 130 LJ wesentlich geringer ist.

PISCIS AUSTRINUS

PISCIS AUSTRINI • PSA • SÜDLICHER FISCH

Dieses kleine Sternbild war bereits den alten Griechen geläufig. Bildhafte Darstellungen zeigen es als den Fisch, in dessen Maul Aquarius Wasser gießt. Manchmal, so wurde gesagt, sei dies die Mutter der in dem Sternbild Pisces verewigten Fische.

IM SÜDEN UM 22:00 Ortszeit: 1. Okt.
SICHTBAR UM 22:00 Ortszeit: Sept.–Okt.
FLÄCHE: 245 Quadratgrad (60.)

Das Sternbild enthält selbst für Beobachter mit großer Ausrüstung nur wenige interessante Objekte. In erster Linie ist es wegen α Piscis Austrini (Fomalhaut) beachtenswert, ein blau-weißer Stern der Größe $1^{m}\!,2$. Der Name bedeutet im Arabischen „Maul des Fisches“. Mit einer Entfernung von fast 25 LJ ist er eigentlich ein naher Nachbar. Da diese Himmelsregion relativ dünn mit Sternen besiedelt ist, nannte man den Stern zuweilen auch „Den Einsamen“.

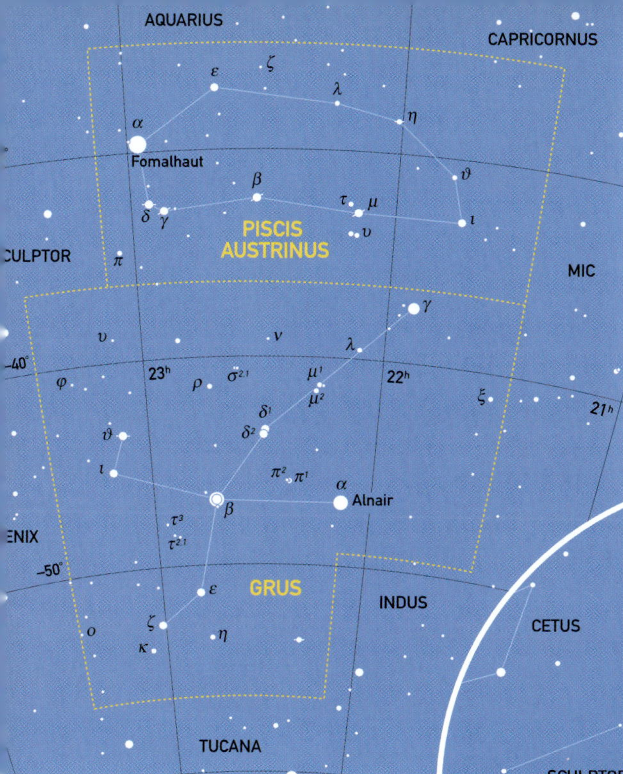

← KRANICH und SÜDLICHER FISCH im Detail

KRANICH und SÜDLICHER FISCH in der Übersicht ↓

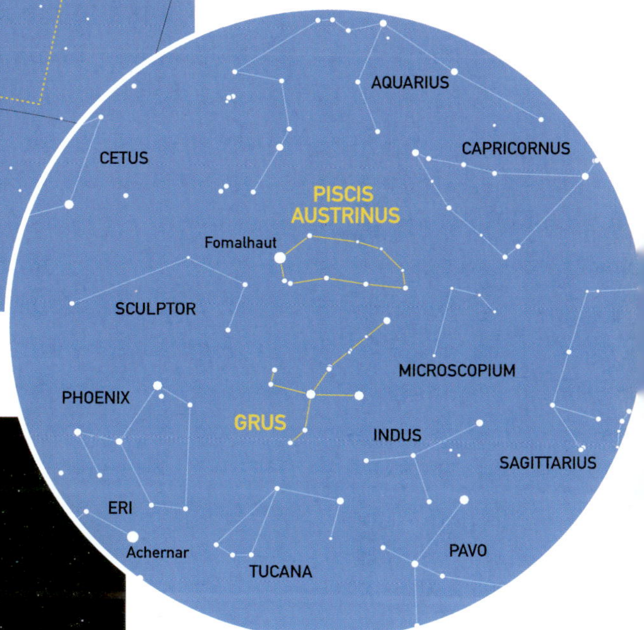

← Foto von KRANICH und SÜDLICHER FISCH

HERCULES

HERCULIS • HER • HERKULES

IM SÜDEN UM 22:00 Ortszeit:	5. Juli
SICHTBAR UM 22:00 Ortszeit:	März–Okt.
FLÄCHE:	1225 Quadratgrad (5.)

Dieses Sternbild wurde einst mit dem sumerischen Helden Gilgamesch in Verbindung gebracht. In der griechischen und römischen Mythologie stellt es jedoch Herakles (später als Herkules bekannt) dar, der zu Berühmtheit gelangte, weil er zwölf „unlösbare" Aufgaben bewältigte, von denen mehrere in anderen Sternbildern verewigt sind. Bildliche Darstellungen zeigen Herkules (auf dem Kopf stehend) am Himmel kniend, einen Fuß in Richtung Norden auf den Kopf des Drachen gestellt. Der als Ras Algethi (arabisch für „Kopf des Knieenden") bekannte Stern, α Her, liegt südlich an der Grenze zu Ophiuchus.

α Her ($17^{h}15^{m}$, +14°23′), Ras Algethi, ist ein Roter Überriese, der unregelmäßig zwischen etwa $2^{m}{,}7$ und $4^{m}{,}0$ schwankt.

κ Her ($16^{h}08^{m}$, +17°03′) ist ein recht naher, im Fernglas sichtbarer Doppelstern mit Komponenten der Größe $5^{m}{,}0$ und $6^{m}{,}3$.

υ Her oder **68 Her** ($17^{h}17^{m}$, +33°06′) ist ein Bedeckungsveränderlicher, der ständige Helligkeitsschwankungen im Bereich zwischen $4^{m}{,}7$ und $5^{m}{,}4$ mit einer Periode von etwas über zwei Tagen aufweist.

X Her ($16^{h}03^{m}$, +47°14′) ist ein halbregelmäßiger Veränderlicher, der mit $5^{m}{,}5$ bis $7^{m}{,}7$ stets im Sichtbarkeitsbereich von Ferngläsern liegt und eine Periodizität von 95 Tagen zeigt. Tabelle und Vergleichssterne siehe S. 200.

AC Her ($18^{h}30^{m}$, +21°52′) ist ein interessanter halbregelmäßiger Veränderlicher vom RV-Tauri-Typ. Seine Helligkeit variiert von $6^{m}{,}6$ bis $9^{m}{,}1$ mit einer Periode von 75 Tagen. Tabelle und Vergleichssterne siehe S. 200.

M 13 ($16^{h}42^{m}$, +36°27′) ist der hellste Kugelsternhaufen am nördlichen Firmament (Helligkeit $5^{m}{,}8$), der schon mit bloßem Auge erkennbar und im Feldstecher mühelos zu beobachten ist, da er ungefähr die halbe scheinbare Breite des Mondes besitzt. Er ist knapp über 25 000 LJ entfernt und misst ungefähr 100 LJ im Durchmesser.

M 92 ($17^{h}17^{m}$, +43°08′) ist ein etwas lichtschwächerer Kugelsternhaufen als M 13 (Helligkeit $6^{m}{,}5$), der im Fernglas als verschwommener Fleck erscheint. Er ist weiter entfernt (ca. 26 750 LJ) und hat ein Alter von schätzungsweise 14 Milliarden Jahren, was ihn zum ältesten bekannten Kugelhaufen macht.

(Fortsetzung auf S. 200)

Foto des HERKULES →

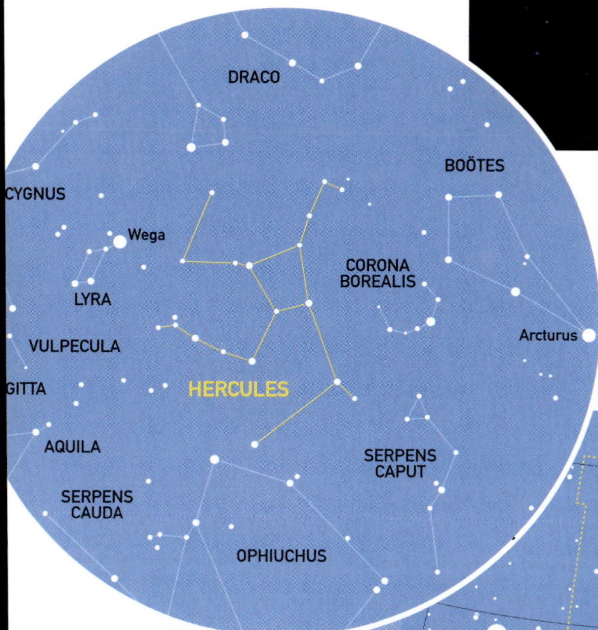

← Der HERKULES in der Übersicht

Der HERKULES im Detail →

HYDRA

HYDRAE • HYA • WASSERSCHLANGE

IM SÜDEN UM 22:00 Ortszeit:	10. März (Alphard)
SICHTBAR UM 22:00 Ortszeit:	Jan.–Mai (Kopf und Alphard)
FLÄCHE:	1303 Quadratgrad (1.)

Mythologisch verkörpert dieses Sternbild nicht die Lernäische Hydra, welche von Herkules als eine seiner zwölf Prüfungen getötet wurde; vielmehr stellt sie eine Schlange dar, die eine Quelle bewachte, zu der Apollo seinen Raben (Corvus) zum Wasserholen schickte. Sie ist das größte aller Sternbilder und überspannt fast sieben Stunden in Rektaszension.

Der Kopf von Hydra ist eine zufällige Ansammlung von sechs Sternen, die in Wirklichkeit sehr unterschiedliche Entfernungen von 135 bis 466 LJ zu uns aufweisen. Der nördlichste Stern, ε Hya, ist ungewöhnlich, da er aus nicht weniger als fünf Komponenten besteht, die durch gravitative Kräfte gebunden sind – er ist somit ein Fünffachsystem.

27 Hya ($09^{h}21^{m}$, –09°34′), unweit von α Hya (Alphard), ist ein weiter Doppelstern, der im Feldstecher leicht als ein weißer Stern ($4^{m}{,}8$) mit einem gelblichen Begleiter 7. Größe zu entdecken ist.

R Hya ($13^{h}30^{m}$, –23°17′), ein Roter Riese, ist ein langperiodischer Veränderlicher, der maximal $3^{m}{,}5$ erreicht, bei seinem Minimum auf $10^{m}{,}9$ zurückfällt und eine Periode von 389 Tagen besitzt.

U Hya ($10^{h}38^{m}$, –13°23′) ist ein halbregelmäßiger Veränderlicher mit einem Helligkeitsbereich von $4^{m}{,}7$ bis $5^{m}{,}2$ und einer Periodizität von 450 Tagen sowie weiteren Phasen mit einer unregelmäßigeren Aktivität.

M 48 ($08^{h}14^{m}$, –05°47′) ist ein großer Offener Sternhaufen, der mit bloßem Auge gerade noch erkennbar ist und im Feldstecher ein schönes Objekt abgibt.

M 68 ($12^{h}40^{m}$, –26°45′) ist ein Kugelhaufen 8. Größe, der nur im Fernglas zu sehen ist.

M 83 ($13^{h}37^{m}$, –29°52′) ist eine von oben sichtbare Spiralgalaxie 8. Größe, die mit dem Fernglas leicht zu finden ist.

NGC 3242 ($10^{h}25^{m}$, –18°39′) ist ein Planetarischer Nebel, der wegen seiner Ähnlichkeit mit dem Planeten auch „Jupiters Geist" genannt wird. Er ist schon bei geringer Vergrößerung sichtbar; um seine grünliche Scheibe zu erkennen, ist allerdings ein starkes Teleskop erforderlich.

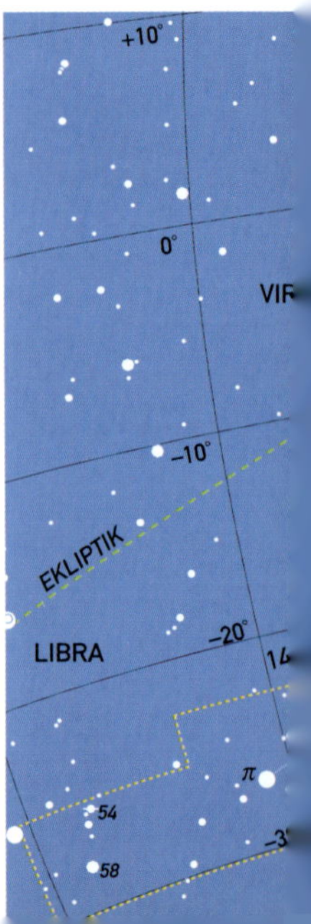

← Die WASSERSCHLANGE in der Übersicht

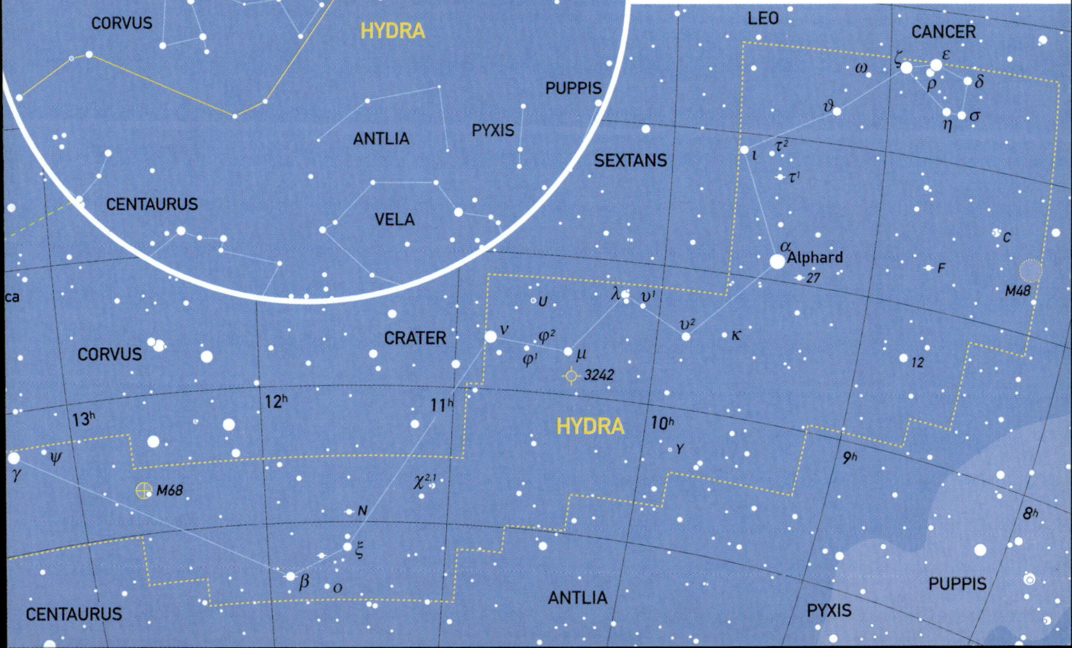

LACERTA

LACERTAE • LAC • EIDECHSE

IM SÜDEN UM 22:00 Ortszeit:	26. Sept.
SICHTBAR UM 22:00 Ortszeit:	Mai–Feb.
FLÄCHE:	201 Quadratgrad (68.)

Dieses kleine Sternbild wurde, wie Canes Venatici, 1687 von Hevelius eingeführt. Es hat die Form einer Zickzacklinie aus relativ lichtschwachen Sternen und befindet sich zwischen Cygnus und Andromeda. Der nördliche Teil des Sternbildes ragt in die Milchstraße hinein.

8 Lac ($22^{h}36^{m}$, +39°38′) ist ein Doppelstern, bestehend aus zwei weißen Sternen der Größe $5^{m},7$ und $6^{m},5$, die bei guter Sicht im Feldstecher aufgelöst erscheinen.

NGC 7209 ($22^{h}05^{m}$, +46°30′) ist ein Offener Haufen, von dem im Fernglas nur vereinzelte Sterne vor einem scheinbar nebelhaften Hintergrund erkennbar sind.

NGC 7243 ($22^{h}15^{m}$, +49°53′) ist ein unregelmäßig geformter, lockerer Offener Haufen, den man schon durch ein Fernglas beobachten kann.

HERCULES

(*Fortsetzung von S. 196.*)

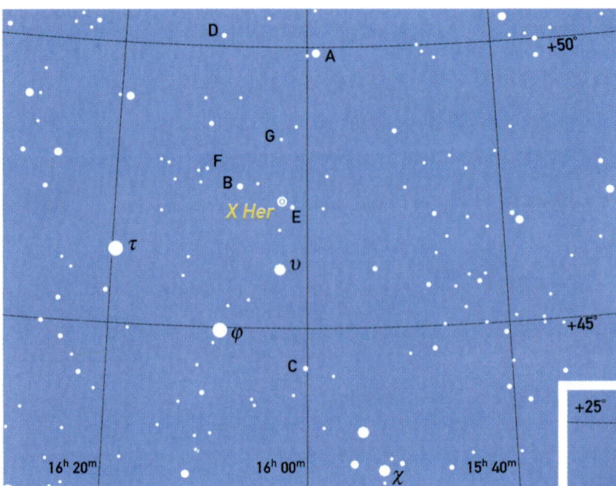

VERGLEICHSSTERNE FÜR X HER			
A	5,9	E	7,4
B	6,6	F	7,6
C	6,9	G	8,0
D	7,0		

VERGLEICHSSTERNE FÜR AC HER			
A	6,4	D	7,4
B	6,5	E	8,1
C	7,0	F	8,6

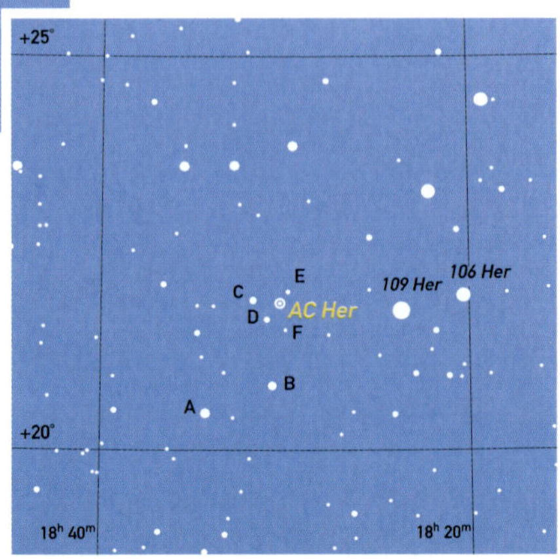

← Foto der EIDECHSE

Die EIDECHSE in der Übersicht ↓

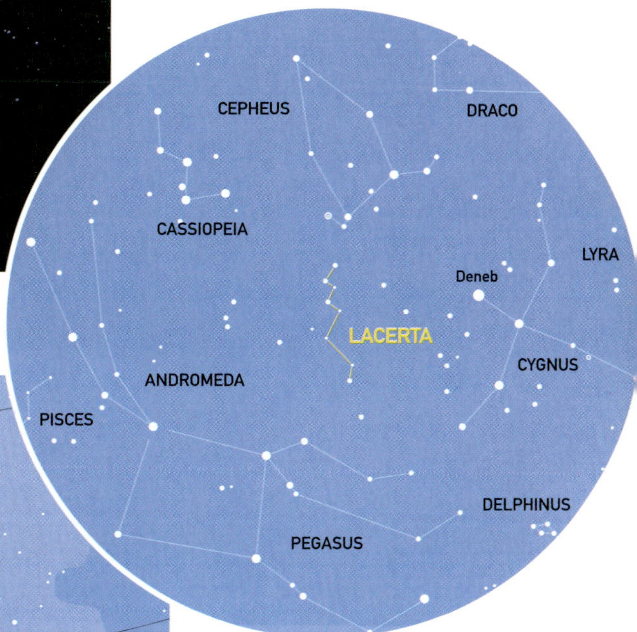

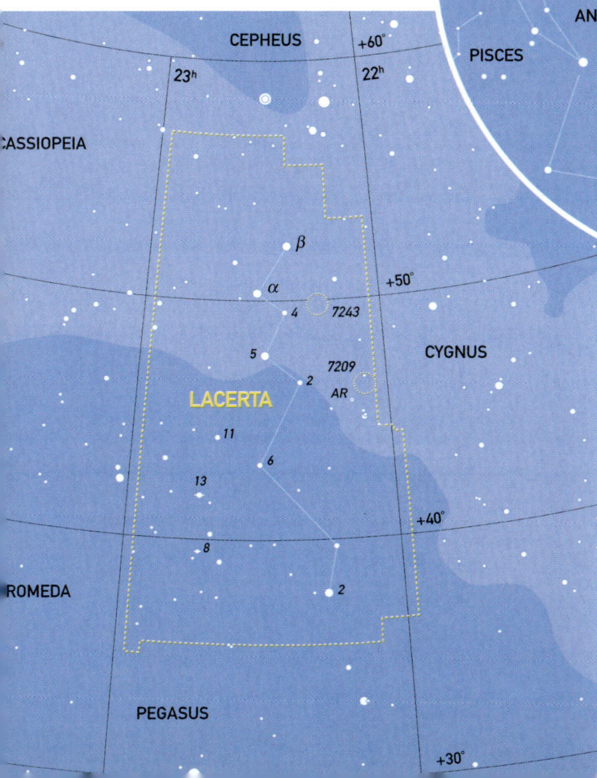

← Die EIDECHSE im Detail

LEO

LEONIS • LEO • LÖWE

IM SÜDEN UM 22:00 Ortszeit: 1. April
SICHTBAR UM 22:00 Ortszeit: Jan.–Juni
FLÄCHE: 947 Quadratgrad (12.)

Dieses uralte Sternbild wurde seit den Tagen der Sumerer und Babylonier mit einem Löwen assoziiert. In der Blütezeit jener frühen Zivilisationen befand sich die Sonne zum Zeitpunkt der Sommersonnenwende in Leo. Infolge der Präzession findet die Sonnenwende nun in Gemini statt, und die Sonne befindet sich während der gesamten zweiten Augusthälfte bis Anfang September in Leo. Die Griechen sahen in dem Sternbild den Nemeischen Löwen, der von Herakles (Herkules) als erste seiner zwölf Prüfungen getötet wurde.

α Leo (10^h08^m, +11°58′), Regulus, ist ein blau-weißer Stern der Größe $1^m{,}4$, der mit einem Begleiter ($7^m{,}7$) einen weiten Doppelstern bildet.

ζ Leo (10^h17^m, +23°25′), Adhafera, erscheint im Fernglas als weiter Dreifachstern. Die Sterne haben keine Beziehung zueinander; ζ Leo hat die Helligkeit $3^m{,}4$; 35 Leo nördlich davon hat $6^m{,}0$, und etwas weiter südlich steht 39 Leo mit $5^m{,}8$.

R Leo (09^h48^m, +11°24′) ist mit 310 Tagen ein langperiodischer Mira-Veränderlicher. Bei normalen Maxima erreicht er $5^m{,}9$, kann jedoch gelegentlich sehr viel heller werden und sich bis zu $4^m{,}4$ steigern, wobei er kräftig rot erscheint. Bei seinem Minimum bewegt er sich um $10^m{,}0$ herum, er kann aber auch noch schwächer werden.

M 65 (11^h19^m, +13°05′) ist eine Spiralgalaxie 10. Größe, die bei guten Bedingungen gerade eben im Fernglas erkennbar ist.

M 66 (11^h20^m, +12°59′) ist ebenfalls eine Spiralgalaxie, die etwas leichter zu entdecken ist als M 65.

LEO MINOR

LEO MINORIS • LMI • KLEINER LÖWE

IM SÜDEN UM 22:00 Ortszeit: 1. April
SICHTBAR UM 22:00 Ortszeit: Jan.–Juni
FLÄCHE: 232 Quadratgrad (64.)

Auch dieses kleine Sternbild wurde 1687 von Hevelius eingeführt (siehe S. 200).

Es ist ganz unauffällig und enthält keine interessanten Objekte für eine Beobachtung mit dem Feldstecher oder kleinen Teleskopen. Aufgrund eines Fehlers bei der Namensvergabe für die Sterne wurde seinerzeit α ausgelassen, und so ist heute 46 LMi der hellste Stern ($3^m{,}8$) und β der zweithellste ($4^m{,}2$).

METEORSCHAUER

Die Leoniden (Radiant bei 10^h08^m, +22°) sind ein faszinierender Meteorschauer, der hin und wieder außergewöhnlich hohe Raten präsentiert (siehe S. 119). Die Meteore sind schnell und hinterlassen oft lang anhaltende Leuchtspuren. Der Schauer ist vom 15. – 20. November zu sehen, das Maximum findet am 17. November statt.

Foto des LÖWEN ↑

↑ Der LÖWE in der Übersicht

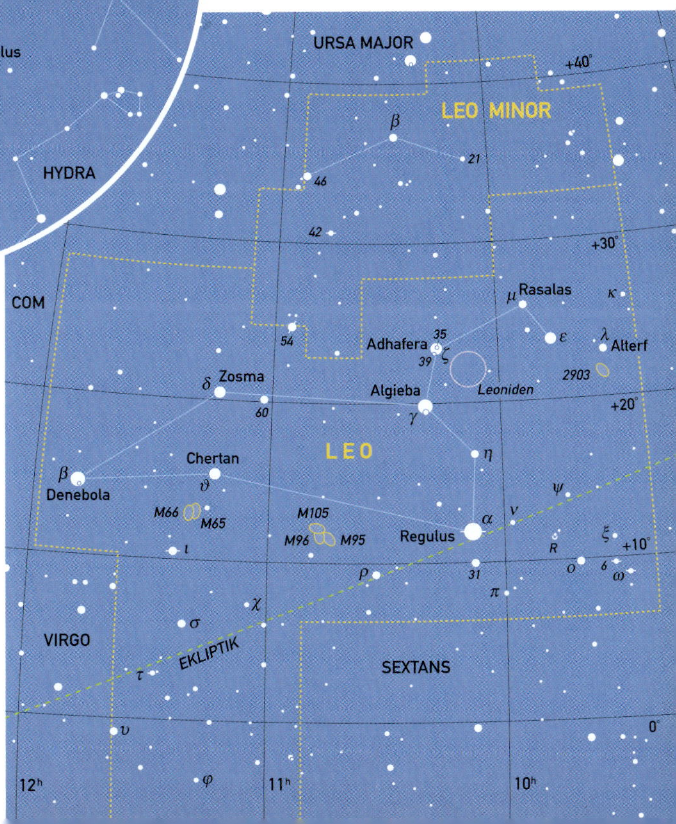

Der LÖWE im Detail →

LEPUS

LEPORIS • LEP • HASE

Schon die alten Griechen sahen in diesem kleinen Sternbild einen Hasen, der zu Füßen des großen Jägers Orion kauert. Der Name Arneb für den hellsten Stern, α Leporis, ist das arabische Wort für „Hase".

IM SÜDEN UM 22:00 Ortszeit:	15. Jan.
SICHTBAR UM 22:00 Ortszeit:	Nov.–Feb.
FLÄCHE:	290 Quadratgrad (51.)

γ Lep ($05^{h}35^{m}$, –22°27′) ist ein weiter Doppelstern, bestehend aus zwei gelben Sternen der Größe 3^{m},6 und 6^{m},2, die im Fernglas leicht zu erkennen sind.

R Lep ($05^{h}00^{m}$, –14°49′) ist ein langperiodischer Mira-Veränderlicher, dessen Helligkeit sich mit einer Periode von 427 Tagen zwischen 5^{m},5 und 11^{m},7 bewegt. Bei seinem Maximum, wenn er mit bloßem Auge gerade erkennbar ist, erscheint er intensiv rot. Er wurde im 19. Jahrhundert von dem britischen Himmelsbeobachter John Russel Hind, der ihn als „einen Blutstropfen auf einem schwarzen Acker" beschrieb, der Purpurstern genannt.

M 79 ($05^{h}24^{m}$, –24°31′) ist ein lichtschwacher Kugelhaufen, der bei günstigen Bedingungen mit dem Fernglas zu entdecken ist. Mit einem Abstand von über 42 000 LJ ist er auch wirklich sehr weit entfernt.

COLUMBA

COLUMBAE • COL • TAUBE

Dieses Sternbild zählt ebenfalls zu jenen, die von dem holländischen Astronomen Petrus Plancius vorgeschlagen wurden. Obwohl es nach manchen Deutungen die Taube darstellt, mit deren Hilfe die Argonauten die gefährlichen Klippen bei der Einfahrt ins Schwarze Meer umschifften, wollte Plancius, der auch Theologe war, damit an jene Taube erinnern, die Noah von seiner Arche aussandte, um trockenes Land zu suchen.

IM SÜDEN UM 22:00 Ortszeit:	20. Jan.
SICHTBAR UM 22:00 Ortszeit:	Dez.–Feb.
FLÄCHE:	270 Quadratgrad (54.)

T Col ($05^{h}17^{m}$, –33°46′) ist ein langperiodischer Mira-Veränderlicher mit einer Periode von rund 226 Tagen, der bei seinem Helligkeitsmaximum die Größe 6^{m},7 erreicht und dann leicht im Feldstecher zu erkennen ist. Sein Minimum liegt jedoch bei 12^{m},7, was schon ein mittleres Teleskop erfordert.

NGC 1851 ($05^{h}14^{m}$, –40°02′) ist ein Kugelhaufen 7. Größe, der schon im Fernglas zu sehen ist.

← HASE und TAUBE im Detail

HAUSE und TAUBE in der Übersicht ↓

← Foto von HASE und TAUBE

LIBRA

LIBRAE • LIB • WAAGE

IM SÜDEN UM 22:00 Ortszeit:	10. Juni
SICHTBAR UM 22:00 Ortszeit:	April–Juli
FLÄCHE:	538 Quadratgrad (29.)

Dieses Sternbild gehörte früher zu Scorpius, dem in östlicher Richtung nächsten Tierkreissternbild, und sollte die Klauen des Skorpions darstellen. Erst in römischer Zeit schuf man daraus zwei getrennte Sternbilder. Die Verbindung mit Scorpius lebt jedoch weiter in den arabischen Namen für α, β und γ Lib (Zubenelgenubi, Zubeneschamali und Zubenalakrab, die „Südliche Klaue", „Nördliche Klaue" bzw. „Skorpionsklaue" bedeuten). In der Folge wurde Libra mit den Waagschalen der Gerechtigkeit assoziiert, die oft in den Händen von Virgo gesehen wurden, dem sich im Westen anschließenden Tierkreissternbild.

Einst lag das Herbstäquinoktium in dieser Himmelsregion – ein weiterer Grund, weshalb man es mit einer Waage (zwischen Sommer und Winter) gleichsetzte. Obwohl die Tagundnachtgleiche aufgrund der Präzession bereits im 8. Jahrhundert v. Chr. ins Sternbild Virgo vorrückte, heißt das Herbstäquinoktium, entsprechend dem Widderpunkt, gelegentlich noch Waagepunkt.

α Lib (14^h51^m, –16°03′), Zubenelgenubi, ist ein weiter Doppelstern, bestehend aus einem blauweißen Stern der Helligkeit $2^m{,}7$ und einem schwächeren weißen Begleiter mit $5^m{,}2$.

β Lib (15^h01^m, –08°31′) ist ein Bedeckungsveränderlicher ähnlich Algol (β Per). Seine Periode beträgt ungefähr 2,3 Tage, und seine Helligkeit schwankt zwischen $4^m{,}9$ und $5^m{,}9$.

ι Lib (15^h12^m, –19°48′) hat eine Helligkeit von $4^m{,}5$ und bildet zusammen mit 25 Lib ($6^m{,}1$) einen im Fernglas sichtbaren Doppelstern. Das Paar wird zuweilen auch als ι^1 und ι^2 Librae bezeichnet. ι Lib ist eigentlich ein Mehrfachstern, doch selbst mit mittelgroßen Instrumenten sind nur zwei Komponenten erkennbar.

← Die WAAGE im Detail

Die WAAGE in der Übersicht ↓

← Foto der WAAGE

LYNX

LYNCIS • LYN • LUCHS

IM SÜDEN UM 22:00 ORTSZEIT: **20. Feb.**

ZIRKUMPOLAR AB 57° N

SICHTBAR UM 22:00 Ortszeit: **Okt.–Juli**

FLÄCHE: **545 Quadratgrad (28.)**

Auch dieses Sternbild gehört zu jenen, die Johannes Hevelius 1687 anregte, um die große, relativ sternarme Lücke zwischen Ursa Major, Auriga und Gemini zu füllen. Es ist sogar größer als Gemini, trotzdem aber den meisten Astronomen kaum bekannt. Den Namen Luchs erhielt es angeblich, weil man „Luchsaugen" braucht, um es zu sehen. Hevelius selbst war für seine hervorragende Sehschärfe berühmt.

Da die ursprünglichen Darstellungen der Sternbilder keine festen Grenzen hatten, befanden sich manche der zuvor mit spezifischen Namen versehenen Sterne plötzlich auf der „falschen" Seite der Grenzen, als diese von der International Astronomical Union 1930 verbindlich festgelegt wurden. In dieser Himmelsregion sind hiervon die Sterne 10 UMa und 41 Lyn betroffen, denn sie liegen heute innerhalb von Lynx bzw. Ursa Major.

5 Lyn ($06^{h}27^{m}$, +58°25′) ist ein im Fernglas erkennbarer Doppelstern, bestehend aus einem gelben und einem orangefarbenen Stern der Helligkeit $5^{m}{,}2$ bzw. $7^{m}{,}8$.

41 Lyn ($09^{h}29^{m}$, +45°36′), jenseits der Grenze zu Ursa Major, ist ein weiter, im Feldstecher gut sichtbarer Doppelstern mit Komponenten der Größe $5^{m}{,}4$ und $7^{m}{,}9$.

← Der LUCHS in der Übersicht

Der LUCHS im Detail ↓

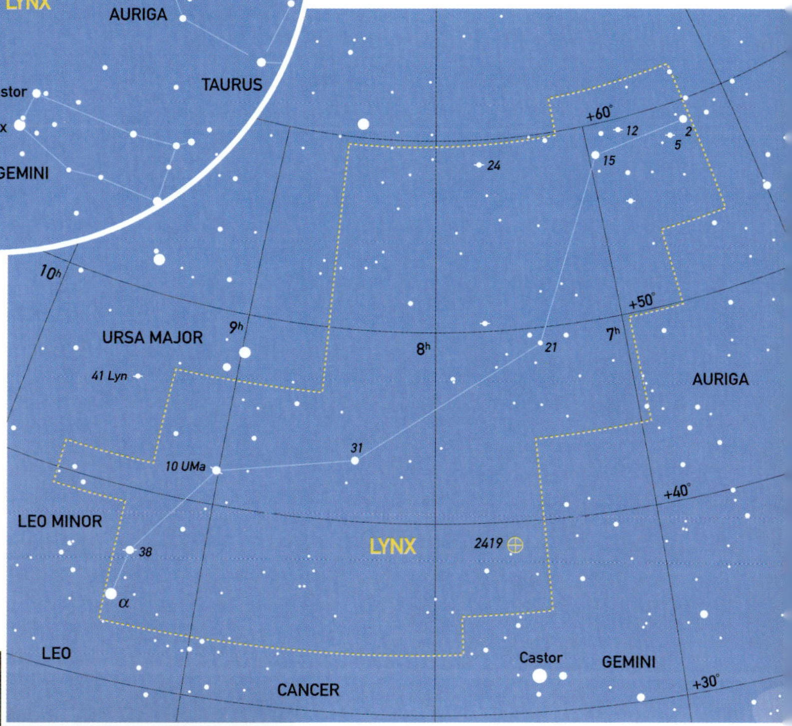

← Foto des LUCHS

LYRA

LYRAE • LYR • LEIER

IM SÜDEN UM 22:00 Ortszeit:	1. Aug.
SICHTBAR UM 22:00 Ortszeit:	März–Dez.
FLÄCHE:	286 Quadratgrad (52.)

In der griechischen Mythologie galt dieses kleine Sternbild als jene Leier, die entweder dem Musiker Arion (S. 186) gehörte, der von einem Delfin gerettet wurde, oder aber Odysseus, einem noch größeren Musiker. Arabische Astronomen erkannten dagegen in ihr und den Sternbildern Cygnus und Aquila drei Vögel, und der Name Wega für α Lyrae bedeutet „herabstoßender Adler". Die hellsten Sterne dieser drei Sternbilder sind: Wega, Deneb (α Cygni) und Atair (α Aquilae), die zusammen das berühmte Sommerdreieck bilden. Wega ist jenseits von ungefähr 52° N zirkumpolar.

β Lyr (18^{h}50^{m}, +33°22′), Sheliak, ist der Referenzstern für jene Bedeckungsveränderlichen, die auch abseits der Minima stetige Schwankungen aufweisen. Er hat eine Periode von 12,92 Tagen und pendelt zwischen 3^{m},3 und 4^{m},3.

VERGLEICHSSTERNE FÜR β LYR		
A = γ Lyr 3,23	D = ϑ Her 3,86	G = κ Lyr 4,34
B = μ Her 3,42	E = ζ Lyr 4,09	H = ν Her 4,41
C = ξ Lyr 3,71	F = ρ Her 4,17	J = η Lyr 4,46

γ Lyr (18^{h}55^{m}, +36°54′) ist ein weiter Doppelstern, der schon mit bloßem Auge oder einem Fernglas sichtbar ist und aus einem zusammenhanglosen Sternenpaar der Größe 4^{m},3 (δ^2 Lyr) und 5^{m},7 (δ^1 Lyr) besteht. Der hellere Stern ist ein Roter Überriese.

ε Lyr (18^{h}44^{m}, +39°37′), der doppelte Doppelstern, wird von Personen mit scharfen Augen bisweilen als Doppelstern gesehen und erscheint im Feldstecher einwandfrei aufgelöst. Der hellere Stern (ε^2 Lyr) hat die Größe 5^{m},2, der schwächere (ε^1 Lyr) bringt es auf 6^{m},1. Bei Verwendung größerer Öffnungen (60 – 75 mm) entpuppt sich jeder Stern als ein Binärsystem.

ζ Lyr (18^{h}45^{m}, +37°36′) ist ein weiterer Doppelstern, dessen Komponenten der Helligkeit 4^{m},4 und 5^{m},7 im Fernglas sichtbar sind.

R Lyr (18^{h}55^{m}, +43°57′) ist ein halbregelmäßiger Veränderlicher, dessen Größe zwischen 3^{m},9 und 5^{m},0 variiert, mit Phasen, deren Periodizität rund 46 Tage beträgt.

Vergleichssterne wie für β Lyr, mit folgenden Ergänzungen am unteren Ende:

K = μ Lyr	5,00
L = 16 Lyr	5,10

Die LEIER in der Übersicht →

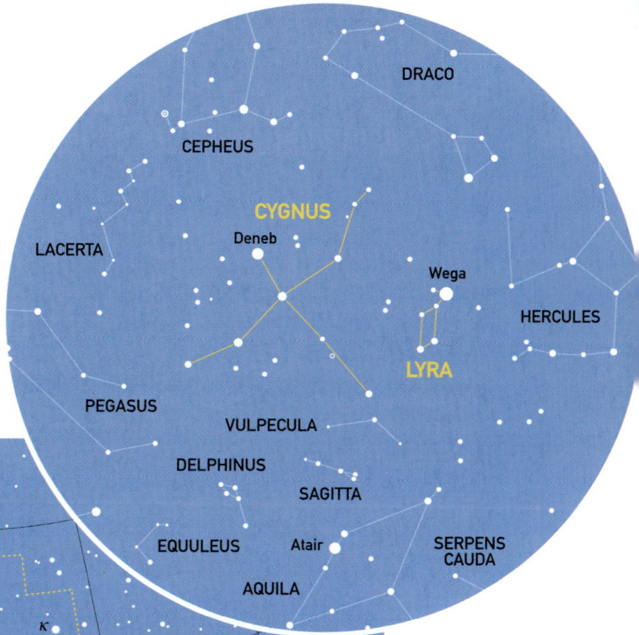

METEORSCHAUER
Die Lyriden (Radiant bei 18^h08^m, +32°) haben normalerweise eine niedrige Stundenrate von etwa zehn Meteoren pro Stunde, können allerdings in seltenen Fällen stärkere Aktivität zeigen. Zu sehen vom 19. – 25. April, Maximum am 22. April.

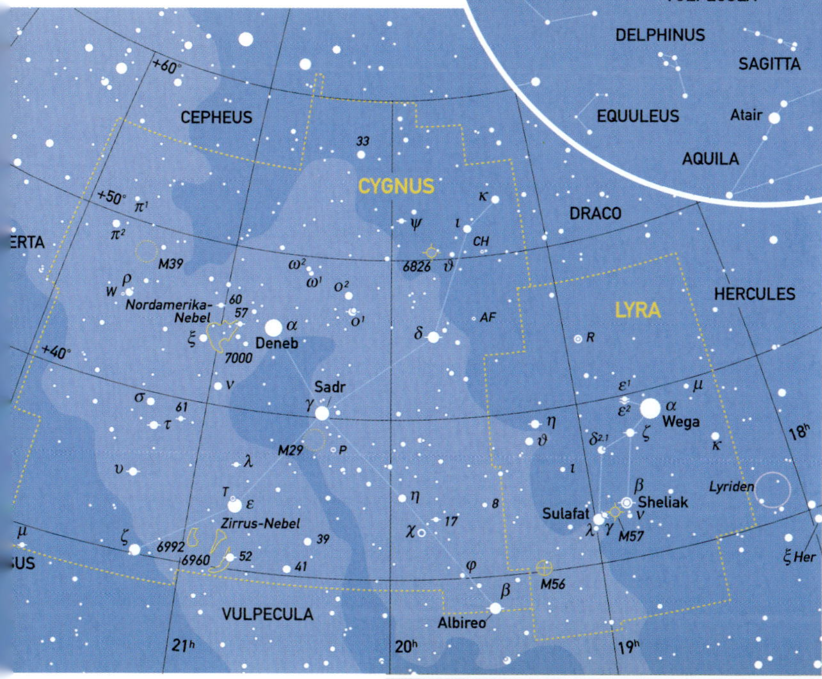

↑ **Die LEIER im Detail**

Foto der LEIER →

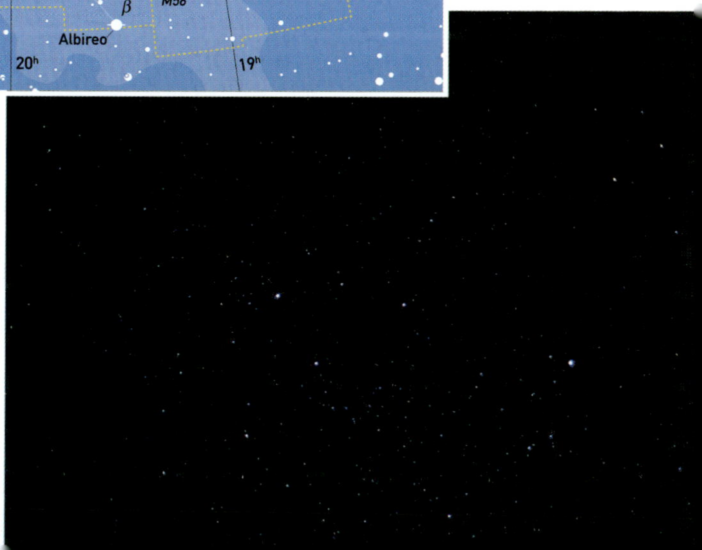

MONOCEROS

MONOCEROTIS • MON • EINHORN

Monoceros ist eines jener Sternbilder, die von Petrus Plancius eingeführt wurden. Es überspannt die Milchstraße und enthält daher eine Vielzahl von Sternhaufen.

IM SÜDEN UM 22:00 Ortszeit:	5. Feb.
SICHTBAR UM 22:00 Ortszeit:	Dez.–April
FLÄCHE:	482 Quadratgrad (35.)

U Mon (07^h31^m, –09°47′) ist ein halbregelmäßiger Veränderlicher vom RV-Tauri-Typ. Seine große Amplitude liegt zwischen $5^{m}{,}4$ und $8^{m}{,}5$ mit einer Primärperiode von 91 Tagen und einer überlagerten Sekundärperiode, die sich anscheinend in den letzten Jahren von 2320 Tagen auf 2500 Tage ausgedehnt hat.

VERGLEICHSSTERNE FÜR U MON			
A = 20 Mon	5,02	F	6,62
B = 25 Mon	5,17	G	6,97
C	5,57	H	7,51
D	5,85	K	7,81
E	6,00	L	8,03

V640 Mon (06^h37^m, +06°08′), Plasketts Stern, ist als das schwerste bekannte Binärsystem ein wahrhaft außergewöhnliches Objekt. Es hat eine scheinbare Größe von $6^{m}{,}1$ (die geringfügig schwankt) und besteht aus zwei Blauen Überriesen, deren Massen auf das 43- und 51fache der Sonne geschätzt werden.

M 50 (07^h03^m, –08°20′) ist ein Offener Sternhaufen, der aus annähernd 100 Sternen besteht, von denen die hellsten schon im Fernglas aufgelöst werden können.

NGC 2232 (06^h27^m, –04°44′) ist ein lockerer Offener Sternhaufen aus rund 20 Sternen, der schon im Fernglas problemlos erkennbar ist.

NGC 2244 (06^h32^m, +04°51′) ist ein Offener Sternhaufen, der unter guten Bedingungen mit bloßem Auge gerade noch erkennbar, mit dem Feldstecher jedoch vorzüglich zu sehen ist. Er ist umgeben von NGC 2237, dem Rosetten-Nebel.

NGC 2264 (06^h41^m, +09°52′) ist ein weiterer Offener Sternhaufen, der mit einem Nebel in Zusammenhang steht. Hier handelt es sich um den so genannten Konus-Nebel, der nur auf Langzeitaufnahmen erkennbar ist. Der Sternhaufen ist schon mit bloßem Auge sichtbar, zumal er den hellen, blau-weißen Stern S Mon enthält, dessen Helligkeit geringfügig um $4^{m}{,}7$ herum pendelt.

NGC 2237 (06^h33^m, +04°57′) ist der Rosetten-Nebel, der den Offenen Sternhaufen NGC 2244 umgibt. Unter guten Bedingungen ist die helle Randzone des Nebels im Feldstecher erkennbar.

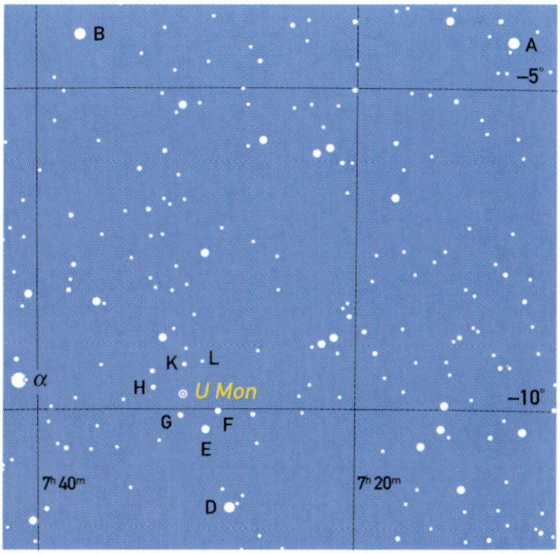
B
A
−5°
K
L
α
H
U Mon
−10°
G
F
E
7h 40m
7h 20m
D

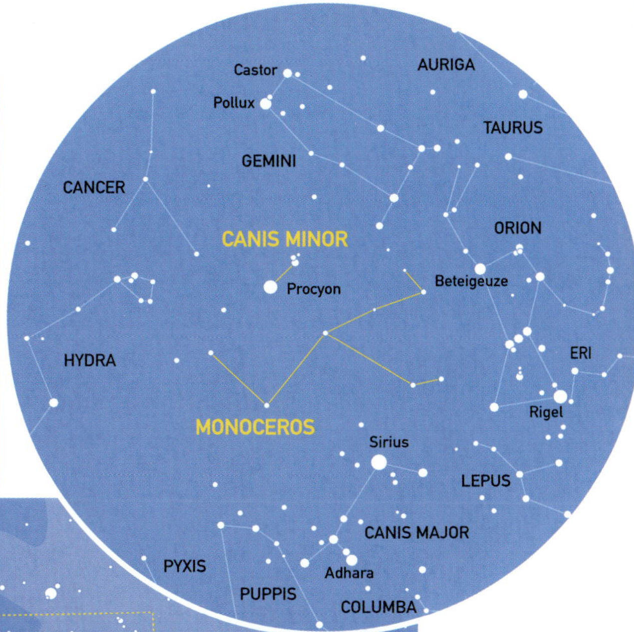
Castor
AURIGA
Pollux
TAURUS
GEMINI
CANCER
CANIS MINOR
ORION
Procyon
Beteigeuze
HYDRA
ERI
MONOCEROS
Rigel
Sirius
LEPUS
CANIS MAJOR
PYXIS
Adhara
PUPPIS
COLUMBA

GEMINI
ANCER
0°
2264
S
Konus-Nebel
2261
γ
ε
Gomeisa
β
η
Beteigeuze
T
V640
2244
2237
Procyon
α
CANIS
MINOR
Rosetten-Nebel
31
δ3
δ2
δ1
ζ
18
2301
δ
ORION
V
RA
ζ
MONOCEROS
10
2232
β
γ
M50
α
U
2353
8h
PUPPIS
7h
CANIS MAJOR
6h
LEPUS

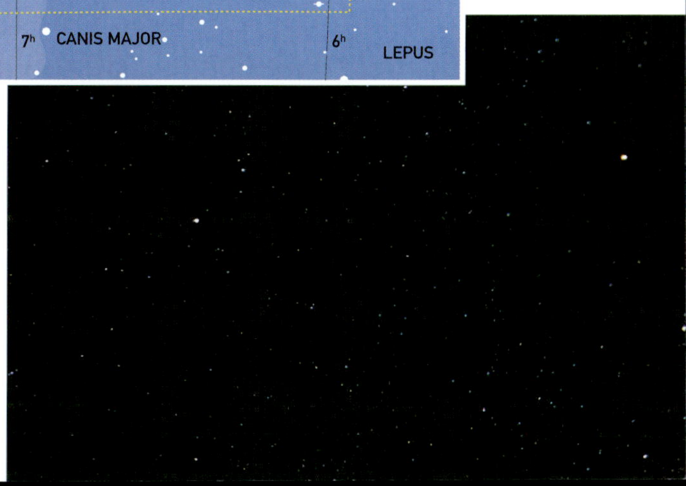

OPHIUCHUS

OPHIUCHI • OPH • SCHLANGENTRÄGER

IM SÜDEN UM 22:00 Ortszeit:	10. Juli
SICHTBAR UM 22:00 Ortszeit:	Mai–Sept.
FLÄCHE:	948 Quadratgrad (11.)

Ophiuchus ist ein altes Sternbild, das vorzugsweise mit der Sagengestalt des Äskulap, dem Gott der Heilkunde, in Verbindung gebracht wird. Er trägt die Schlange, die eine Quelle seiner Weisheit war, und den Cauduceus, einen Stab, um den sich eine Schlange ringelt und der bis heute das Wahrzeichen des Ärztestands ist. Ophiuchus nimmt eine beträchtliche Länge auf dem Tierkreis ein; allerdings wurde der südlichste Abschnitt, durch den die Ekliptik verläuft, bis zur Festlegung der Sternbildgrenzen 1930 meist Scorpius zugerechnet. Ophiuchus enthält mehrere Offene und Kugelförmige Sternhaufen, die schon mit dem Fernglas erkennbar sind.

ρ Oph (16^h26^m, –23°27′), unweit Antares, ist eines jener wenigen Mehrfachsysteme, die bereits im Feldstecher beobachtet werden können, wo sich ein Stern 5. Größe ($5^m\!.0$) mit zwei Begleitern der Helligkeit $6^m\!.7$ und $7^m\!.2$ präsentiert. Bei dem Hauptstern handelt es sich seinerseits um einen Doppelstern, dessen Begleiter ($5^m\!.7$) jedoch nur mit Fernrohren zu sehen ist.

(Fortsetzung auf S. 216)

SERPENS CAPUT

SERPENTIS • SER • KOPF DER SCHLANGE

IM SÜDEN UM 22:00 Ortszeit:	20. Juni
SICHTBAR UM 22:00 Ortszeit:	März–Sept.
FLÄCHE (GES. STERNB.):	637 Quadratgrad (23.)

Serpens ist das einzige zweigeteilte Sternbild, getrennt durch Ophiuchus. Serpens Caput (der Kopf der Schlange) ist hier abgebildet, die Karte von Serpens Cauda (der Schwanz der Schlange) dagegen bei Scutum (S. 236). Mythologisch verkörpert das gesamte Sternbild die Schlange, die von Äskulap, dem Gott der Heilkunst, getragen wird.

β Ser (15^h46^m, +15°25′) ist ein blau-weißer Stern der Größe $3^m\!.6$, der zusammen mit einem direkt nördlich gelegenen, unabhängigen Stern ($6^m\!.7$) ein weites Doppelsystem bildet.

R Ser (15^h51^m, +15°08′) ist ein langperiodischer Mira-Veränderlicher, dessen Helligkeit beachtlich zwischen $5^m\!.2$ und $14^m\!.4$ mit einer Periode von 356 Tagen schwankt. Bei seinem Maximum ist er relativ lange mit einem Feldstecher sichtbar.

M 5 (15^h19^m, +02°04′) ist ein Kugelhaufen 6. Größe, der bei guten Bedingungen schon mit bloßem Auge erkennbar ist.

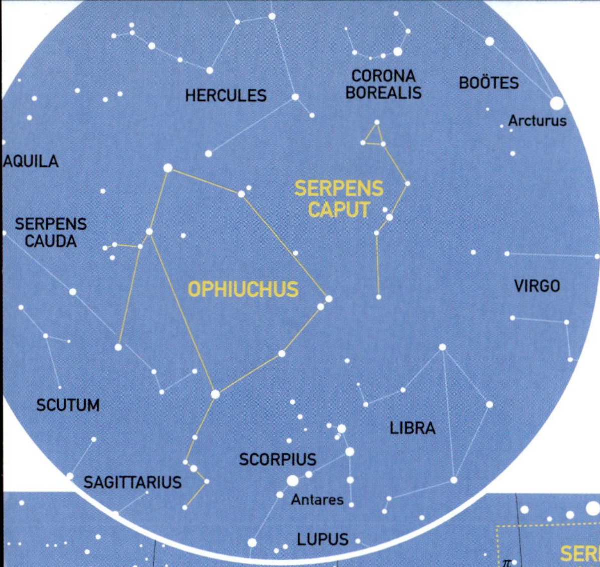

← **SCHLANGE und SCHLANGENTRÄGER in der Übersicht**

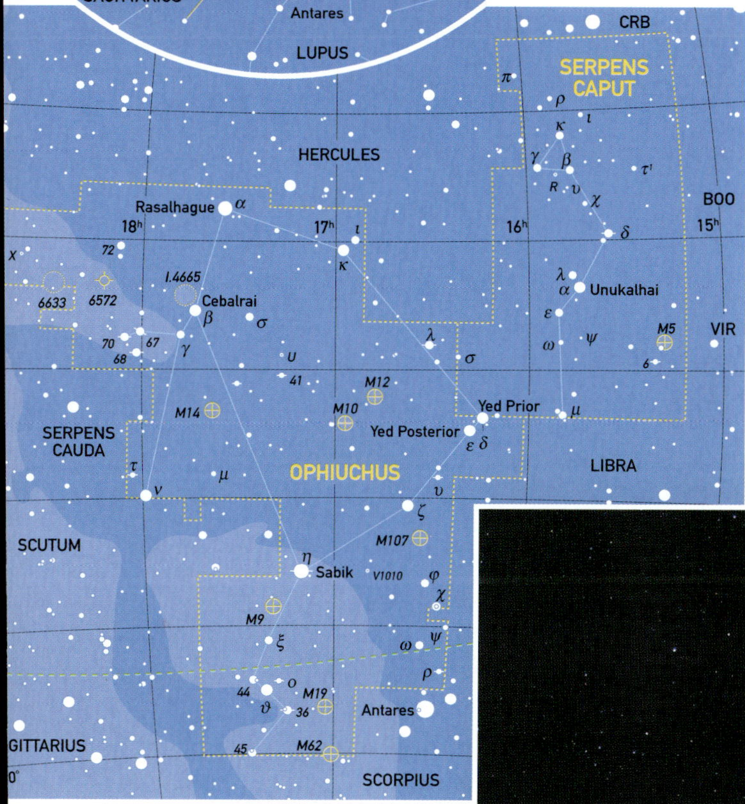

← SCHLANGE und SCHLANGENTRÄGER im Detail

Foto von SCHLANGE und SCHLANGENTRÄGER →

OPHIUCHUS

(Fortsetzung von S. 214)

X Oph ($18^{h}38^{m}$, +08°50') ist ein langperiodischer Mira-Veränderlicher mit einer Amplitude zwischen $5^{m}{,}9$ und $9^{m}{,}2$ (die meiste Zeit über im Fernglas sichtbar); Periode von 329 Tagen.

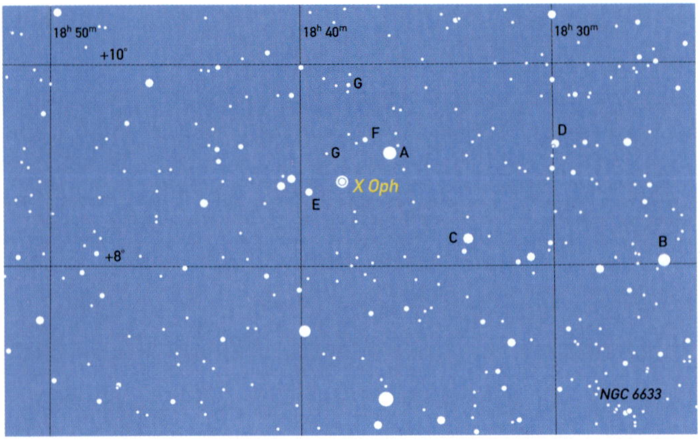

VERGLEICH FÜR X OPH	
A = 5,4	E = 7,3
B = 5,7	F = 8,2
C = 6,3	G = 9,8
D = 6,8	H = 9,5

M 9 ($17^{h}19^{m}$, –18°31') ist ein Kugelsternhaufen mit einer Gesamthelligkeit von $7^{m}{,}7$, der am Rand der Sternwolken der Milchstraße liegt.

M 10 ($16^{h}57^{m}$, –04°06') und M 12 ($16^{h}47^{m}$, –01°57') sind Kugelsternhaufen 7. Größe, die beide im Feldstecher sichtbar sind und etwa halben Monddurchmesser aufweisen.

M 14 ($17^{h}38^{m}$, –03°14') ist ein Kugelhaufen, der im Feldstecher etwas länglich erscheint und mit ca. $7^{m}{,}6$ geringfügig lichtschwächer ist als M 10 und M 12.

M 19 ($17^{h}03^{m}$, –26°16') in der Südhälfte des Sternbildes mit fast derselben Deklination wie Antares ist ein Kugelhaufen 7. Größe, der ebenfalls im Feldstecher etwas länglich erscheint.

M 62 ($17^{h}01^{m}$, –30°06'), am äußersten Südrand des Sternbildes und schon innerhalb der Milchstraße gelegen, ist ein Kugelhaufen der Helligkeit $6^{m}{,}5$.

NGC 6633 ($18^{h}28^{m}$, +06°34') ist ein Offener Sternhaufen 5. Größe, der schon mit bloßem Auge sichtbar ist und durchaus eine Beobachtung mit dem Feldstecher lohnt.

IC 4665 ($17^{h}46^{m}$, +05°42'), unweit von β Oph, ist ein großer, lockerer Offener Sternhaufen, der problemlos im Fernglas (und sogar mit bloßem Auge) sichtbar ist, unter stärkerer Vergrößerung aber nicht viel hergibt.

ORION

(Fortsetzung von S. 218)

U Ori (05^h56^m, +20°10′) an der Spitze von Orions „Keule“ ist ein langperiodischer Mira-Veränderlicher, der sein Maximum bei $4\overset{m}{,}8$ erreicht, jedoch bei seinem Minimum bis auf $13\overset{m}{,}0$ absinkt. Seine Periode ist etwas länger als 368 Tage.

M 42 (05^h35^m, –05°26′) ist der Große Orion-Nebel, ein diffuser Gasnebel. Er ist sogar mit bloßem Auge sichtbar und erscheint in einem Fernglas oder kleinem Teleskop als verschwommener Lichtfleck. Der sichtbare Bereich, der von den Trapez-Sternen (ϑ^1 Ori) angestrahlt wird, ist in Wirklichkeit nur ein kleiner Teil der gewaltigen interstellaren Wolke aus Staub und Gas. Der glühende Wasserstoff besitzt eine ganz charakteristische rosarote Färbung, die auf Fotos deutlich zu erkennen ist, selbst auf solchen mit nur wenigen Sekunden Belichtungsdauer. Optisch ist die Färbung allerdings nicht erkennbar.

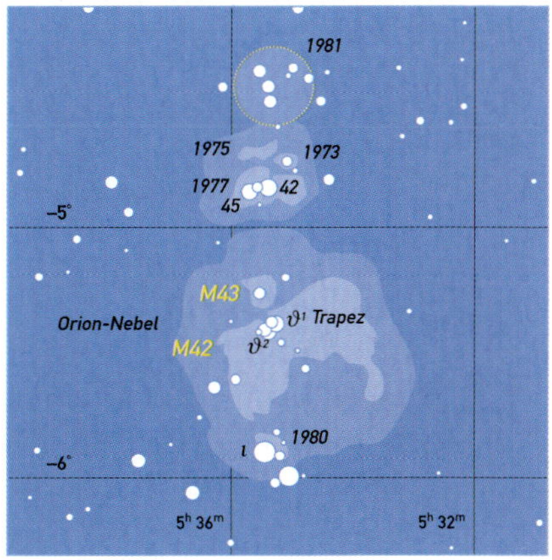

M 43 (05^h36^m, –05°16′) ist ein kleiner Nebelfleck gleich nördlich von M 42, der bei guten Bedingungen mit dem Feldstecher zu sehen ist. Tatsächlich handelt es sich bloß um einen Teil des gesamten Nebelkomplexes.

NGC 1981 (05^h35^m, –04°26′) ist ein lockerer Offener Sternhaufen, der schon mit bloßem Auge zu erkennen ist. Er enthält indes nur so wenige Sterne, dass eine starke Vergrößerung nichts bringt.

NGC 2024 (05^h41^m, –01°51′) ist ein großer Gasnebel, der jedoch aufgrund seiner geringen Entfernung zu ζ Ori (Alnitak) schwer zu entdecken ist. Am besten hält man bei der Beobachtung Alnitak ganz knapp außerhalb des Gesichtsfelds.

NGC 2169 (06^h08^m, +13°57′) ist ein relativ kleiner Offener Sternhaufen aus ca. 30 Sternen.

METEORSCHAUER

Die Orioniden (Radiant bei 06^h24^m, +15°) sind ein mittelaktiver Meteorstrom mit einer Stundenrate von bis zu 25. Sie sind vom 16. – 27. Oktober zu sehen und erreichen am 20. Oktober ein undramatisches Maximum.

ORION

ORIONIS • ORI • ORION

IM SÜDEN UM 22:00 Ortszeit: 30. Jan.
SICHTBAR UM 22:00 Ortszeit: Nov.–März
FLÄCHE: 594 Quadratgrad (26.)

In der griechischen Mythologie war Orion, der Sohn Poseidons, ein großer Jäger, der sich in die Plejaden verliebte – Nymphen, die er nun quer über den Himmel verfolgt. Gleichzeitig hebt er seine Keule, um Taurus abzuwehren. Orion starb durch einen Skorpionstich, weshalb er sich auf der gegenüberliegenden Seite von Scorpius am Firmament befindet. Begleitet wird er von seinen beiden Jagdhunden (Canis Major und Canis Minor), und zu seinen Füßen hat sich Lepus (der Hase) versteckt.

Orion ist das schönste aller Sternbilder mit seinen hellen Sternen Beteigeuze und Rigel (α und β Ori), den drei Sternen, aus denen sein „Gürtel" besteht (δ, ε und ζ Ori bzw. Mintaka, Alnilam und Alnitak) sowie dem Großen Orion-Nebel (M 42). Aufgrund seiner Position, die den Himmelsäquator überspannt, kann dieses Sternbild von den meisten Punkten der Erde aus in seiner Gesamtheit betrachtet werden und beherrscht den Winterhimmel der Nordhalbkugel.

α Ori (05^h55^m, +07°24′), Beteigeuze, ist ein Roter Überriese mit ungefähr dem 800fachen Sonnendurchmesser in 427 LJ Entfernung. Seine Helligkeit schwankt leicht zwischen etwa $0\overset{m}{,}3$ und $1\overset{m}{,}2$, und er weist gelegentlich Phasen mit einer Periodizität von rund 2335 Tagen (also knapp 6,5 Jahren) auf. Wegen seiner Farbe ist er schwer zu schätzen, und auch, weil Vergleichssterne erst in gehörigem Abstand kommen und farblich abweichen. Als Referenzen können dienen:

A = α Aur 0,09	E = α Tau 0,80	L = α Leo 1,35
C = α CMi 0,36	G = β Gem 1,15	

β Ori (05^h15^m, – 08°12′), Rigel, steht im krassen Gegensatz zu Beteigeuze, denn er ist ein wesentlich heißerer Blauer Überriese. Aufgrund seiner Helligkeit von $0\overset{m}{,}2$ erscheint er stets heller, obwohl er mit 773 LJ weiter entfernt ist. Er ist aber auch in Wirklichkeit ungewöhnlich leuchtstark und rund 50 000-mal so hell wie die Sonne.

ϑ Ori (05^h35^m, – 05°24′) ist ein weiter, heller Doppelstern, bestehend aus ϑ^1 und ϑ^2, deren Helligkeit jeweils etwa $5\overset{m}{,}1$ beträgt. Im Teleskop wird deutlich, dass ϑ^1 in Wahrheit ein multiples (Vierfach)system ist, der so genannte Trapezhaufen, der das Zentrum des Orion-Nebels anstrahlt. Die vier Sterne besitzen eine Helligkeit von $5\overset{m}{,}1$, $6\overset{m}{,}7$, $6\overset{m}{,}7$ und $8\overset{m}{,}0$, und es gibt sogar noch zwei weitere Sterne 11. Größe in demselben Haufen. Im Feldstecher erkennt man auch, dass ϑ^2 ebenfalls ein Doppelstern ist mit Komponenten der Helligkeit $5\overset{m}{,}1$ und $6\overset{m}{,}4$.

ι Ori (05^h36^m, – 05°55′) ist ein Doppelstern, der jedoch nur im Teleskop aufgelöst erscheint. Er liegt im gleichen Feld wie ein weiteres Objekt namens Struve 747, das im Fernglas als ein Sternpaar der Größe $4\overset{m}{,}8$ und $5\overset{m}{,}7$ erscheint. *(Fortsetzung auf S. 217)*

← ORION im Detail

ORION in der Übersicht ↓

← Foto des ORION

PEGASUS

PEGASI • PEG • PEGASUS

IM SÜDEN UM 22:00 Ortszeit:	20. Okt.
SICHTBAR UM 22:00 Ortszeit:	Juli–Jan.
FLÄCHE:	1121 Quadratgrad (7.)

Dieses Sternbild stellt das geflügelte Pferd dar, das nach einer griechischen Sage den Blutstropfen entstieg, die am Boden vergossen wurden, als Perseus der Medusa den Kopf abschlug. Als Pegasus danach auf dem Berg Helikon landete, berührte er mit einem Huf den Boden, und es tat sich die berühmte Quelle auf, die angeblich ein Born der Inspiration für Dichter ist.

Für ein so großes Sternbild enthält Pegasus relativ wenige interessante Objekte, und es ist aufschlussreich zu zählen, wie viele Sterne innerhalb des Pegasusquadrats (bestehend aus α, β und γ Peg sowie α And) zu sehen sind. Schon bei suboptimalen Sichtbedingungen (oder Streulicht) kann das Quadrat vollständig leer erscheinen.

β Peg (23^h04^m, +28°05′), Scheat, ist ein unregelmäßiger Veränderlicher, Helligkeit $2^m\!,3$ – $2^m\!,7$.

ε Peg (21^h44^m, +09°53′), Enif, ist ein Doppelstern, der mit einem Feldstecher unter guten Bedingungen gerade eben sichtbar ist. Der hellere Stern (in Wirklichkeit ein gelber Überriese) hat die Helligkeit $2^m\!,4$, der zweite kommt dagegen nur auf $8^m\!,0$.

AG Peg (21^h51^m, +12°38′), nicht weit von Enif, ist ein interessanter veränderlicher Stern, der schon im Fernglas gut zu beobachten ist. Er wurde als eine sehr träge Nova klassifiziert und hatte 1870 einen Ausbruch, nach dem die Helligkeit langsam absank. Seitdem aber zeigt er ein erratisches Verhalten mit Phasen, in denen die Umlaufzeit des Binärsystems von 820 Tagen offensichtlich wird.

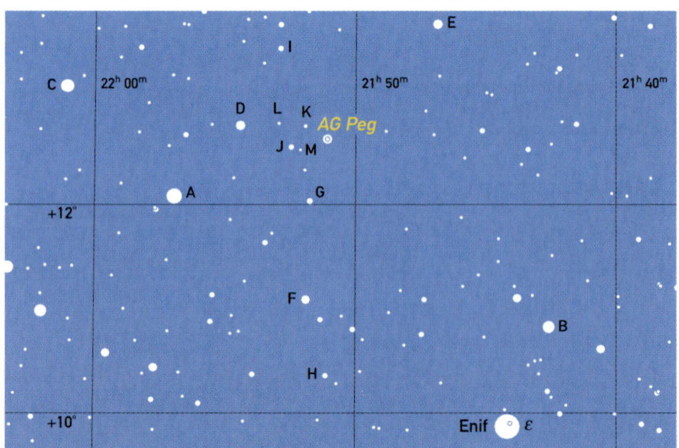

51 Peg (22^h58^m, +20°47′) ist ein lichtschwacher ($5^m\!,5$), der Sonne eng verwandter Stern. Es handelt sich hier um ein extrasolares Planetensystem mit einem großen Planeten (0,45fache Jupitermasse), der den Stern in nur 0,05 AE Abstand und mit einer Umlaufperiode von nur 4,23 Tagen umkreist.

M 15 (21^h30^m, +12°10′) gehört zu den schönsten Kugelsternhaufen am Nordhimmel und ist schon mit einem Fernglas gut zu sehen.

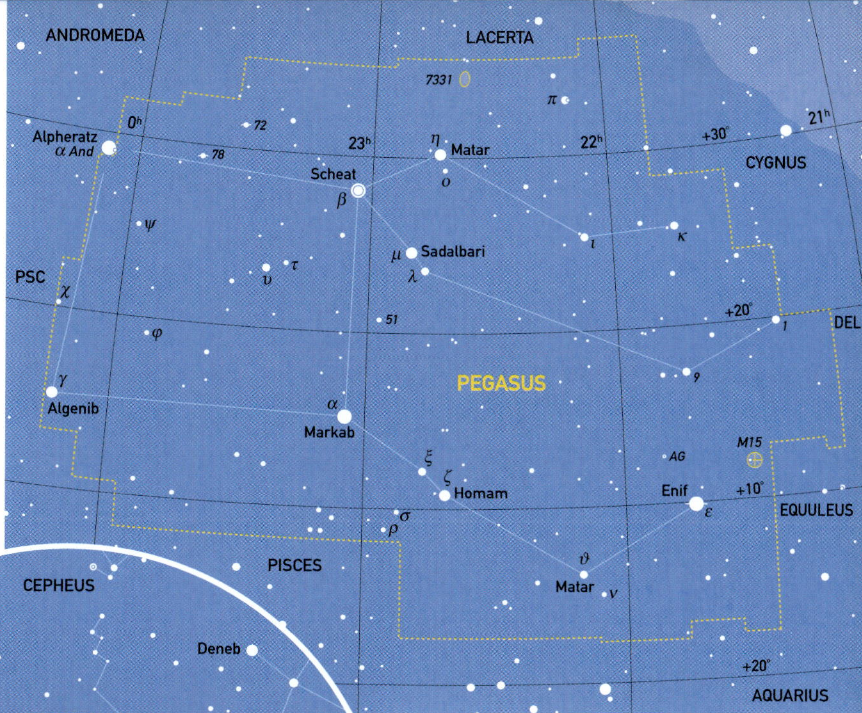

Der PEGASUS im Detail ↑

← Der PEGASUS in der Übersicht

Foto des PEGASUS ↓

VERGLEICHSSTERNE FÜR AG PEG*			
A = 17 Peg	5,54	G	7,7
C	5,60	I	7,8
B	6,00	H	8,0
D	6,61	K	8,72
E	6,7	L	9,1
F	6,8	M	10,0
J	8,16	(*Bitte beachten: Die Sequenz ist nicht alphabetisch geordnet)	

PERSEUS

PERSEI • PER • PERSEUS

IM SÜDEN UM 22:00 Ortszeit: 30. Dez.
SICHTBAR UM 22:00 Ortszeit: Aug.–April
FLÄCHE: 615 Quadratgrad (24.)

Dieses Sternbild zeigt den Helden der bekanntesten griechischen Sage, in der auch Andromeda, Cassiopeia, Cepheus und Cetus vorkommen sowie Pegasus, der die Gorgone Medusa erschlug. Ihr Blick verwandelte Sterbliche zu Stein, doch Perseus benutzte Athenes Schild als Spiegel und entging somit dem Tod bringenden Anblick. Auf bildlichen Darstellungen wird Perseus mit dem abgeschlagenen Kopf der Medusa gezeigt, der durch den Stern β Persei (Algol) markiert wird. Das Sternbild überspannt die Milchstraße, enthält daher verschiedene Sternhaufen und lohnt durchaus eine Betrachtung durch ein Fernglas mit geringer Vergrößerung.

VERGLEICHSSTERNE FÜR β PER	
α Per = 1,80	β Tri = 3,00
γ And = 2,10	δ Per = 3,03
ζ Per = 2,86	α Tri = 3,44
ϵ Per = 2,89	ν Per = 3,77
γ Per = 2,94	κ Per = 3,81

β Per (03^h08^m, +40°58′), Algol, ist einer der berühmtesten veränderlichen Sterne und der Prototyp für eine Klasse von Bedeckungsveränderlichen. Sein Name leitet sich vom arabischen **Al Ghul** her, was „der Dämon" bedeutet und sich auf die Identifikation mit dem Medusenhaupt und nicht auf seine Veränderlichkeit bezieht. Diese war offenbar unbekannt bis zu ihrer Entdeckung 1782 durch den taubstummen John Goodricke. Im Verlauf der Primärbedeckung, die alle 2,87 Tage stattfindet, sinkt Algols Helligkeit von $2^m,1$ auf $3^m,4$ ab. Jede Verdunklung dauert ungefähr zehn Stunden.

ρ Per (03^h05^m, +38°50′) ist ein Roter Riese und dazu ein interessanter halbregelmäßiger Veränderlicher. Seine Helligkeit schwankt zwischen $3^m,3$ und $4^m,0$ und weist eine Periodizität von rund 50 Tagen auf.

X Per (03^h55^m, +31°03′) hart an der Grenze zu Taurus ist ein ungewöhnlicher Veränderlicher, der für Berufsastronomen von größtem Interesse ist. Er besteht aus einem ungleichen Binärsystem mit einem jungen Überriesenstern und einem winzigen Neutronenstern von vielleicht 20 – 30 km Durchmesser. Man registriert Ausbrüche des Überriesen ähnlich denen von γ Cassiopeiae, aber auch Röntgenexplosionen von dem Neutronenstern.

M 34 (02^h42^m, +42°47′) ist ein schöner Offener Sternhaufen, der zwar schon mit bloßem Auge sichtbar ist, jedoch erst im Fernglas ein prächtiges Bild abgibt.

h Per (02^h19^m, +57°09′) und **χ Per** (02^h23^m, +57°07′), auch bekannt als NGC 869 und NGC 884, bilden einen doppelten Sternhaufen. Der Doppelsternhaufen ist leicht mit bloßem Auge zu entdecken und bietet im Fernglas einen herrlichen Anblick. h (NGC 869) – der näher zu Cassiopeia liegt – ist geringfügig heller, enthält rund 200 Sterne und ist etwa 6 Millionen Jahre alt. χ (NGC 884) besteht aus ca. 150 Sternen und ist mit etwa 3 Millionen Jahren nur halb so alt. Ihre Entfernung zu uns beträgt 7500 bzw. 7100 LJ.

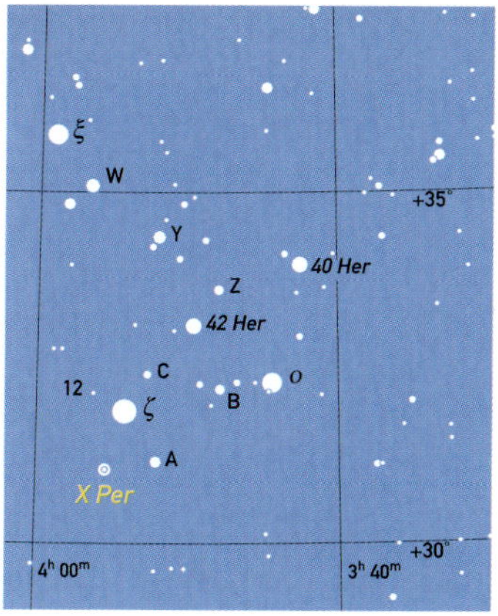

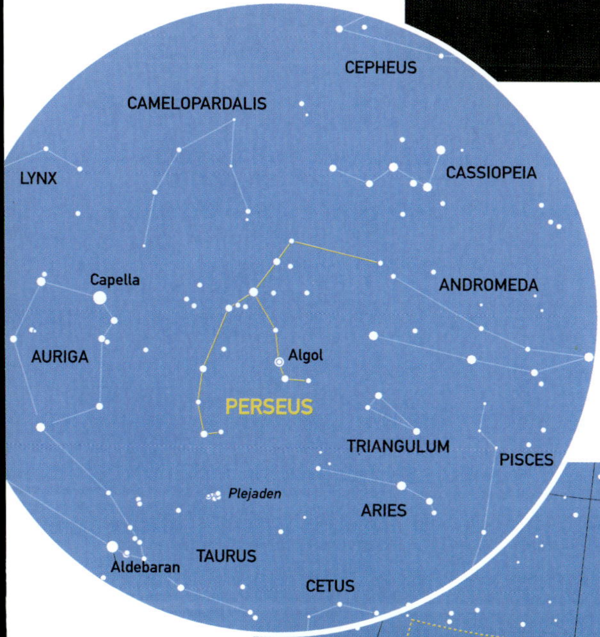

VERGLEICHSSTERNE FÜR X PER			
40 Per	5,04	B	6,23
42 Per	5,10	Z	6,36
W	5,48	C	6,6
Y	5,73	12	8,2
A	6,1		

← PERSEUS in der Übersicht

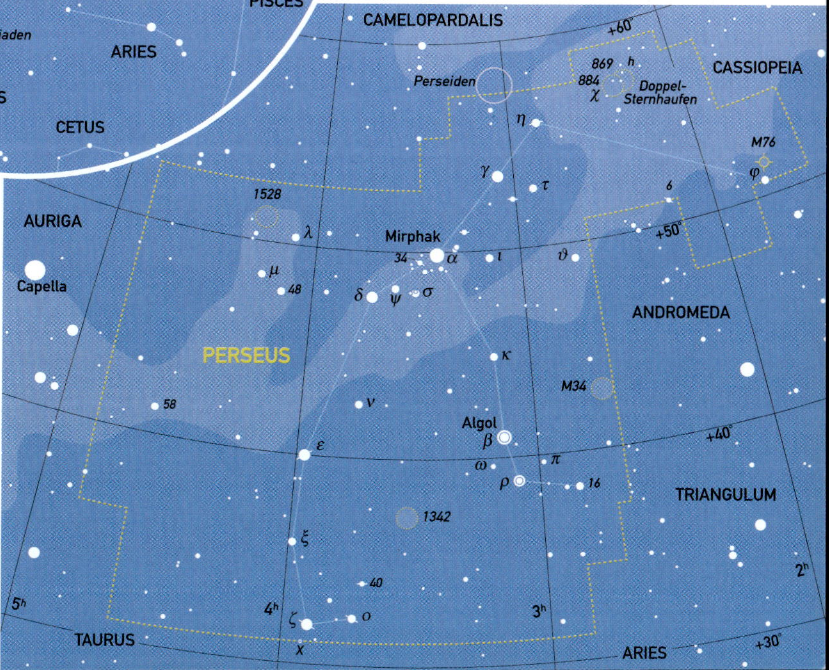

METEORSCHAUER

Die Perseiden (Radiant bei 03^h04^m, +58°) sind ein sehr beständiger Meteorstrom mit vielen hellen Mitgliedern, die oft Leuchtspuren hinterlassen. Zu beobachten sind sie vom 23. Juli bis 20. August, das Maximum findet am 12./13. August statt.

PISCES

PISCIUM • PSC • FISCHE

IM SÜDEN UM 22:00 Ortszeit: **5. Nov.**

SICHTBAR UM 22:00 Ortszeit: **Aug.–Jan.**

FLÄCHE: **889 Quadratgrad (14.)**

Dieses Tierkreissternbild hat seinen Ursprung bei den Babyloniern und wurde danach in die griechische Mythologie übernommen. Hier verkörperte es vermutlich Aphrodite mit ihrem Sohn Eros, die beide auf der Flucht vor dem Ungeheuer Typhon in einen Fluss sprangen und sich in Fische verwandelten – allerdings aneinander gefesselt, damit sie nicht getrennt würden. Bildhafte Darstellungen zeigen die beiden Fische, die mit zwei Bändern bei α Piscium (Alrescha) am Schwanz zusammengeknotet sind. Der Ring aus fünf Sternen unterhalb des Pegasusquadrats stellt einen Fisch dar, während der andere von mehreren lichtschwachen Sternen östlich von α Andromedae (Alpheratz) gebildet wird.

Das Frühlings-Äquinoktium – welches bis heute auch als Widderpunkt bezeichnet wird – liegt inzwischen in diesem Sternbild südlich des Sterns ω Psc.

ζ Psc (01^h14^m, +07°35′) ist ein recht weiter Doppelstern, der unter günstigen Bedingungen schon im Fernglas zu sehen ist. Die beiden Sterne haben eine Helligkeit von $5^m,2$ bzw. $6^m,3$.

κ Psc (23^h27^m, +01°16′) ist ein weiter, schon mit dem Feldstecher sichtbarer Doppelstern, der aus zwei unabhängigen Sternen der Größe $4^m,9$ und $6^m,3$ besteht. Ein ähnliches Zweiersystem bildet **ρ Psc** (01^h26^m, +19°11′), Helligkeit $5^m,4$, mit dem orangefarbenen Riesen **94 Psc** ($5^m,5$).

ψ¹ Psc (01^h06^m, +21°29′) ist ein weiterer Doppelstern, der bei guter Sicht schon mit dem Fernglas zu sehen ist, jedoch im Grunde ein kleines Teleskop erfordert. Die beiden Sterne haben eine Helligkeit von $5^m,3$ bzw. $5^m,6$.

TX Psc (23^h46^m, +03°29′) ist ein sehr roter unregelmäßiger Veränderlicher, dessen Helligkeit im Bereich von $4^m,8$ und $5^m,2$ schwankt. Seine Rotfärbung ist bereits im Feldstecher leicht zu erkennen.

M 74 (01^h37^m, +15°47′) ist eine lichtschwache Galaxie ($9^m,5$), die unter günstigen Bedingungen manchmal durch ein geeignetes Fernglas zu entdecken ist.

← Foto der FISCHE

Die FISCHE in der Übersicht →

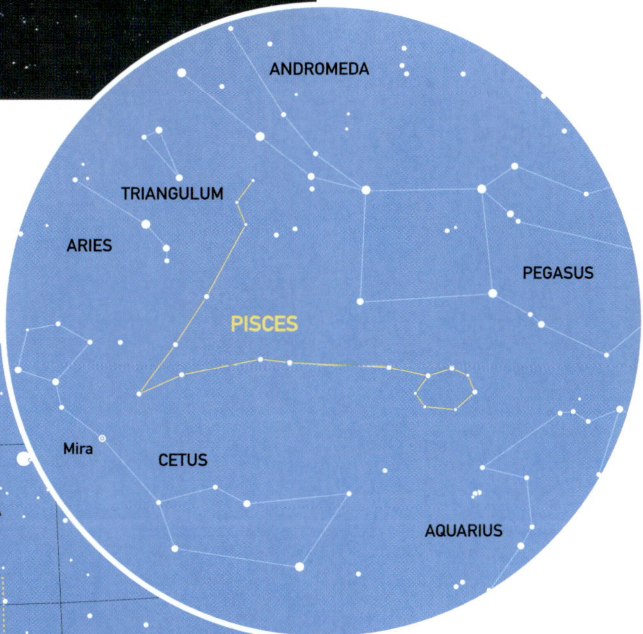

Die FISCHE im Detail ↓

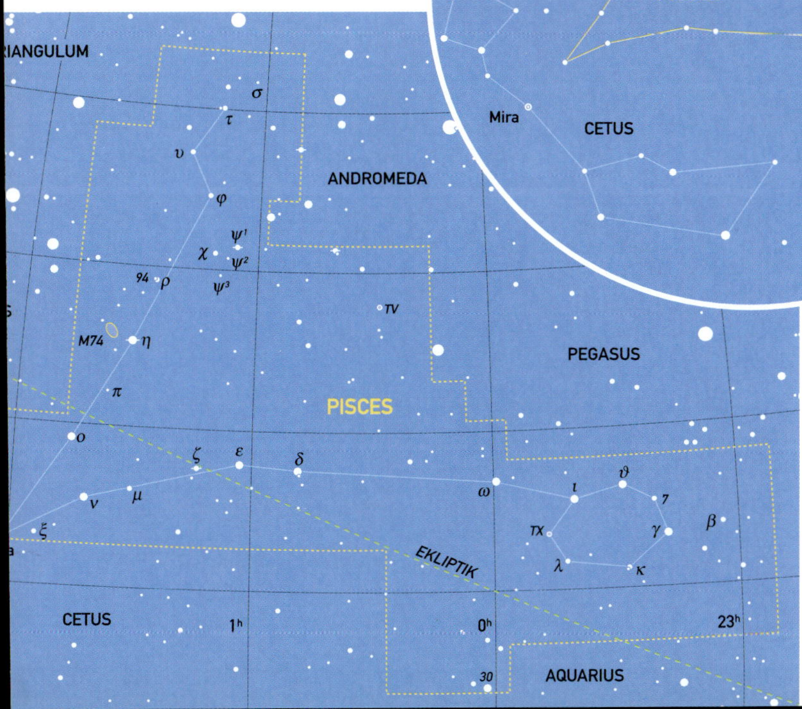

PUPPIS

PUPPIS • PUP • HINTERDECK

IM SÜDEN UM 22:00 Ortszeit: 20. Feb.
SICHTBAR UM 22:00 Ortszeit: Jan.–März
FLÄCHE: 673 Quadratgrad (20.)

Dieses Sternbild wurde von griechischen Astronomen als Teil von Argo angesehen, jenes Schiffs, mit dem Jason und die Argonauten auf ihrer Suche nach dem Goldenen Vlies (siehe Aries) segelten. Das große Sternbild Argo Navis, das Bayer gezeichnet und mit Buchstaben versehen hatte, wurde später in drei Abschnitte aufgeteilt: Puppis (Heck), Carina (Kiel) und Vela (Segel). Die beiden letzten Sternbilder findet man am Südhimmel, auf sie soll hier nicht näher eingegangen werden. Durch Puppis läuft das Band der Milchstraße und somit eine Fülle von Sternhaufen und anderer interessanter Objekte.

ξ Pup (07^h49^m, –28°58′), Aspidiske, ist ein weites Binärsystem, bestehend aus zwei gelben Sternen der Helligkeit $3^m{,}3$ und $5^m{,}3$.

L^2 Pup (07^h14^m, –44°39′) ist ein halbregelmäßiger Veränderlicher mit einer Amplitude von $2^m{,}6$ bis $6^m{,}2$ und einer Periodizität von 140,5 Tagen. Er bildet einen Doppelstern mit **L^1 Pup**, einem blau-weißen Stern der Helligkeit $4^m{,}9$.

V Pup (07^h58^m, –49°15′), im äußersten Südosten des Sternbildes gelegen, ist ein schon mit bloßem Auge erkennbarer Bedeckungsveränderlicher, dessen Helligkeit zwischen $4^m{,}4$ und $4^m{,}9$ mit einer Periode von 1,46 Tagen variiert.

M 46 (07^h42^m, –14°48′) ist ein Offener Sternhaufen ($6^m{,}5$), der im Fernglas als großer, nicht aufgelöster Lichtschein sichtbar ist.

M 47 (07^h37^m, –14°29′) ist ein heller ($4^m{,}3$) Offener Sternhaufen, der zwar mit bloßem Auge zu erkennen ist, aber erst im Fernglas seine Pracht entfaltet.

M 93 (07^h45^m, –23°51′) ist ein mittelheller ($6^m{,}5$), jedoch sternarmer Offener Haufen mit nur wenigen hellen Sternen, die im Feldstecher aufgelöst erscheinen.

NGC 2451 (07^h45^m, –37°57′) ist ein sternarmer Offener Haufen ($3^m{,}7$), der mit bloßem Auge sichtbar ist und im Fernglas aufgelöst erscheint.

NGC 2477 (07^h52^m, –38°32′) ist ein Offener Sternhaufen der Helligkeit $5^m{,}7$ mit einer außergewöhnlich großen Anzahl von Sternen, die jedoch im Fernglas nicht aufgelöst werden, so dass er eher wie ein Kugelhaufen aussieht.

← Foto des HINTERDECKS

Das HINTERDECK in der Übersicht ↓

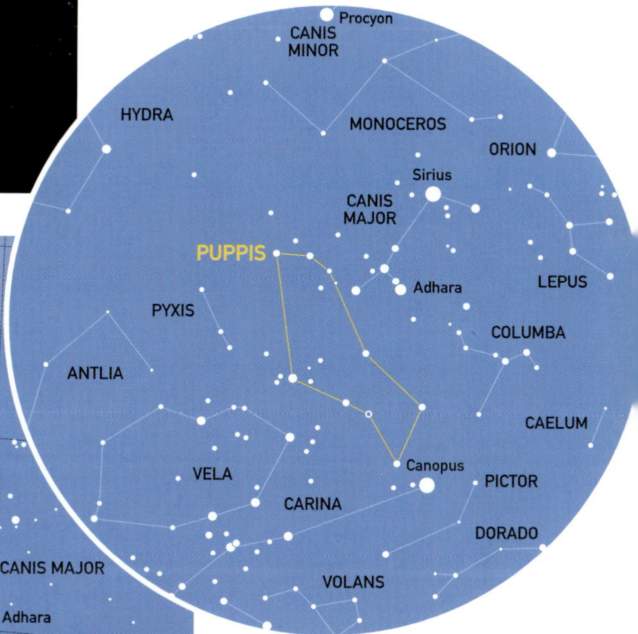

← Das HINTERDECK im Detail

SAGITTA

SAGITTAE • SGE • PFEIL

In diesem kleinen Sternbild wollen bereits die alten Griechen einen Pfeil erkannt haben. Es ist so winzig, dass sich dort trotz seiner Lage in der Milchstraße nur wenige Objekte von Interesse befinden.

IM SÜDEN UM 22:00 Ortszeit:	20. Aug.
SICHTBAR UM 22:00 Ortszeit:	Mai–Nov.
FLÄCHE:	80 Quadratgrad (86.)

15 Sge (20^h04^m, +17°04′) ist ein weiter, im Fernglas sichtbarer Doppelstern, dessen Sterne $5^m\!,8$ bzw. $6^m\!,8$ hell sind.

M 71 (19^h54^m, +18°46′) ist ein schwacher Kugelsternhaufen von $8^m\!,5$, im Fernglas sichtbar.

VULPECULA

VULPECULAE • VUL • FÜCHSCHEN

Dies ist ebenfalls eines jener kleinen Sternbilder, die von Hevelius (siehe S. 162) eingeführt und ursprünglich auf den Namen „Vulpecula et Anser" getauft wurde („Fuchs und Gans"). Wie weiter südlich in Sagitta, so finden sich auch hier wieder trotz der Lage in der Milchstraße nur wenige interessante Objekte.

IM SÜDEN UM 22:00 Ortszeit:	15.Aug.
SICHTBAR UM 22:00 Ortszeit:	Mai–Nov.
FLÄCHE:	268 Quadratgrad (55.)

M 27 (20^h00^m, +22°43′), der Hantel-Nebel, ist ein verhältnismäßig heller ($8^m\!,0$) Planetarischer Nebel. Seine Umrisse sind zwar schon im Feldstecher erkennbar, für Einzelheiten ist jedoch ein Teleskop erforderlich.

NGC 6940 (20^h45^m, +28°19′) ist ein großer Offener Sternhaufen von etwa $7^m\!,0$, der allerdings im Fernglas nicht aufgelöst wird und daher als verschwommener Fleck erscheint.

Brocchis Sternhaufen (19^h25^m, +20°11′), Collinder 399, auch als der „Coathanger" (Kleiderbügel) bekannt, ist ein schon im Fernglas mühelos erkennbarer lockerer Sternhaufen. Sechs seiner Sterne bilden die „Stange" des „Kleiderbügels", vier weitere den „Haken".

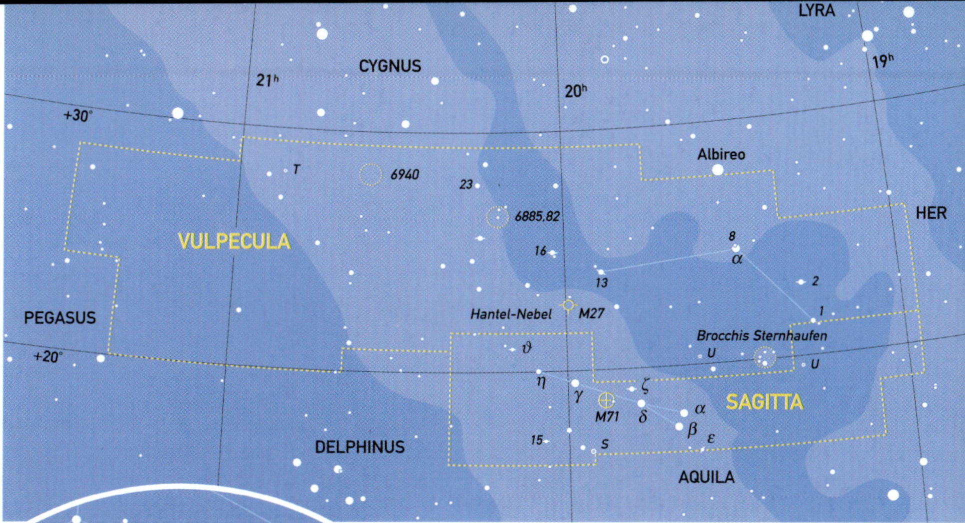

PFEIL und FÜCHSCHEN im Detail ↑

← **PFEIL und FÜCHSCHEN**
in der Übersicht

Foto von PFEIL und FÜCHSCHEN ↓

SAGITTARIUS

SAGITTARII • SGR • SCHÜTZE

IM SÜDEN UM 22:00 Ortszeit: 30. Juli
SICHTBAR UM 22:00 Ortszeit: Juli–Aug.
FLÄCHE: 867 Quadratgrad (15.)

Obwohl Sagittarius häufig mit dem Zentauren Chiron in Verbindung gebracht wird, war letzterer doch ein Heiler und dürfte daher kaum mit Pfeil und Bogen bewaffnet gewesen sein. Vielmehr dürfte das Sternbild Crotus darstellen, den Sohn des Pan, der angeblich das Bogenschießen erfand.

In Sagittarius liegt unser galaktisches Zentrum. Es ist daher eine so dicht besiedelte Region der Milchstraße, dass man hier zahlreiche Offene und Kugelhaufen antrifft, obschon diese vor den dichten Sternwolken meist schwer zu erkennen sind.

β Sgr (19^h23^m, –44°48′) erscheint dem bloßen Auge als weiter Doppelstern mit Sternen der Helligkeit $4^m\!,0$ und $4^m\!,3$. Der südliche Stern (β^1 Sgr) ist selbst ein Doppelstern, der aber nur durch ein Teleskop aufgelöst wird.

M 8 (17^h04^m, –24°22′), der Lagunen-Nebel, ist ein markanter Gasnebel, der aufgrund seiner Helligkeit schon mit bloßem Auge erkennbar ist.

M 17 (18^h21^m, –16°10′), der Omega-Nebel, ist ein weiterer Gasnebel, der schon im Fernglas zu sehen ist, aber seinen Detailreichtum erst durch ein Teleskop offenbart.
(*Fortsetzung auf S. 232*)

CORONA AUSTRALIS

CORONAE AUSTRALIS • CRA • SÜDLICHE KRONE

IM SÜDEN UM 22:00 Ortszeit: 5. Aug.
SICHTBAR UM 22:00 Ortszeit: Juli–Aug.
FLÄCHE: 128 Quadratgrad (80.)

Dieses kleine, zwischen Sagittarius und Scorpius eingebettete Sternbild war schon den alten Griechen bekannt und wurde bereits im 2. Jahrhundert n. Chr. von Ptolemäus beschrieben.

ε CrA (18^h59^m, –37°06′) ist ein Bedeckungsveränderlicher des β-Lyrae-Typs, dessen Helligkeit mit einer Periode von nur etwas über 14 Stunden zwischen $4^m\!,7$ und $5^m\!,0$ schwankt.

κ CrA (18^h33^m, –38°43′) ist ein im Feldstecher schwierig zu beobachtender Doppelstern, bestehend aus zwei weißen Sternen der Größe $5^m\!,7$ und $6^m\!,3$.

NGC 6541 (18^h08^m, –43°42′) ist ein Kugelhaufen 7. Größe, der im Fernglas deformiert wirkt.

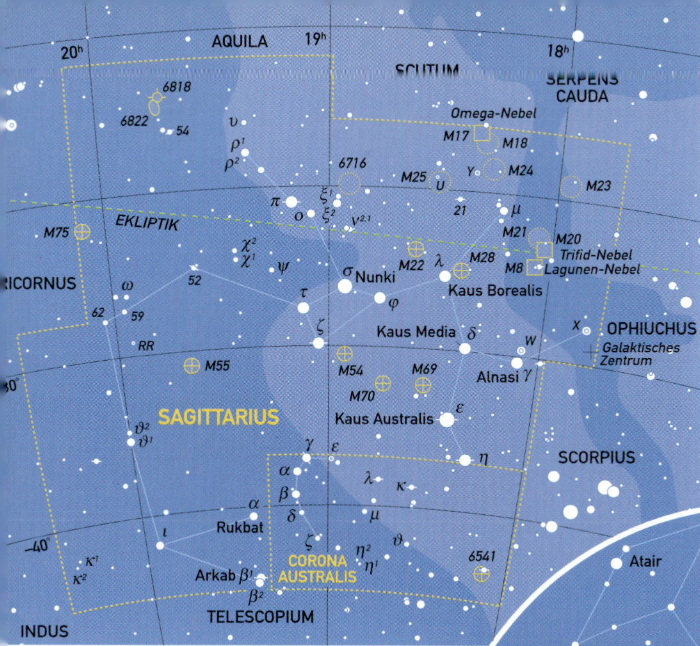

← SCHÜTZE und SÜDLICHE KRONE im Detail

SCHÜTZE und SÜDLICHE KRONE in der Übersicht →

← Foto von SCHÜTZE und SÜDLICHE KRONE

SAGITTARIUS

(Fortsetzung von S. 230)

M 20 (18^h03^m, –23°03′), der Trifid-Nebel, ist zwar wie M 17 mit dem Feldstecher erkennbar, erfordert jedoch für die Beobachtung seiner detaillierten Struktur ein Teleskop.

M 22 (18^h36^m, –23°54′) ist ein sehr heller ($5\overset{m}{,}0$) Kugelsternhaufen, der im Fernglas etwas länglich erscheint.

M 23 (17^h57^m, –19°01′) ist ein voller Offener Haufen, der ungefähr die scheinbare Größe des Mondes besitzt und unter guten Bedingungen im Feldstecher aufgelöst erscheint.

M 24 (18^h19^m, –18°23′) ist kein richtiger Offener Sternhaufen, sondern ein sehr sternreicher Abschnitt der Milchstraße. Es gibt mit NGC 6603 zwar einen kleinen Haufen in dieser Gegend, dieser ist jedoch nicht das von Messier beschriebene Objekt.

M 25 (18^h32^m, –19°13′) ist ein großer Offener Haufen, der schon mit bloßem Auge erkennbar ist und mit dem Fernglas in zahlreiche Sterne aufgelöst erscheint, deren hellster bei etwa $7\overset{m}{,}0$ liegt.

M 55 (19^h40^m, –30°57′) ist ein im Feldstecher sichtbarer mittelheller (7. Größe) Kugelhaufen, der in einer ziemlich dünn besiedelten Region des Sternbildes liegt und nicht ganz leicht zu finden ist.

M 69 (18^h31^m, –32°20′) ist ein recht lichtschwacher (8. Größe) Kugelsternhaufen, der ebenfalls im Fernglas sichtbar ist.

M 70 (18^h43^m, –32°17′) ähnelt M 69 sowohl in der Helligkeit als auch bezüglich seiner Sichtbarkeit.

Das Zentrum der Galaxis liegt hinter den Sternwolken in Sagittarius verborgen. Um dieses galaktische Zentrum gruppieren sich Kugelhaufen (siehe Tabelle S. 137), doch das Sternbild enthält auch zahlreiche Offene Haufen. Letztere kommen hauptsächlich entlang des Milchstraßenbandes vor, d. h. innerhalb der Galaxienscheibe und ihrer Spiralarme (Tabelle gegenüber).

HELLE OFFENE STERNHAUFEN

OBJEKT	STERNB.	RA	DEK	Mag.	BEMERKUNGEN
M 6	Sco	17 40.1	-32 13	5.3	
M 7	Sco	17 53.9	-34 49	4.1	
M 11	Sct	18 51.1	-06 16	6.3	Wildente
M 16	Ser	18 18.8	-13 47	6.4	
M 23	Sgr	17 56.8	-19 01	6.9	
M 25	Sgr	18 31.6	-19 15	6.5	
M 34	Per	02 42.0	+42 47	5.5	
M 35	Gem	06 08.9	+24 20	5.3	
M 36	Aur	05 36.1	+34 08	6.3	
M 37	Aur	05 52.4	+32 33	6.2	
M 38	Aur	05 28.4	+35 50	7.4	
M 39	Cyg	21 32.2	+48 26	5.2	
M 41	CMa	06 46.0	-20 44	4.6	
M 44	Cnc	08 40.1	+19 59	3.7	Krippe
M 45	Tau	03 47.0	+24 07	1.6	Plejaden
M 48	Hya	08 13.8	-05 48	5.5	
M 50	Mon	07 03.2	-08 20	6.3	
M 52	Cas 23	24.2	+61 35	7.3	
M 67	Cnc	08 50.4	+11 49	6.1	
M 103	Cas 01	33.2	+60 42	7.4	
NGC 457	Cas 01	19.1	+58 20	6.4	
NGC 752	And	01 57.8	+37 41	5.7	
NGC 869	Per	02 19.0	+57 09	4	h Per
NGC 884	Per	02 22.4	+57 07	4	χ Per
NGC 1502	Cam	04 07.7	+62 20	5.7	
NGC 1981	Ori	05 35.2	-04 26	4.6	
NGC 2169	Ori	06 08.4	+13 57	5.9	
NGC 2232	Mon	06 26.6	-04 45	3.9	
NGC 2244	Mon	06 32.4	+04 52	4.8	im Rosetten-Nebel
NGC 2264	Mon	06 41.1	+09 53	3.9	
NGC 6231	Sco	16 54.0	-41 48	2.6	
NGC 6633	Oph	18 27.7	+06 34	4.6	
NGC 6709	Aql	18 51.5	+10 21	6.7	
IC 4665	Oph	17 46.3	+05 43	4.2	
Melotte 111					
Cr 399	Vul	19 25.4	+20 11	3.6	„Coathanger“

SCORPIUS

SCORPII • SCO • SKORPION

IM SÜDEN 22:00 Ortszeit: 1. Juli
SICHTBAR UM 22:00 Ortszeit: Juni–Juli
FLÄCHE: 497 Quadratgrad (33.)

Mythologisch stellt dieses Sternbild jenen Skorpion dar, der Orion tötete, weshalb sich die beiden am Himmel nun gegenüberstehen. Ursprünglich war das Sternbild viel größer, denn in römischen Zeiten ragten die „Klauen" des Skorpions bis ins Nachbarsternbild Waage hinein.

Der Skorpion liegt in einer dicht besiedelten Region der Milchstraße und enthält daher zahlreiche Kugel- und Offene Sternhaufen sowie dichte Sternwolken.

α Sco (16^{h}29^{m}, –26°26′), Antares, dessen Name „Marsrivale" bedeutet, ist ein leuchtstarker Roter Überriese mit rund 600 Millionen km Durchmesser. Er strahlt ungefähr 9000-mal so hell wie die Sonne.

ζ Sco (16^{h}55^{m}, –42°22′) ist ein mit bloßem Auge sichtbarer Doppelstern. Der nördliche Stern, ζ^1 Sco, ist ein weißer Überriese (4^{m},8) und das hellste Mitglied von NGC 6231. Der andere Stern, ζ^2 Sco, ist ein Roter Riese der Größe 3^{m},6.

μ Sco (16^{h}52^{m}, –38°03′) ist ein weiter Doppelstern, der leicht mit bloßem Auge zu sehen ist. Der nördliche Stern, μ^1 Sco, ist ein Bedeckungsveränderlicher vom β-Lyrae-Typ mit einem Helligkeitsbereich zwischen 3^{m},0 und 3^{m},3 und einer Periodendauer von ca. 1,44 Tagen. Der zweite, etwas weiter südlich gelegene Stern, μ^2 Sco, hat eine Helligkeit von 3^{m},6.

ω Sco (16^{h}07^{m}, –20°40′) ist ein weiterer, mit bloßem Auge sichtbarer Doppelstern; seine beiden Sterne, ω^1 und ω^2, haben eine Helligkeit von 4^{m},0 bzw. 4^{m},3.

M 4 (16^{h}24^{m}, –26°31′) ist ein relativ lockerer Kugelhaufen (ca. 6^{m},0), der im Feldstecher nur als verwaschener Fleck sichtbar ist.

M 6 (17^{h}40^{m}, –32°12′) ist ein Offener Sternhaufen (4^{m},5), der schon mit bloßem Auge erkennbar ist und im Feldstecher in Einzelsterne aufgelöst erscheint.

M 7 (17^{h}54^{m}, –34°37′) ist ein großer, heller Offener Haufen (3^{m},5), der schon mit bloßem Auge mühelos erkennbar ist. Zu beobachten ist er am besten durch ein Fernglas mit geringer Vergrößerung.

M 80 (16^{h}17^{m}, –22°58′) ist ein kleiner, kompakter Kugelhaufen (ca. 7^{m},5), der bereits im Feldstecher sichtbar ist.

NGC 6231 (16^{h}54^{m}, –41°47′) ist ein heller Offener Sternhaufen, der schon mit bloßem Auge zu sehen ist und im Feldstecher einige Einzelsterne präsentiert.

Foto des SKORPION →

Der SKORPION in der Übersicht ↓

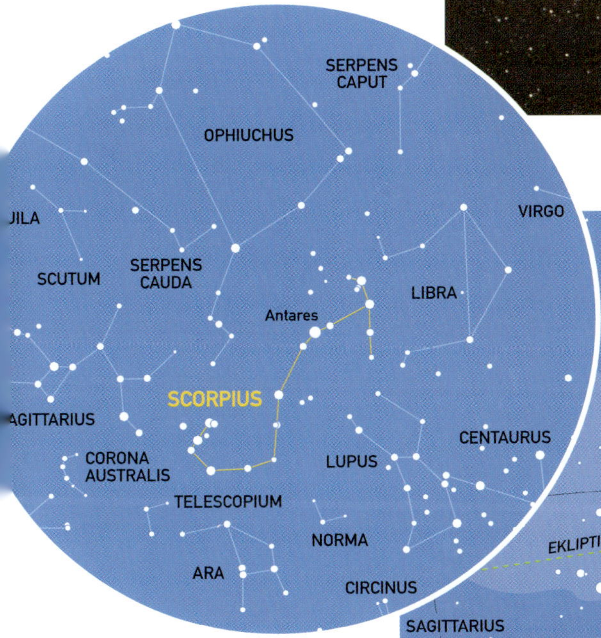

Der SKORPION im Detail →

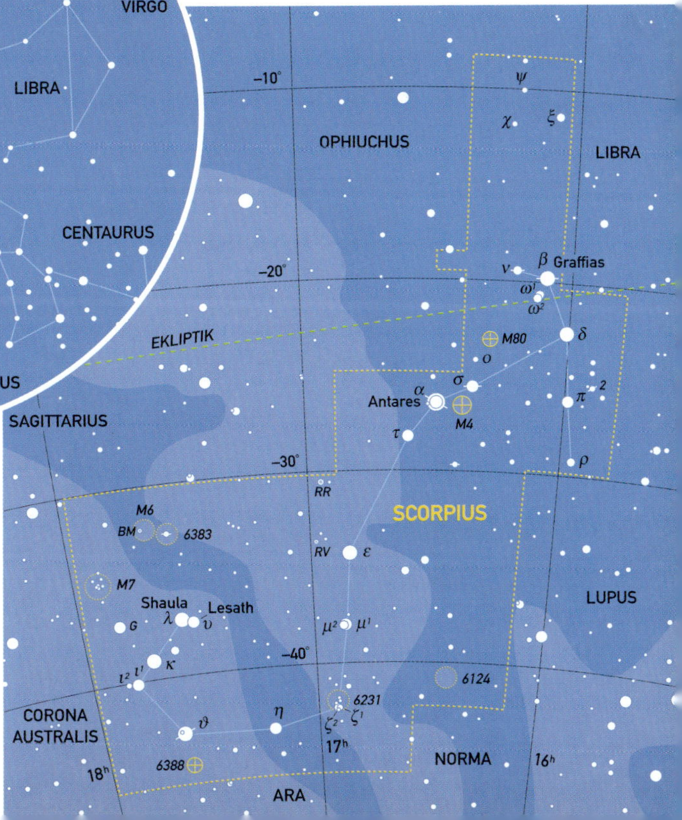

SCUTUM

SCUTI • SCT • SCHILD

IM SÜDEN UM 22:00 Ortszeit:	1. Aug.
SICHTBAR UM 22:00 Ortszeit:	Mai–Sept.
FLÄCHE:	109 Quadratgrad (84.)

Dieses kleine Sternbild gehört ebenfalls zu jenen, die Hevelius (S. 162) neu einführte, und zwar ursprünglich unter dem Namen „Scutum Sobieski" (Sobieskis Schild) zu Ehren seines Gönners, des polnischen Königs Johann Sobieski III. Hier finden sich einige der hellsten Sternwolken der Milchstraße.

δ Sct (18^h42^m, –09°03′) ist der Prototyp für eine interessante Klasse von pulsierenden Veränderlichen, allerdings variiert seine Helligkeit zu geringfügig ($4\overset{m}{,}6$ – $4\overset{m}{,}8$) und die Veränderungen laufen zu schnell ab (Periode 4,65 Stunden), als dass eine optische Beobachtung erfolgreich sein könnte.

R Sct (18^h48^m, –05°42′) ist ein interessanter Veränderlicher vom RV-Tauri-Typ mit einer Amplitude von $4\overset{m}{,}3$ – $8\overset{m}{,}7$ und einer Periode von 146,5 Tagen.

M 11 (18^h51^m, –06°15′), der Wildentenhaufen, ist ein auffälliger Offener Sternhaufen, der leicht mit dem Fernglas zu sehen ist und sich unter stärkerer Vergrößerung als prachtvolles Objekt präsentiert.

SERPENS CAUDA

SERPENTIS • SER • SCHWANZ DER SCHLANGE

IM SÜDEN UM 22:00 Ortszeit:	10. Aug.
SICHTBAR UM 22:00 Ortszeit:	Mai–Sept.
FLÄCHE:	637 Quadratgrad (23.)

Wie bereits angemerkt, ist Serpens das einzige zweigeteilte Sternbild: Serpens Caput (Kopf der Schlange) und Serpens Cauda (Schwanz der Schlange). Serpens Caput wird bei Ophiuchus beschrieben.

ν Ser (17^h21^m, –12°51′) ist ein weiter Doppelstern, der schon im Feldstecher aufgelöst erscheint. Die Sterne haben eine Helligkeit von $4\overset{m}{,}3$ bzw. $8\overset{m}{,}1$.

M 16 (18^h19^m, –13°44′) ist eine Kombination aus einem bereits im Fernglas sichtbaren Offenen Sternhaufen (NGC 6611) und einem Gasnebel, dem Adler-Nebel, der den Hintergrund verschwommen wirken lässt. Um aber irgendwelche Details dieses Gasnebels zu erkennen, benötigt man schon ein Teleskop.

← Foto von SCHILD und SCHLANGE

SCHILD und SCHLANGE in der Übersicht →

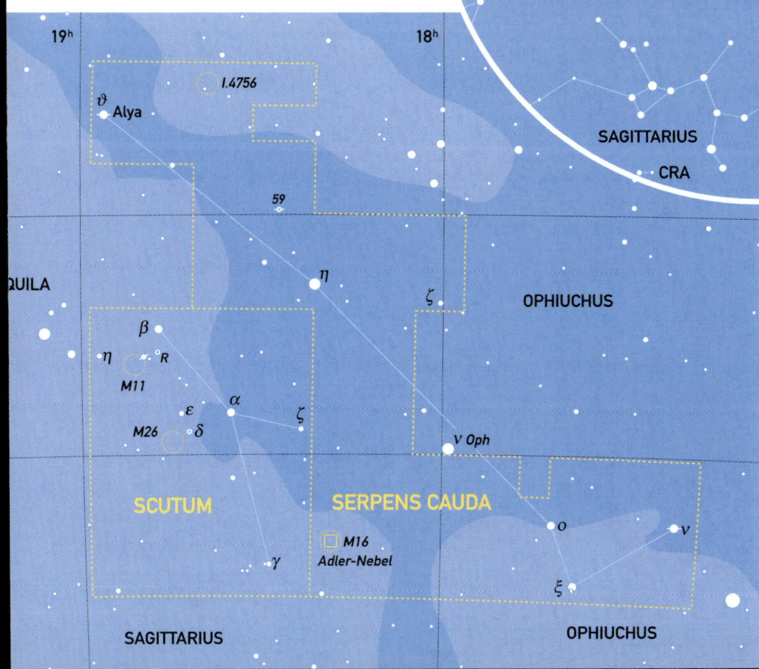

← SCHILD und SCHLANGE im Detail

SEXTANS

SEXTANTIS • SEX • SEXTANT

IM SÜDEN UM 22:00 Ortszeit: 25. April
SICHTBAR UM 22:00 Ortszeit: Jan.–Juni
FLÄCHE: 314 Quadratgrad (47.)

Auch dieses kleine, lichtschwache Sternbild wurde von Hevelius (S. 208) gegen Ende des 17. Jahrhunderts eingeführt. Entgegen der landläufigen Meinung stellt es jedoch nicht den in der Schifffahrt gebräuchlichen Handsextanten dar, sondern jene große, aufmontierte Variante, mit der man zu jener Zeit die Winkel zwischen Sternpaaren ermittelte – ein Instrument, dessen Handhabung Hevelius meisterlich beherrschte.

17 Sex (10^h10^m, –08°25′) und **18 Sex** (10^h11^m, –08°26′) bilden einen weiten Doppelstern, der schon für durchschnittliche Augen problemlos erkennbar ist. Die Sterne haben eine Helligkeit von $5{,}^m9$ bzw. $5{,}^m6$.

NGC 3115 (10^h05^m, –07°43′) ist die Spindel-Galaxie, eine längliche, ellipsenförmige Galaxie, die wir seitlich betrachten. Unter extrem günstigen Bedingungen ist sie mit dem Fernglas gerade eben erkennbar.

TAURUS

(*Fortsetzung von S. 240*)

HU Tau (04^h38^m, +20°41′) ist ein interessanter Algol-ähnlicher Bedeckungsveränderlicher, der sich im Feldstecher problemlos verfolgen lässt. Seine Helligkeit pendelt zwischen $5{,}^m5$ und $6{,}^m9$ mit einer Periode von 2,0563 Tagen ($2^d1^h21^m$).

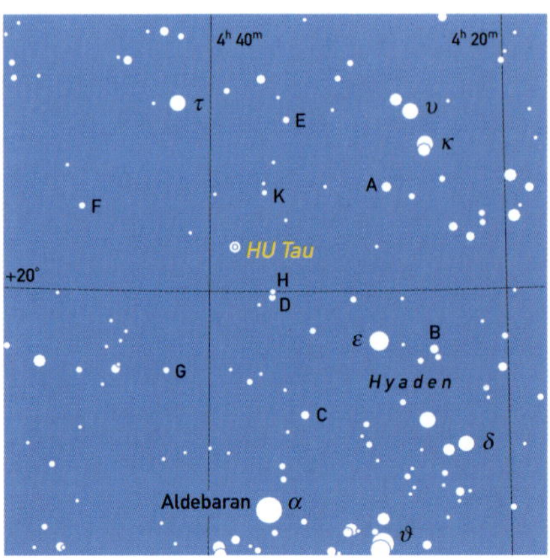

VERGLEICHSSTERNE FÜR HU TAU					
A	5,7	D	6,6	G	7,1
B	6,0	E	6,8	H	7,2
C	6,2	F	6,9	K	7,4

Foto des SEXTANTEN →

Der SEXTANT in der Übersicht ↓

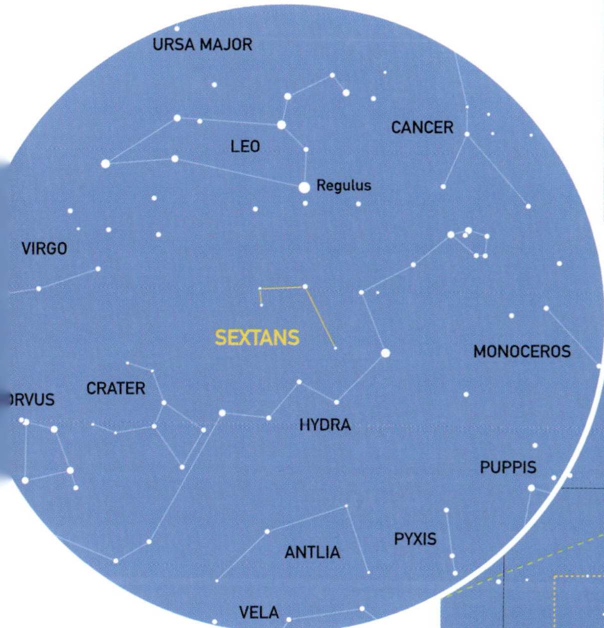

Der SEXTANT im Detail →

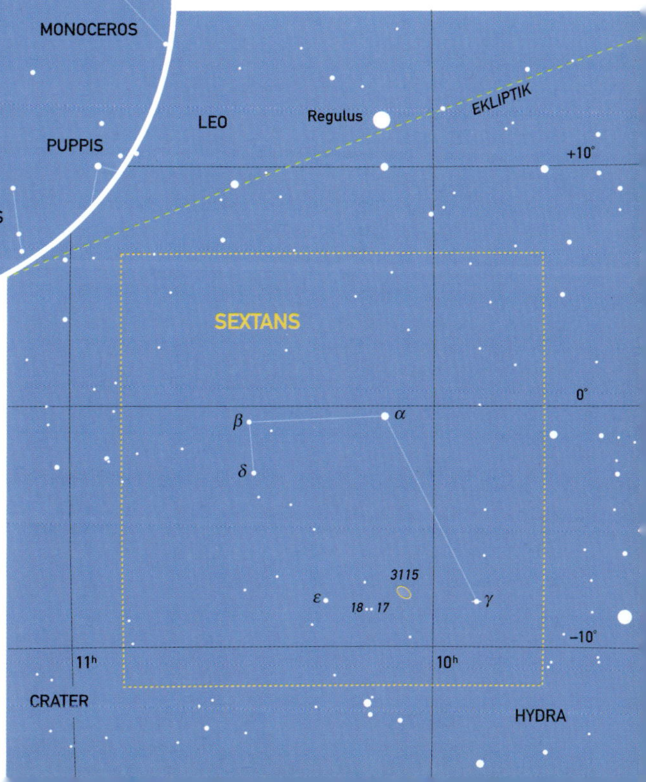

TAURUS

TAURI • TAU • STIER

IM SÜDEN UM 22:00 Ortszeit:	30. Dez.
SICHTBAR UMD 22:00 Ortszeit:	Okt.–März
FLÄCHE:	797 Quadratgrad (17.)

In diesem Sternbild meinten bereits die frühen chaldäischen und sumerischen Astronomen einen Stier zu erkennen. Gewöhnlich wird er nur als die Vorderpartie eines Stieres beschrieben, der dem Meer entsteigt. Damit verkörpert er jene Gestalt, die Zeus der griechischen Mythologie zufolge annahm, als er Europa nach Kreta trug, wo einer ihrer Söhne der legendäre König Minos wurde.

Astronomisch kennt man von Taurus am ehesten den orangefarbenen Aldebaran sowie den Hyaden- und Plejadenhaufen.

ϑ Tau ist ein weiter Doppelstern in den Hyaden, der schon mit bloßem Auge sichtbar ist. **ϑ² Tau** ($04^{h}29^{m}$, +15°52′) hat die Helligkeit $3^{m}{,}4$ und ist der hellste Stern im Haufen. **ϑ¹ Tau** ($04^{h}29^{m}$, +15°58′) ist mit $3^{m}{,}8$ nur geringfügig dunkler.

VERGLEICHSSTERNE FÜR λ TAU			
A = π³ Ori	3,19	E = ξ Tau	3,74
B = ε Tau	3,54	F = ν Tau	3,91
C = o Tau	3,60	G = 5 Tau	4,09
D = γ Tau	3,64	H = μ Tau	4,30

λ Tau ($04^{h}01^{m}$, +12°30′) ist ein heller Bedeckungsveränderlicher ähnlich Algol (β Per). Mit einem Helligkeitsbereich von $3^{m}{,}2$ bis $4^{m}{,}1$ und einer Periode von 3,952955 Tagen ($3^{d}22^{h}52^{m}$) lässt er sich leicht mit bloßem Auge beobachten.

M 1 ($05^{h}47^{m}$, +00°06′), der Krabben-Nebel, ist trotz seiner geringen Leuchtkraft (ca. $9^{m}{,}0$) unter günstigen Bedingungen gerade eben im Feldstecher erkennbar. Dies sind die Überreste einer Supernova-Explosion, die sich 1054 ereignete und von chinesischen Astronomen beobachtet wurde.

Der V-förmige **Hyadenhaufen** (ca. $04^{h}27^{m}$, +16°) gehört zu den am nächsten gelegenen Offenen Sternhaufen (Entfernung 150 LJ), weshalb seine Sterne über eine beträchtliche Fläche des Himmels verstreut scheinen. Aldebaran **(α Tau)** ist ein orangener Riese, der keinerlei Bezug zu den Hyaden hat; seine Entfernung zu uns beträgt nur 60 LJ.

M 45 ($03^{h}39^{m}$, +24°07′), die Plejaden, ist ein herrlicher Offener Sternhaufen. Die meisten Beobachter stellen fest, dass mindestens sechs Sterne mit bloßem Auge sichtbar sind, und im Fernglas erscheinen noch wesentlich mehr. Die Gesamtzahl der Sterne in diesem Haufen liegt bei rund 500, und die blau-weiße Färbung der hellsten Sterne ist ein Hinweis darauf, dass sie und der Haufen insgesamt noch extrem jung sind, was mit ca. 78 Millionen Jahren tatsächlich der Fall ist.

(Fortsetzung auf S. 238)

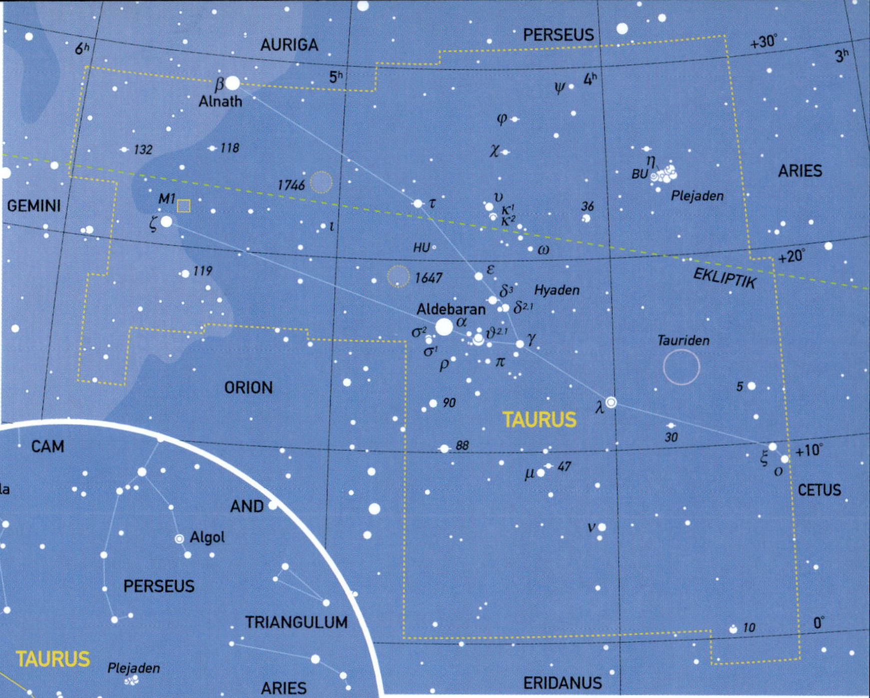

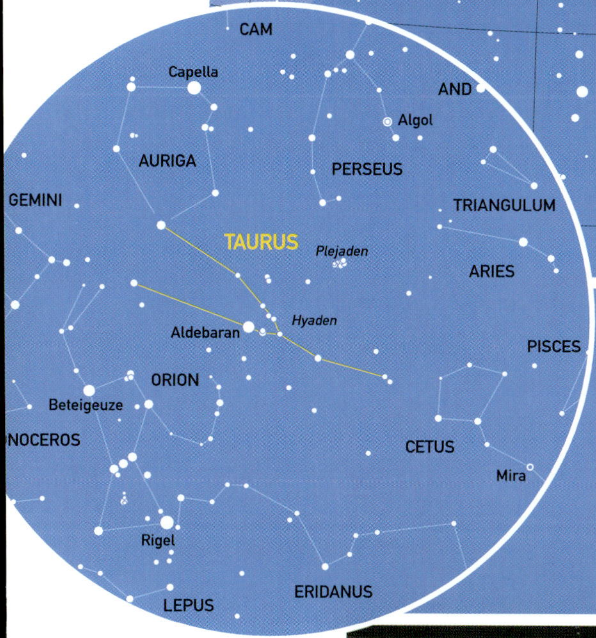

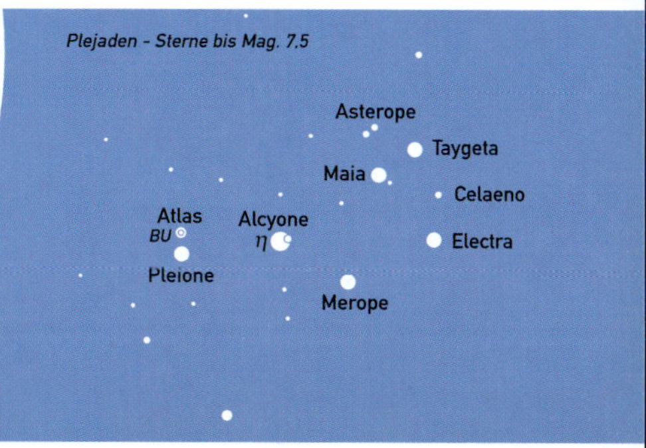

METEORSCHAUER

Die Tauriden (Radiant bei 03^h44^m, +14°) bilden einen beständigen Meteorstrom mit einer bescheidenen Maximalrate von zehn langsamen Meteoren pro Stunde sowie hellen Ablegern. Zu beobachten vom 20. Oktober bis 30. November, Maximum am 3. November.

URSA MAJOR

URSAE MAJORIS • UMA • GROSSER BÄR

IM SÜDEN UM 22:00 Ortszeit:	15. April
ZIRKUMPOLAR:	IMMER SICHTBAR
FLÄCHE:	1280 Quadratgrad (3.)

Dieses Sternbild und Ursa Minor stellten schon für viele unterschiedliche Zivilisationen und Völker zwei Bären dar. Unser Begriff „arktisch" leitet sich vom griechischen Wort arktos her, zu Deutsch „Bär". Ursa Major ist ein sehr großes Sternbild und nimmt bezüglich der Ausdehnung Rang drei hinter Hydra und Virgo ein. Da es weit abseits der Milchstraße liegt, findet man in dieser Region zahlreiche Galaxien, die aber fast alle zu lichtschwach sind, um sie mit Amateurinstrumenten zu betrachten.

ζ UMa ($13^{h}24^{m}$, +54°55′), Mizar ($2^{m},3$), bildet mit 80 UMa, Alcor ($4^{m},0$), einen berühmten, mit bloßem Auge sichtbaren Doppelstern. Sie sind jedoch unterschiedlich weit entfernt (87 bzw. 81 LJ) und stellen also kein Binärsystem dar. Mizar ist ein im Teleskop sichtbares Binärsystem und jeder dieser beiden Sterne ist wiederum ein enges Binärsystem. so dass es sich um ein Vierfachsystem handelt. Zufälligerweise ist auch Alcor ein enges Binärsystem.

47 UMa ($11^{h}00^{m}$, +40°25′), dicht an der Grenze zu Leo Minor gelegen, ist ein Stern 5. Größe und noch mit bloßem Auge sichtbar. Er bildet das Zentrum eines extrasolaren Planetensystems, das eine gewisse Ähnlichkeit zu unserem Sonnensystem aufweist. Dieses enthält mindestens zwei Planeten, einer mit ungefähr der 2,5-fachen Jupitermasse und einem Bahnabstand von 2,09 AE von dem Stern, und ein zweiter mit ungefähr der 0,75fachen Jupitermasse, dessen Bahnabstand 3,73 AE beträgt.

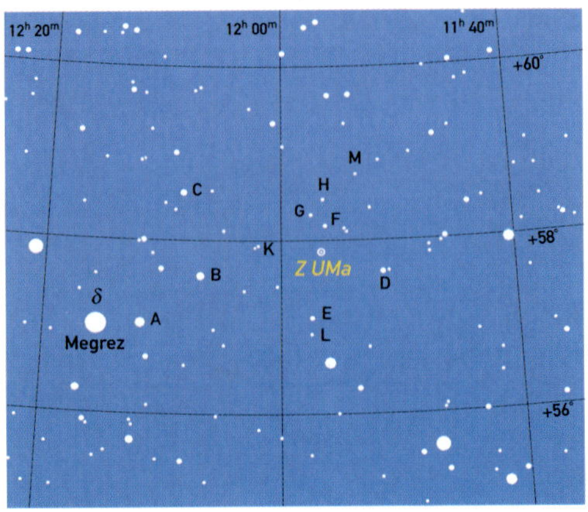

Z UMa ($11^{h}57^{m}$, +57°52′) ist ein halbregelmäßiger Veränderlicher mit einem Helligkeitsbereich von $6^{m},2$ bis $9^{m},2$ und einer Periodizität von 196 Tagen.

VY UMa ($10^{h}45^{m}$, +67°25′) ist ein unregelmäßiger Veränderlicher mit einer Helligkeit zwischen $5^{m},7$ und $7^{m},5$. Er ist ein extrem roter Stern – einer der intensivst roten am Himmel überhaupt – und daher visuell schwierig zu beobachten.

M 81 ($09^{h}56^{m}$, +69°03′) ist eine Spiralgalaxie, die schon im Fernglas mühelos zu betrachten ist. **M 82** ($09^{h}56^{m}$, +69°40′) ist eine ungewöhnliche Galaxie. Im Feldstecher erscheint sie als schwaches, längliches Objekt.

M 101 ($14^{h}03^{m}$, +54°20′), in Nordamerika als die Pinwheel-Galaxie bekannt, ist eine Spiralgalaxie, deren Zentralregionen im Fernglas sichtbar sind.

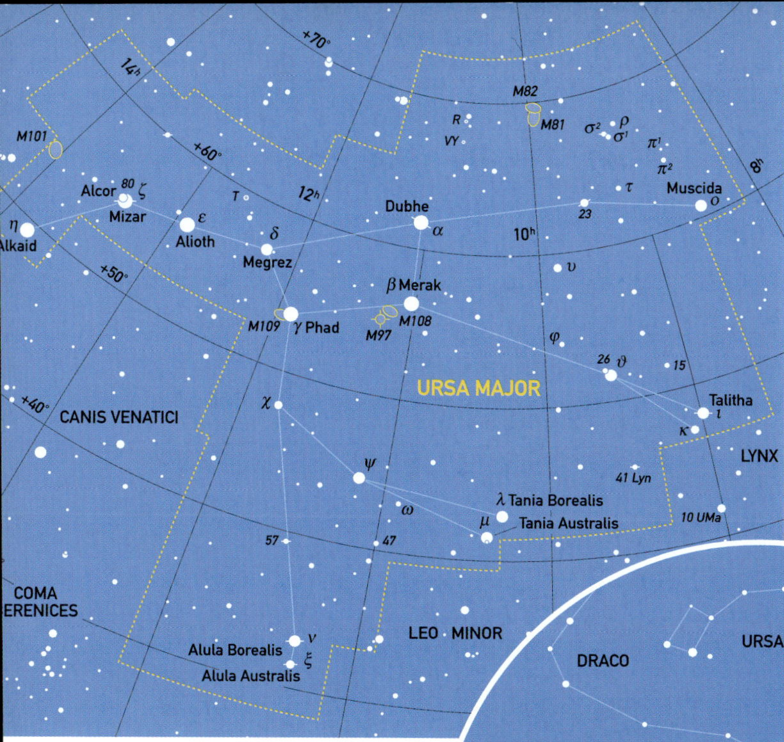

← Der GROSSE BÄR im Detail

Der GROSSE BÄR in der Übersicht →

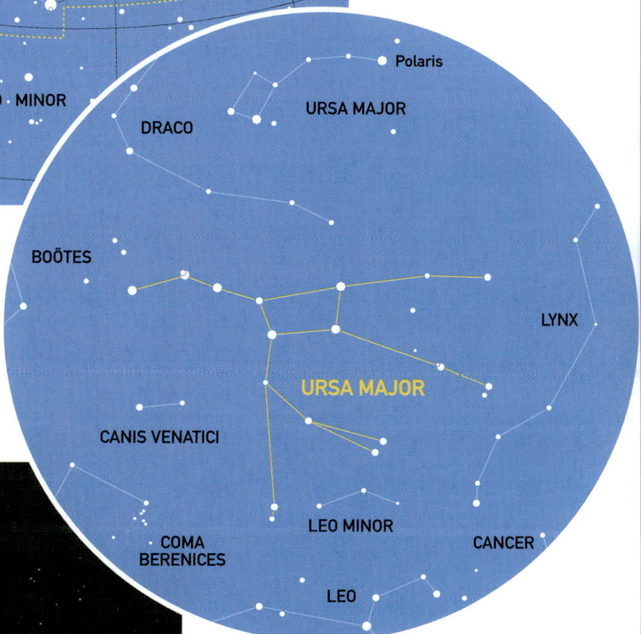

VERGLEICH FÜR Z UMA			
A	6,5	G	8,7
B	7,2	H	8,8
C	7,6	K	8,9
D	7,9	L	9,0
E	8,3	M	9,1
F	8,6		

← Foto des GROSSEN BÄREN

URSA MINOR

URSAE MINORIS • UMI • KLEINER BÄR

IM SÜDEN UM 22:00 Ortszeit: 5. Mai
ZIRKUMPOLAR: IMMER SICHTBAR
FLÄCHE: 256 Quadratgrad (56.)

Dieses Sternbild geht auf die griechische Antike zurück und wurde angeblich von dem bedeutenden Astronomen Thales von Milet in Kleinasien eingeführt. Schon damals galt es als eine bedeutende Navigationshilfe, da der Polarstern (α UMi) so nahe am Himmelsnordpol liegt. Dieser Stern war für die Seeleute so wichtig, dass man ihn auch Stella Maris („Stern des Meeres") nannte. Im 16. Jahrhundert erhielt der Polarstern den Beinamen Cynosura (aus den griechischen Wörtern für „Hund mit Schwanz").

α UMi (02^h33^m, +89°16′) ist ein gelber Überriese, der geringfügige Helligkeitsschwankungen aufweist und zu einer Unterklasse der Cepheiden-Veränderlichen gehört. Seine Amplitude hat in den letzten Jahrzehnten abgenommen und ist optisch nicht registrierbar. Man nimmt an, dass er sich vielleicht dem Ende jener Entwicklungsphase nähert, in der eine solche Varianz auftritt.

γ UMi (15^h21^m, +71°49′), Pherkad (ein weißer Riese mit $3\overset{m}{,}0$), bildet einen weiten Doppelstern mit **11 UMi** (einem orangefarbenen Riesen 5. Größe).

η UMi (16^h17^m, +75°45′) gehört zu einem anderen, sehr weiten Doppelstern, der schon mit bloßem Auge erkennbar ist. **η UMi** hat die Helligkeit $5\overset{m}{,}0$ und ist der Begleiter von **19 UMi** ($5\overset{m}{,}5$).

Der KLEINE BÄR im Detail →

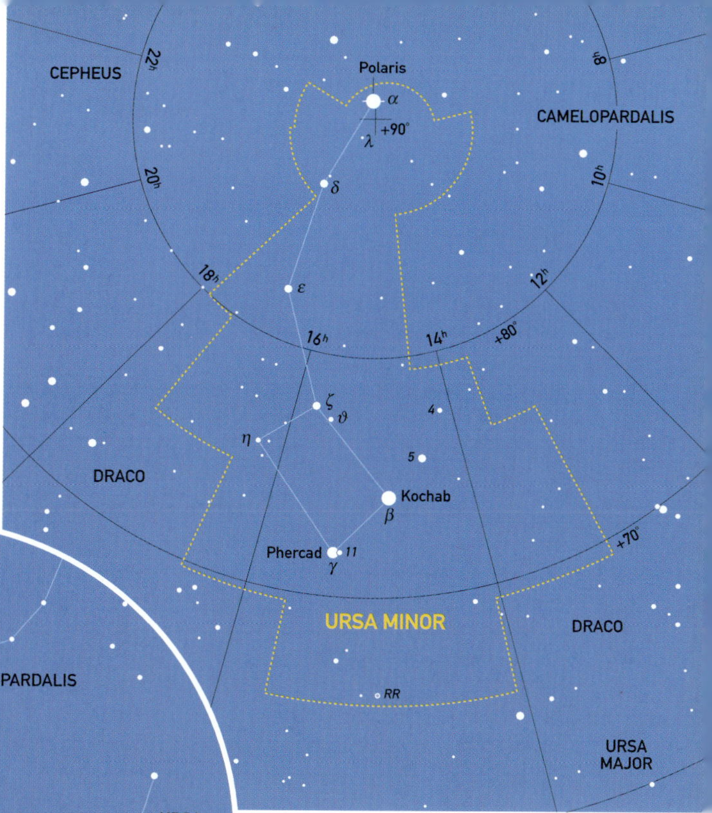

Der KLEINE BÄR in der Übersicht ↓

Foto des KLEINEN BÄREN →

VIRGO

VIRGINIS • VIR • JUNGFRAU

IM SÜDEN UM 22:00 Ortszeit:	5. Mai
SICHTBAR UM 22:00 Ortszeit:	März–Juli
FLÄCHE:	1294 Quadratgrad (2.)

Mit Virgo haben die Menschen schon im Altertum stets eine Fruchtbarkeitsgöttin verbunden. So stellte sie für die Babylonier Ischtar dar, für die Griechen Demeter und für die Römer Ceres, obschon sie für letztere auch Astraea verkörperte, die Göttin der Gerechtigkeit, welche die Waage (Libra) in ihrer Hand hält. Der hellste Stern, Spica, soll eine Kornähre darstellen, die meist als Weizen gedeutet wird.

Virgo ist die Heimatregion des gewaltigen Virgo-Galaxienhaufens, der sich im Zentrum des Lokalen Superhaufens befindet, eines gigantischen Systems aus vermutlich mehreren zehntausend Galaxien (an dessen Rand unsere eigene Lokale Gruppe liegt). Leider sind die meisten dieser Galaxien sehr lichtschwach und außer mit den größten Amateurteleskopen schwer zu entdecken. Für ein so großes Sternbild – Virgo belegt nach Hydra den zweiten Platz – enthält sie nur wenige helle Sterne und ganz wenige beobachtungswürdige Objekte.

α Vir (13^h25^m, –11°10′), Spica, ist ein blau-weißer Stern 1. Größe (Helligkeit $0\overset{m}{,}98$), der in Wirklichkeit aus einem extrem engen Binärsystem besteht, in dem beide Sterne periodisch durch ihre gegenseitige Anziehungskraft verzerrt werden. Dies verursacht aufgrund der Rotation des Paares geringfügige Helligkeitsschwankungen, denen man aber nur mit sensibler Elektronik auf die Spur kommt.

70 Vir (13^h28^m, +13°46′), der dicht an der Nordgrenze zu Coma Berenices liegt, ist ein vermeintlich unauffälliger Stern 5. Größe, etwas kühler als die Sonne, aber auch heller. Jedoch handelt es sich hierbei um eines der ersten extrasolaren Planetensysteme, die überhaupt entdeckt wurden. Der Planet ist sehr groß: er hat ungefähr die 6,8fache Masse von Jupiter und eine äußerst exzentrische Umlaufbahn mit einem mittleren Bahnabstand von rund 0,5 AE von dem Stern. Die Umlaufzeit des Planeten beträgt 116,6 Tage.

M 104 (12^h40^m, –11°37′) ist eine Spiralgalaxie, die wegen ihres Erscheinungsbilds in großen Teleskopen, wo man eine dichte, dunkle Staubspur in ihrer galaktischen Ebene erkennt, auch Sombrero-Galaxie heißt. Sie liegt weit im Süden, genau auf der Grenze zu Corvus, und ist von diesem Sternbild aus wohl am leichtesten zu lokalisieren. M 104 ist relativ lichtschwach ($8\overset{m}{,}5$), doch ihre längliche Form ist mit dem Fernglas gerade noch erkennbar.

Foto der JUNGFRAU ↑

← Die JUNGFRAU in der Übersicht

Die JUNGFRAU im Detail ↓

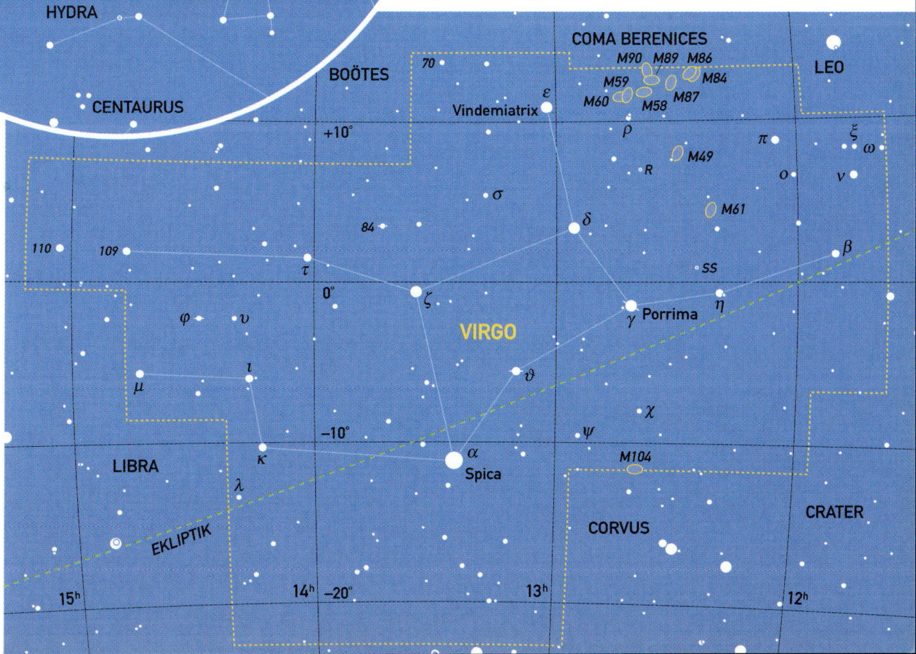

ERGÄNZENDE TABELLEN

GALAXIEN

OBJEKT	STERNB.	RA	DEK	M	BEMERKUNGEN
M 31	And	00^h43^m	+41°16'	3.5	Hellste Galaxie
M 32	And	00^h47^m	+40°52'	8.2	
M 33	Tri	01^h34^m	+30°40'	5.7	
M 51	CVn	13^h30^m	+47°15'	8.4	Whirlpool-Galaxie
M 64	Com	12^h57^m	+21°40'	8.5	Blackeye-Galaxie
M 65	Leo	11^h19^m	+13°05'	9.3	
M 66	Leo	11^h20^m	+12°59'	9.0	
M 74	Psc	01^h37^m	+15°47'	9.2	
M 77	Cet	02^h43^m	00°00'	8.8	
M 81	UMa	09^h56^m	+69°03'	6.9	
M 82	UMa	09^h56^m	+69°40'	8.4	
M 83	Hya	13^h37^m	–29°52'	7.6	
M 101	UMa	14^h03^m	+54°20'	7.7	Pinwheel-Galaxie
M 104	Vir	12^h40^m	–11°37'	8.3	Sombrero-Galaxie
M 110	And	00^h40^m	+41°41'	8.0	
NGC 2403	Cam	07^h37^m	+65°35'	8.4	
NGC 3115	Sex	10^h05^m	–07°43'	8.3	

HELLE KUGELSTERNHAUFEN

OBJEKT	STERNB.	RA	DEK	M	BEMERKUNGEN
M 2	Aqr	21^h33^m	-00 49'	6,5	
M 3	CVn	13^h42^m	+28 23'	6,2	
M 4	Sco	16^h23^m	–26 32'	5,6	
M 5	Ser	15^h18^m	+02 05'	5,6	
M 9	Oph	17^h19^m	–18 31'	7,7	
M 10	Oph	16^h57^m	–04 06'	6,6	
M 12	Oph	16^h47^m	–01 57'	6,7	
M 13	Her	16^h41^m	+36 28'	5,8	
M 14	Oph	17^h37^m	–03 15'	7,6	
M 15	Peg	21^h30^m	+12 10'	6,2	
M 19	Oph	17^h02^m	–26 16'	6,8	
M 22	Sgr	18^h36^m	–23 54'	5,1	dritthellster
M 53	Com	13^h12^m	+18 10'	7,6	
M 62	Oph	17^h01^m	–30 07'	6,5	
M 71	Sge	19^h53^m	+18 47'	8,2	
M 92	Her	17^h17^m	+43 08'	6,4	

Literaturtipps

- Berthier, D.: *Sternbeobachtung in der Stadt*, Kosmos Verlag, Stuttgart, 2003
- Celnik W. E.: *Kosmos HimmelsPraxis (Jahrbuch)*, Kosmos Verlag, Stuttgart
- Celnik W. E., Hahn, H.: *Astronomie für Einsteiger*, Kosmos Verlag, Stuttgart, 2002
- Hahn, H.: *Was tut sich am Himmel (Jahrbuch)*, Kosmos Verlag, Stuttgart
- Hahn, H., Weiland, G.: *Welches Sternbild ist das?*, Kosmos Verlag, Stuttgart, 1999
- Herrmann, D. B.: *Die Milchstraße*, Kosmos Verlag, Stuttgart, 2003
- Herrmann, J.: *Welcher Stern ist das?*, Kosmos Verlag, Stuttgart, 2002
- Keller, H.-U.: *Astrowissen*, Kosmos Verlag, Stuttgart, 2003
- Keller, H.-U.: *Kosmos Himmelsjahr (Jahrbuch)*, Kosmos Verlag, Stuttgart
- Klötzler, H.-J.: *Das Astro-Teleskop für Einsteiger*, Kosmos Verlag, Stuttgart, 2000
- Korth S., Koch B.: *Stars am Nachthimmel*, Kosmos Verlag, Stuttgart, 2001
- Lacroux, J., Legrand, C.: *Der Kosmos Mondführer*, Kosmos Verlag, Stuttgart, 2000
- Mackowiak, B.: *Warum leuchten Sterne?*, Kosmos Verlag, Stuttgart, 2003
- Roth, H.: *Der Sternenhimmel (Jahrbuch)*, Kosmos Verlag, Stuttgart
- Schilling, G.: *Kosmos-Buch der Astronomie*, Kosmos Verlag, Stuttgart, 2003
- Schröder, K. P.: *Astrofotografie für Einsteiger*, Kosmos Verlag, Stuttgart, 2000
- Schröder, K. P.: *Praxishandbuch Astrofotografie*, Kosmos Verlag, Stuttgart, 2003
- Spence, P.: *Das Kosmos-Buch vom Weltraum*, Kosmos Verlag, Stuttgart, 1999
- Steinicke, W.: *Praxishandbuch Deep Sky*, Kosmos Verlag, Stuttgart, 2004

Sternkarten

- Dunlop, S., Tirion W.: *Polaris – Drehbare Sternkarte*, Kosmos Verlag, Stuttgart, 2003
- Hahn H., Weiland G.: *Drehbare Kosmos-Sternkarte*, Kosmos Verlag, Stuttgart, 2001
- Hahn H., Weiland G.: *Nachtleuchtende Sternkarte für Einsteiger*, Kosmos Verlag, Stuttgart, 1999
- Hahn H., Weiland G.: *Südhimmel-Sternkarte für Jedermann*, Kosmos Verlag, Stuttgart, 2000
- Hahn H., Weiland G.: *Sternkarte für Einsteiger*, Kosmos Verlag, Stuttgart, 1998
- Karkoschka, E.: *Drehbare Welt-Sternkarte*, Kosmos Verlag, Stuttgart, 2004
- Karkoschka, E.: *Atlas für Himmelsbeobachter*, Kosmos Verlag, Stuttgart, 1997
- Mellinger A., Hoffmann S.: *Der große Kosmos Himmelsatlas*, Kosmos Verlag, Stuttgart, 2002
- Tirion, W., Sinnott, R.: *Sky Atlas 2000.0*, Cambridge University Press, England, 1998

Zeitschriften

- *Astronomie Heute*, Spektrum der Wissenschaft Verlagsgesellschaft mbH, Heidelberg
- *Astronomie und Raumfahrt im Unterricht*, Erhard Friedrich Verlag GmbH
- *Interstellarum*, Oculum-Verlag, Erlangen
- *Sterne und Weltraum*, Spektrum der Wissenschaft Verlagsgesellschaft mbH, Heidelberg
- *Star Observer*, Star Observer Verlag, Gräfelfing

Internet-Links

- Alles über die Astronomie: *http://www.astronomie.de*
- Aktuelle News und viele Links: *http://www.astrolink.de*
- Sonne, Mond, Planeten: *http://www.planetenkunde.de*
- Die Europäische Südsternwarte ESO: *http://www.eso.org*
- Das Hubble-Weltraumteleskop: *http://oposite.stsci.edu/pubinfo/latest.html*
- Volkssternwarten und Planetarien im deutschsprachigen Raum: *http://www.sternklar.de/gad*
- Aktuelle Wettersatelliten-Bilder: *http://meteosat.e-technik.uni-ulm.de*
- Infos über astronomische/astronautische Ereignisse, Tagungen und Jahrestage: *http://www.jpl.nasa.gov/calendar/calendar.html*
- Infos über Satelliten-Passagen, Iridium-Blitze und andere „himmlische" Ereignisse: *http://www.heavens-above.com*
- Alpha Centauri auf Bayern 3: *http://www.br-online.de/alpha/centauri*
- Alles über Sonnenfinsternisse: *http://sunearth.gsfc.nasa.gov*
- Vereinigung der Sternfreunde: *http://www.vds-astro.de*

Planetarien und Volkssternwarten

- Albstadt, Sternwarte und Planetarium, Hartmannstraße 140, 72458 Albstadt-Ebingen
- Augsburg, Sparkassen-Planetarium, Im Thäle 3, 86152 Augsburg
- Bautzen, Schulsternwarte und Planetarium, Czornebohstraße 82, 02625 Bautzen
- Berlin, Archenhold-Sternwarte, Alt-Treptow 1, 12435 Berlin-Treptow
- Berlin, Wilhelm-Foerster-Sternwarte und Planetarium, Munsterdamm 90, 12169 Berlin
- Berlin, ZEISS-Großplanetarium, Prenzlauer Allee 80, 10405 Berlin
- Bielefeld, Volkssternwarte, Wietkamp 5, 33699 Bielefeld
- Bochum, Planetarium und Sternwarte, Castroper Straße 67, 44777 Bochum
- Bonn, Volkssternwarte Bonn e. V., Poppelsdorfer Allee 47, 53115 Bonn
- Bremen, Sternwarte und Planetarium, Werderstr. 73, 28199 Bremen
- Donzdorf, Messelberg-Sternwarte beim Schulzentrum, 73072 Donzdorf
- Drebach, Volkssternwarte und Planetarium, Straße der Jugend 14, 09430 Drebach
- Duisburg, Rudolf-Römer-Sternwarte, Schwarzenberger Str. 147, 47226 Duisburg
- Erkrath, Sternwarte und Planetarium, Sedentaler Str. 105, 40699 Erkrath
- Essen, Walter-Hohmann-Sternwarte, Wallneyer Straße 159, 45133 Essen
- Frankfurt/Main, Volkssternwarte, Robert-Mayer-Straße 2–4, 60054 Frankfurt
- Freiburg, Planetarium, Bismarckallee 7g, 79098 Freiburg
- Fulda, Hans-Nüchter-Sternwarte, Domänenweg 2, 36037 Fulda
- Fuldatal, Volkssternwarte Rothwesten, Brüder-Grimm-Str. 24, 34233 Fuldatal
- Gondelsheim, Kraichgau-Sternwarte, Lilienstraße 25, 76669 Bad Schönborn
- Hagen, Volkssternwarte, Eugen-Richter-Turm, 58135 Hagen
- Halle, Raumflugplanetarium, Peißnitzinsel 4 a, 06108 Halle
- Hamburg, Planetarium, Hindenburgstraße 1b, 22303 Hamburg
- Hannover, Volkssternwarte, Am Lindener Berg 27, 30449 Hannover
- Hattingen, Volkssternwarte Hattingen e. V., Schonnefeldstr. 23, 45326 Essen
- Heilbronn, Robert-Mayer-Volkssternwarte, Bismarckstraße 10, 74072 Heilbronn

- Heppenheim, Starkenburg-Sternwarte, Kleine Bach 3, 64646 Heppenheim
- Hof, Volkssternwarte Hof, Egerländer Weg 25, 95032 Hof
- Ingolstadt, Sternwarte Astronomiepark, Lilienthalstraße 137, 85077 Manching
- Jena, Planetarium, Am Planetarium 5, 07743 Jena
- Kassel, Planetarium, An der Karlsaue 20 c, 34121 Kassel
- Kiel, Planetarium, Knooper Weg 62, 24103 Kiel
- Klagenfurt, Raumflugplanetarium, Villacher Straße 239, A – 9020 Klagenfurt
- Köln, Volkssternwarte, Nikolausstraße 55, 50937 Köln
- Königsleiten, Sternwarte und Planetarium, Königsleiten 29, A – 5742 Wald
- Kreuzlingen, Sternwarte, Breitenrainstraße 21, CH – 88280 Kreuzlingen
- Kulmbach, Schul- und Volkssternwarte, Christian-Pertsch-Str. 4, 95326 Kulmbach
- Laupheim, Volkssternwarte und Planetarium, Parkweg 44, 88471 Laupheim
- Leonberg, Sternwarte Höfingen, Theodor-Heuss-Str. 6/1, 71229 Leonberg
- Linz, Johannes-Kepler-Sternwarte, Sternwarteweg 5, A – 4020 Linz
- Lübeck, Sternwarte Lübeck, Am Ährenfeld 2, 23564 Lübeck
- Luzern, Planetarium im Verkehrshaus der Schweiz, Lidostraße 5, CH – 6006 Luzern
- Magdeburg, Planetarium und Sternwarte, Pablo-Picasso-Straße 21, 39128 Magdeburg
- Mannheim, Planetarium, Wilhelm-Varnholt-Allee 1, 68165 Mannheim
- München, Planetarium und Volkssternwarte, Rosenheimer Str. 145h, 81671 München
- Nürnberg, Sternwarte, Regiomontanusweg 1, 90431 Nürnberg
- Nürtingen, Neckar-Alb-Sternwarte, Birkenweg 7, 72622 Nürtingen
- Passau, Volkssternwarte, Veste Oberhaus 125, 94034 Passau
- Potsdam, Planetarium, Im Neuen Garten 6, 14469 Potsdam
- Radeberg, Volkssternwarte Erich Bär, Stolpener Straße 84–40, 01454 Radeberg
- Recklinghausen, Volkssternwarte und Planetarium, Stadtgarten 6, 45657 Recklinghausen
- Schneeberg, Sternwarte und Planetarium, Heinrich-Heine-Straße, 08289 Schneeberg
- Schriesheim, Volkssternwarte, Ladenburger Fußweg, 69198 Schriesheim
- Sohland, Volks- und Schulsternwarte, Zöllnerweg 12, 02689 Sohland
- Steißlingen, Sternwarte Steißlingen, Im Städtle 19, 78256 Steißlingen
- Stuttgart, Carl-Zeiss-Planetarium, Mittlerer Schlossgarten, 70173 Stuttgart
- Violau, Sternwarte, Bruder-Klaus-Heim, 86450 Violau
- Wien, Planetarium, Oswald-Thomas-Platz 1, A – 1020 Wien

Überregionale astronomische Amateur-Vereinigungen

- Vereinigung der Sternfreunde e. V. (VdS), Am Tonwerk 6, 64646 Heppenheim
- Österreichischer Astronomischer Verein, Baumgartenstraße 23/4, A – 1140 Wien
- Schweizerische Astronomische Gesellschaft (SAG), Gristenbühl 13, CH – 9315 Neukirch

GLOSSAR

Amplitude In der Astronomie der Helligkeitsbereich (zwischen Maximum und Minimum), der von einem veränderlichen Stern oder einem anderen Objekt mit variabler Helligkeit erreicht wird. Dies weicht von der üblichen physikalischen Definition ab, wo der Begriff für die Hälfte des Änderungsbetrags verwendet wird.

Astronomische Einheit (AE) Der mittlere Abstand der Erde zur Sonne (149 597 870 km), der als praktische Maßeinheit für Entfernungen innerhalb des Sonnensystems dient.

Dunkelanpassung Die gesteigerte Empfindlichkeit des Auges gegenüber schwachem Licht, bedingt durch die langsame Anreicherung eines Pigments in der Netzhaut. Damit die Wirkung vollständig eintritt, muss das Auge 20–30 Minuten (oder noch länger) im Dunkeln sein.

Absolute Helligkeit Die rechnerische Helligkeit, die ein Stern in einem bestimmten Abstand (10 **Parsek** oder 32,6 **Lichtjahre**) haben würde. Die Absolute Helligkeit ist somit ein Maß für die wahre Helligkeit eines Sterns, d.h. für die von ihm abgestrahlte Energiemenge.

Scheinbare Helligkeit Die Helligkeit von Sternen, Planeten oder anderen Objekten, wie sie am Himmel erscheinen ohne Berücksichtigung ihrer tatsächlichen Entfernung.

Himmelsäquator Der Großkreis auf dem Himmelsgewölbe, der in der gleichen Ebene wie der Erdäquator verläuft.

Himmelspole Die beiden in Verlängerung der Erdachse stehenden Punkte, um die herum das Himmelsgewölbe zu rotieren scheint.

Indirektes Sehen Die Technik, lichtschwache Objekte wahrzunehmen, indem man diese nicht direkt ansieht, sondern absichtlich leicht vorbeischaut, so dass das Licht auf einen empfindlicheren Bereich der Netzhaut fällt.

Konjunktion Zeitpunkt, wenn zwei Objekte des Sonnensystems von der Erde aus gesehen in einer Linie stehen. Ein Planet ist in der oberen Konjunktion, wenn er sich auf der erdfernen Seite der Sonne befindet. Dagegen stehen die inneren Planeten (Merkur und Venus) in der unteren Konjunktion, wenn sie sich zwischen Erde und Sonne befinden.

Kulmination Der Punkt, an dem ein Himmelskörper den Meridian des Betrachters kreuzt. Zirkumpolare Objekte haben eine obere und untere Kulmination, wenn sie über bzw. unter dem Pol stehen. Alle anderen Objekte erreichen ihre größte Höhe über dem Horizont, wenn sie den Meridian kreuzen.

Deklination Der in Grad gemessene Winkelabstand eines Objekts über (+) oder unter (–) dem **Himmelsäquator**. Danach haben Himmelsnord- und Himmelssüdpol eine Deklination von +90° bzw. –90°.

Ekliptik Die scheinbare Bahn, auf der die Sonne über den Himmel wandert. Sie entspricht in Wirklichkeit der Ebene der Erdumlaufbahn um die Sonne.

Ephemeride Eine Tabelle mit Positionsvoraussagen für ein Objekt des Sonnensystems, z.B. eines Planeten, Planetoiden oder Kometen.

Epoche Ein bestimmter Zeitpunkt, für den Karten gezeichnet oder Berechnungen angestellt werden. Die aktuellen Karten sind für die Epoche 2000.0 gezeichnet, nämlich den Beginn des Jahres 2000.

Äquinoktium Die beiden Zeitpunkte im Jahreslauf, an denen Tag und Nacht jeweils 12 Stunden dauern (Tagundnachtgleiche). Außerdem: die Himmelspunkte, wo die **Ekliptik** den **Himmelsäquator** schneidet. Das Frühlingsäquinoktium ist von besonderer Bedeutung in der Astronomie.

Austrittspupille Die normalerweise kreisrunde Zone am Okular eines optischen Instruments, durch die alles Licht passiert, welches das Instrument verlässt. Ihr Durchmesser steht in Zusammenhang mit der Größe des Objektivs sowie der Gesamtvergrößerung des Systems.

Stundenwinkel Der in Westrichtung auf dem **Himmelsäquator** gemessene Winkel zwischen dem **Meridian** und dem durch den Himmelskörper verlaufenden **Stundenkreis**. Der Stundenwinkel nimmt im Lauf der Zeit zu.

Stundenkreis Der Großkreis, der durch die **Himmelspole** und das betreffende Himmelsobjekt verläuft, wobei er den **Himmelsäquator** mit der **Rektaszension** des Objekts schneidet.

Kelvin Eine Wärmeeinheit (K), entsprechend einem Grad Celsius. Der Nullpunkt der Kelvin-Temperaturskala ist der Absolute Nullpunkt, an dem jede molekulare Bewegung zum Erliegen kommt (–273,16°C). Die Oberflächentemperatur der Sonne beträgt ca. 6000 K.

Libration Das scheinbare „Schaukeln" des Mondes, wie es von der Erde aus sichtbar ist, und das es uns ermöglicht, mehr als 50 % seiner Oberfläche zu sehen. Sie rührt hauptsächlich von Geschwindigkeitsschwankungen des Mondes auf seiner elliptischen Umlaufbahn her, von dem Umstand, dass diese gegenüber der Ekliptik geneigt ist und auch von Parallaxeneffekten, die dadurch entstehen, dass man den Mond, abhängig von der Position des Betrachters auf der Erde, aus geringfügig verschiedenen Richtungen sieht.

Lichtjahr Die Strecke, die das Licht in einem Jahr mit einer Geschwindigkeit von 299 792,458 km/s zurücklegt.

Leuchtkraft Eine Maßeinheit für die von einem Stern abgestrahlte Energiemenge. Für Strahlung im sichtbaren Spektralbereich wird diese mit der **Absoluten Helligkeit** des Sterns angegeben.

Helligkeit Die Helligkeit eines Sterns, Planeten oder anderen Himmelskörpers. Sie ist eine logarithmische Skala, bei der höhere Zahlenwerte eine schwächere Helligkeit bedeuten. Ein Unterschied um 5 in der Helligkeit entspricht dem 100fachen Unterschied in der tatsächlichen Helligkeit; somit ist ein Stern 1. Größe hundertmal heller als ein Stern 6. Größe (siehe auch **Absolute Helligkeit, Scheinbare Helligkeit**.)

Größe der Finsternis Bei Sonnen- und Mondfinsternissen der Zahlenwert, der den Verfinsterungsgrad angibt. Werte kleiner als 1,0 bedeuten eine partielle Finsternis, Werte größer als 1,0 eine totale Finsternis.

Meridian Der Großkreis auf der Himmelskuppel, der durch den Nord- und Südpunkt eines Betrachters sowie dessen **Zenit** und **Nadir** verläuft.

Nadir Der Punkt auf der Himmelskuppel direkt unter den Füßen eines Beobachters, das Gegenstück zum **Zenit**.

Bedeckung Das Verschwinden eines Himmelskörpers hinter einem anderen, wenn z. B. Sterne vom Mond verdeckt werden. Bedeckungen von Sternen durch Planetoiden können präzise Informationen über die Form und Größe dieser kleinen Vagabunden liefern.

Opposition Der Punkt, an dem ein Planet/Kleinplanet gegenüber der Sonne am Himmel erscheint und um Mitternacht den Meridian kreuzt. Dies ist im Allgemeinen die günstigste Zeit für eine Beobachtung.

Parallaxe Die scheinbare Positionsänderung eines Objekts in Relation zu ferneren Objekten bei einem Wechsel des Beobachtungsstandorts. Als Basislinie können dabei (für Objekte im Sonnensystem) zwei entfernte Orte auf der Erde dienen; um Fixsternparallaxen zu messen, benutzt man die Bahn der Erde um die Sonne als Basislinie.

Parsek Ein bei Berufsastronomen sehr gebräuchliches Entfernungsmaß. Es entspricht der Entfernung (3,26 **Lichtjahre**), in welcher der Radius des Erdorbits unter einem Betrachtungswinkel von einer Bogensekunde erscheint. Anders formuliert, ist es die Entfernung, aus der ein Stern, von zwei diametral gegenüberliegenden Punkten auf der Erdumlaufbahn (d. h. im Abstand von sechs Monaten) betrachtet, eine Positionsveränderung von zwei Bogensekunden in Relation zu ferneren Hintergrundsternen zeigt.

Perihel Der sonnennächste Punkt auf der Umlaufbahn jedes Himmelskörpers im Sonnensystem, z. B. eines Planeten, Planetoiden oder Kometen.

Phase Der Anteil der sichtbaren Scheibe eines Himmelskörpers, der von der Sonne beleuchtet wird. Nur der Mond und die Venus zeigen schon in Kleinteleskopen eine vollständige Phasensequenz, denn die Merkurscheibe ist für die Phasenerkennung im allgemeinen zu klein. Bei den äußeren Planeten ist der Phaseneffekt zwar auch vorhanden, jedoch meist nur sehr gering.

Retrograd Bewegung (oder Rotation) in der entgegengesetzten Richtung, wie sie normalerweise im Sonnensystem vorherrscht. Alle Planeten umkreisen die Sonne in derselben Richtung: sie gehen, von der Erde aus betrachtet, im Westen auf und wandern ostwärts. Jedoch zeigen sie alle auch gelegentliche Phasen, in denen sich ihre scheinbare Bewegung umkehrt. Desgleichen rotieren die meisten Planeten in derselben Richtung (mit Blick auf den Nordpol gegen den Uhrzeigersinn), doch Venus, Uranus und Pluto haben eine retrograde Rotation.

Rektaszension Eine der zwei grundlegenden Himmelskoordinaten zur Positionsangabe von Himmelskörpern (die andere ist die **Deklination**), gemessen in Stunden, Minuten und Sekunden in östlicher Richtung entlang des **Himmelsäquators**, beginnend beim Frühlingspunkt.

Terminator Jene Linie, die den beleuchteten und den unbeleuchteten Teil eines Himmelskörpers trennt, wo die Lichtquelle (normalerweise die Sonne) entweder auf- oder untergeht.

Transit Der Durchgang eines Himmelskörpers vor einem anderen, speziell von Merkur und Venus vor der Sonnenscheibe, von der Erde aus gesehen. Außerdem: der Vorgang, wenn der Meridian gekreuzt wird.

Frühlingsäquinoktium Die Tagundnachtgleiche im Frühjahr, wenn die Sonne auf ihrer Wanderung entlang der **Ekliptik** den **Himmelsäquator** von Süd nach Nord schneidet. Der Ursprung (Nullpunkt) für die Himmelskoordinate **Rektaszension**, auch Frühlingspunkt genannt.

Zenit Der Punkt auf der Himmelskuppel senkrecht über dem Kopf eines Beobachters.

REGISTER